黄河國家治理文獻集成（清代卷）第三十八册

《黄河國家治理文獻集成》編委會　編

總第五十四册

清代漢文朱批奏摺黄河治理資料輯録

（三）

張曉東　輯

內蒙古出版集團
內蒙古人民出版社

圖書在版編目（CIP）數據

清代漢文朱批奏摺黄河治理資料輯録. 三 / 張曉東輯. -- 呼和浩特 : 内蒙古人民出版社, 2025. 8.
（黄河國家治理文獻集成）. -- ISBN 978-7-204-16288-8

Ⅰ. TV882.1

中國國家版本館 CIP 數據核字第 2025HG5174 號

清代漢文朱批奏摺黄河治理資料輯録（三）

輯　　録　張曉東
策劃編輯　王　瑶
責任編輯　周承英
助理編輯　何可欣
裝幀設計　劉那日蘇　吉　雅　安立新
責任監印　包鐵柱
出版發行　内蒙古出版集團　内蒙古人民出版社
地　　址　呼和浩特市新城區中山東路 8 號波士名人國際 B 座 5 層
網　　址　http://www.impph.cn
印　　刷　内蒙古愛信達教育印務有限責任公司
開　　本　880mm × 1230mm　1/16
印　　張　22
字　　數　270 千
版　　次　2025 年 8 月第 1 版
印　　次　2025 年 8 月第 1 次印刷
印　　數　1—1000 册
書　　號　ISBN 978-7-204-16288-8
定　　價　185.00 元

如出現印裝質量問題，請與我社聯繫。聯繫電話：（0471）3946120

編纂委員會

主　　任　陳利保

副 主 任　周承英　吴義學　王　瑶

成　　員　賈大明　何可欣　董立群　羅　婧　王曉俊　董麗娟
白　玲　特日格勒　徐　飛　李月琪　王麗燕　李　琳

主　　編　董　杰

副 主 編　張曉東　曹　玲

委　　員（按姓氏筆畫排序）
王　丹　王智慧　王鑫義　白胡日查　朱紫陽　李　萌
李新蕊　姚亞菲　陳　思　曹佳興　梁芹洋　張文文
張　岩　張博原　張　祺　張曉英　喬恩懋　賀　莎
楊　怡　楊建國　楊　承　霍燕平　魏雪剛

引言

千古河流成沃野，幾年沙勢自風湍。

得益于黄河冲積所帶來的疏松土質和有機物，中華先民利用石製工具開始了農業生産，并逐步發展出旱地粟作農業，『能够最大程度保障食物供給的穩定性，奠定了中華文明起源和形成的堅實基礎』〔一〕。而利用河水灌溉，提高區域可預測農業産量，『在産業史上起着最有决定性的作用』〔二〕。隨後，技術進步、經濟發展、人口增加，讓先民的文化生活大爲豐富。嚴文明先生評價道：『這是一場影響深遠的革命。』〔三〕在這場革命中，平衡水、沙、産、人四者之間的關係，始終是黄河治理的核心問題。四者關係一旦失衡，就容易引發諸多灾患。

歷史上，黄河下游因人口稠密、經濟發達，一直是學術界關注的重點。但自河源至今内蒙古托克托縣河口鎮的黄河上、中游區域，雖遠離王畿，人口稀疏，却也一直備受關注，人們逐步認識到黄河全流域治理是國家的重要任務。《漢書》載：『堤防之作，近起戰國，雍防百川，各以自利。』〔四〕没有全流域的協同治理，僅靠各地分段築堤，則黄河河患無法解决。秦建立了中國歷史上第一個中央集權大一統王朝，秦始皇東巡碣石，刻石銘記『决通川防，夷去險阻』〔五〕，開啓中央政府調動各要素治黄之先河，這『在中國，實質上是國家的一種職能』〔六〕。同時，國家通過對黄河的有效治理，爲沿黄流域人民群衆乃至其他地區人民群衆提供了重要的公共物品和産業支撑，成爲人民群衆眼中中央政府的功過評價指標之一。因此，治黄在增强沿黄各族群國家、政治、文化認同的基礎上，强化了中國大一統國家的合法性，成爲歷代國家治理能力的一個重要測度。

一、黄河治理維護了國家的社會穩定

從秦并六國到漢朝建立大一統國家，中國統一的多民族國家形成并得到初步發展。當時中央政府對所轄疆域有『北邊郡』和『内郡』之稱。内蒙古額濟納旗出土的居延漢簡有載，『犯（墾）田以鐵器爲本北邊郡毋鐵官印器内郡令郡以時博賣予細民毋令豪富吏民得多取販賣細民』，可以看出北邊郡是與内郡相對應的行政管轄區域。《史記》卷二十八『封禪書第六』載：『上乃遂去，並（并）海上，北至碣石，巡自遼西，歷北邊至九原。』〔七〕。《史記》卷三十『平準書第八』載：『天子北至朔方，東到太山，巡海上，並（并）北邊以歸。』〔八〕司馬遷多次提及北邊，足見統治者對北邊治理的重視。

漢武帝時，齊人延年提出從今内蒙古引黄河水經今北京一帶，向東注入渤海，以衛北部邊疆。『是時方事匈奴，興功利，言便宜者甚衆。齊人延年上書言：「河出昆侖，經中國，注勃海，是其地勢西北高而東南下也。可案圖書，觀地形，令水工準高下，開大河上領，出之胡中，東注之海。如此，關東長無水災（灾），北邊不憂匈奴，可以省隄（堤）防備塞，士卒轉輸，胡寇侵盜（盗），覆軍殺將，暴骨原野之患。天下常備匈奴而不憂百越者，以其水絶壤斷也。此功壹（一）成，萬世大利。」』[九]《史記》卷二十四『樂書第二』載：『天馬來兮從西極，經萬里兮歸有德。承靈威兮降外國，涉流沙兮四夷服。』[十]如今，包頭地區出土了『四夷盡服』瓦當，出土文物與傳世文獻的呼應，成爲黄河治理維護祖國北部邊疆穩定的見證。

《史記》卷三十『平準書第八』載：『嚴助、朱買臣等招來東甌，事兩越，江淮之閒（間）蕭然煩費矣。唐蒙、司馬相如開路西南夷，鑿山通道千餘里，以廣巴蜀，巴蜀之民罷焉。彭吴（吳）賈滅朝鮮，置滄海之郡，則燕齊之閒（間）靡然發動。及王恢設謀馬邑，匈奴絶和親，侵擾北邊，兵連而不解，天下苦其勞，而干戈日滋。』[十一]清代《汾陽縣志》卷十三『藝文』收録曹學閔《開修黄蘆嶺車路紀德政碑記》，上載：『永寧州，界連西陲，北達邊外歸綏諸路，商賈遠貿粟麥，泛皮船隨黄流南下，聚于州西磧口，一府之民仰利賴焉。而東至太原，南抵平陽，州縣凡二十餘，亦視汾爲橐籥，蓋所繫非特一方生計矣。』[十二]民國時期，東北淪陷後，開發西北刻不容緩，而『黄河中游之水利，自應加以擴充及整理，藉（借）收桑榆之效，以挽狂瀾於（于）萬一』[十三]。

因黄河流域自然條件優越，歷朝歷代都十分重視對此地的開發，通過强有力的國家干預方式推動各類產業的發展，爲中國北部疆域的形成和社會穩定奠定了基礎。

二、民族交往、物資交流、技術轉移促成黄河治理共同體

《史記》卷十五『六國年表第三』載：秦始皇三十三年（前214），『築長城河上，蒙恬將三十萬』[十四]。這數十萬人中，擁有一技之長的人員不在少數。由此，邊地人口不斷增多，而豐富的物産則促進了商品交流與統一市場的形成。西漢《鹽鐵論·力耕第二》記録了『异物内流』的情形：『是以贏（騾）驢馲駞（駝），銜尾入塞，驒騱騵馬，盡爲我畜，鼲鼦狐貉，采旃文罽，充於（于）内府，而璧玉珊瑚瑠（琉）璃，咸爲國之寶。』[十五]此後，黄河北岸的『贏（騾）驢馲駞（駝）』『驒騱騵馬』『鼲鼦狐貉』『采旃文罽』與西南織錦、中原麻織、農作物等物資相互交流，逐步形成統一的國内大市場，加强了邊疆與其他地區的經濟聯繫，促進了邊疆特色産業的發展。

隨着民族交往交流交融的增强，清代以降，黄河流域内蒙古段輸入到内地的也不僅僅是『异寶』了。《綏遠通志稿·水路》載：『自乾隆以還。口外墾殖日廣。民殷物阜。出境之油、糧、鹽、鹼（碱）、甘草各貨。入境之日用雜貨。山西與歸綏往來之商運。凡經河路者皆以托屬河口爲唯一之碼頭。』[十六]從清乾隆年間到民國時期，由内蒙古經黄河運到山西的貨物有糧、油、鹽、碱、藥材、皮毛等，其中以糧油爲最大宗。糧食品種主要有糜黍、穀子、高粱、豆類及玉米、大小麥

等，油料主要是胡麻。內蒙古供貨支綫有從阿拉善盟阿拉善左旗吉蘭泰鹽池到山西呂梁市磧口鎮的運鹽駝路，五原縣、臨河區一帶各大幹渠的運糧水道，杭錦旗、達拉特旗的甘草馱運綫，鄂托克旗的運碱駝路。內蒙古段各條支綫以供貨爲主，山西段若干支綫以運銷爲主。

《臨縣志》載：『清朝乾隆至民國年間，陝、甘、綏、蒙等地的物資，通過此航綫運達磧口，再用牲口馱運到離石、吴城，轉運至東路（汾、平、介、孝等縣）。據民國20年（1931）統計，每年從綏遠磴口航至磧口的貨船不下4000餘艘』，『是陝、甘、綏、寧與晋西北物資集散之重鎮』。〔十七〕可見，內蒙古在甘肅、寧夏與陝西、山西等沿黄上下游物資交易中起到了重要的聯結作用；同時也吸引了山西、陝北、河北、山東、甘肅等地的農民遷移至此，并將開渠打壩、引水澆地等農業生産技術、手工技術和商業貿易經營方式帶到這裏。他們在此扎根，除了從事農業生産外，還挖甘草、下窑背炭、在黄河上拉船、在沙漠中拉駱駝、打短工放冬羊、開碾磨油坊，等等。不同地域、不同民族的人們合力修築河渠、引水興業，逐漸形成休戚與共的共同體。其間積累的産品交易、商業管理、社會治理等方面的經驗，在今天依然有借鑒意義。

清代『首重治河，探河源以窮水患』〔十八〕，但更深層次的考量是『宣揚大一統及增强國家認同』〔十九〕。黄河流域人口基數大、分布廣，而全流域治理理念將不同地區、不同民族的人們凝聚成命運共同體，而『大一統』理念正是這一治理實踐的核心主題。

三、黄河流域拓展了中國的發展空間

早期統治者因巡幸及邊防建設所需，統籌管理沿黄河運與秦直道等沿黄馬道，維持着中央政府對北邊的有效治理。河套平原引黄渠道的建設爲秦漢王朝屯田事業提供了基本的水利保證，并將這些區域變成防禦北部邊患的大後方與根據地。于是，沿黄馬道、沿黄河運與萬里茶道、草原絲路等陸路運輸聯通起來，促進了中華文明與其他文明的交流互鑒，拓展了新的發展空間。

新中國成立之後，沿黄各族兒女在中國共産黨的領導下團結合作、艱苦奮鬥，實現了大河安瀾。黄河流域建立起行之有效的防洪抗汛機制，支撑着沿岸的産業發展，改善了周邊生態環境。當代治黄史證明，正是由于中國共産黨的正確領導以及集中力量辦大事的制度優勢，纔從根本上減輕了河患的威脅。進入新時代，黄河流域在築牢安瀾根基的同時，以蓬勃活力拓展着中國的發展空間。沿黄九省區在協同發展中不斷釋放潜力，讓黄河流域成爲國家區域協調發展戰略中不可或缺的重要一極，爲中國的發展源源不斷地注入新動能。

綜上所述，黄河流域的治理不是單純的河道治理、生態環境治理或社會治理，而是一種關涉水、沙、産、人四者關係的系統性、協同性治理，是推動國家可持續發展的動力，也是厘清國家治理與邊疆治理兩者動態交互實際效果的絶佳視角。而黄河工程等『中國本土理論資源、學術積疊』〔二十〕，有助于研究國家治理的演進歷程。進入新時代，黄河治理與國家治理的關係研究不斷開闢新視角、持續涌現新成果，其中鑄牢中華民族共同體意識、邊疆治理與黄河流域生態保護和高質量發展成爲非常重要的研究視角。因此，基于這一角度搜集整理黄河國家治理文獻，意義重大。《黄河國家治理文獻集成》，應運而生。

本叢書系統梳理了黄河治理的歷史脉絡與經驗，既爲新時代黄河流域生態保護和高質量發展提供了歷史鏡鑒，更以文獻爲載體，傳承了治理智慧、凝聚了民族力量，是服務國家發展戰略、鑄牢中華民族共同體意識的重要學術實踐。

《黄河國家治理文獻集成》編委會

二〇二五年一月

〔一〕韓建業：《中華文明的起源和形成》，載《中華民族共同體研究》2022年第4期，第80–91+172頁。

〔二〕中共中央馬克思恩格斯列寧斯大林著作編譯局：《馬克思恩格斯選集》第二卷，人民出版社，2014年，第240頁。

〔三〕嚴文明：《黄河流域文明的發祥與發展》，載《華夏考古》1997年第1期，第49–54+113頁。

〔四〕（漢）班固：《漢書》卷二十九「溝洫志第九」，中華書局，1964年，第1692頁。

〔五〕（漢）司馬遷：《史記》卷六「秦始皇本紀第六」，中華書局，1963年，第252頁。

〔六〕冀朝鼎：《中國歷史上的基本經濟區與水利事業的發展》，朱詩鰲譯，中國社會科學出版社，1981年，第7頁。

〔七〕（漢）司馬遷：《史記》卷二十八「封禪書第六」，中華書局，1963年，第1398-1399頁。

〔八〕（漢）司馬遷：《史記》卷三十「平準書第八」，中華書局，1963年，第1441頁。

〔九〕（漢）班固：《漢書》卷二十九「溝洫志第九」，中華書局，1964年，第1686頁。

〔十〕（漢）司馬遷：《史記》卷二十四「樂書第二」，中華書局，1963年，第1178頁。

〔十一〕（漢）司馬遷：《史記》卷三十「平準書第八」，中華書局，1963年，第1420-1421頁。

〔十二〕（清）方家駒修，（清）王文員纂：《汾陽縣志》卷十三「藝文」，清光緒十年刻本，第57-58頁。

〔十三〕王華棠、劉錫彤、吳樹德：《黄河中游調查報告》，華北水利委員會編印，1934年，第1頁。

〔十四〕（漢）司馬遷：《史記》卷十五「六國年表第三」，中華書局，1963年，第758頁。

〔十五〕王利器：《鹽鐵論校注》，中華書局，1992年，第28頁。

〔十六〕綏遠通志館：《綏遠通志稿》第十册，内蒙古人民出版社，2007年，第176頁。

〔十七〕臨縣志編纂委員會：《臨縣志》，海潮出版社，1994年，第273、321頁。

〔十八〕趙爾巽等：《清史稿》卷一二六「河渠一」，中華書局，1977年，第3715頁。

〔十九〕劉惠：《乾隆朝重構黄河河源的實踐與國家認同》，載《清華大學學報》（哲學社會科學版）2018年2期，第147-154+195頁。

〔二十〕許耀桐：《當代中國「治理」概念的演進探析》，載《國家現代化建設研究》2023年3期，第100-111頁。

出版前言

黄河，中華民族的母親河，她不僅孕育了中華文明，更見證了中華民族數千年的發展歷程。習近平總書記深刻指出：『從某種意義上講，中華民族治理黄河的歷史也是一部治國史。』這一重要論述，爲新時代黄河文化的保護傳承以及流域治理提供了根本遵循，也深刻揭示了黄河治理在國家發展和民族復興進程中的核心地位。在學習貫徹習近平新時代中國特色社會主義思想，積極響應國家黄河流域生態保護和高質量發展重大戰略，大力推進北疆文化建設的背景下，《黄河國家治理文獻集成》的編纂出版，具有重要的歷史意義、學術價值與現實指導意義。

黄河治理，自古以來就是國家的頭等大事。從遠古時期大禹治水，到當代運用科學技術進行系統治理，中華民族在數千年的時間裏，積纍了豐富的治河經驗，留下了浩如烟海的文獻遺産。《黄河國家治理文獻集成》收録了元代至民國時期古籍、朱批奏摺、期刊圖片等多模態文獻資源。這些文獻内容豐富、維度多元，既包含記載河工技術、治理方略等的專書，又有漢文朱批奏摺、工程檔案以及不同區域的調查研究報告等。民國時期的文獻則標志着現代水利科學開始融入黄河治理，展現了我國水利事業在時代變革中的創新與發展。近代照片的收録則以更加直觀的方式將黄河治理、黄河沿岸的風貌呈現給讀者。

該文獻的出版，不僅是對瀕危黄河文化遺産的及時搶救與保護，更是對我國水利史、國家治理史、邊疆治理研究學術鏈條的重要補充，具有較高的文獻價值和學術意義。尤爲重要的是，這一集成工作，深度契合鑄牢中華民族共同體意識這一全黨全國各族人民的共同任務。各民族在治理黄河的歷史進程中，緊密協作、共同探索，這些珍貴文獻便是各民族交往交流交融和中華文明認同的生動見證。對這些文獻進行整理出版，能够讓各族人民更加深刻地認識到，在歷史長河中，各民族共同爲黄河治理貢獻了力量，共同守護了家園，從而進一步增强對中華民族共同體的認同感與歸屬感，夯實鑄牢中華民族共同體意識的歷史根基。

《黄河國家治理文獻集成》以『國家治理』爲核心綫索，構建起一個全面、系統、多維的文獻體系：在時間跨度上，聚焦從元代至民國這一傳統治河向現代水利轉型的歷史時期，爲深入研究我國水利事業的發展脉絡提供了清晰的時間坐標；在内容分類上，細緻劃分爲技術專著、工程檔案、區域研究、朱批奏摺、科學報告、圖片等類别，涵蓋黄河治理的各個方面，從不同角度展現了我國在黄河治理上的探索與實踐；在版本選擇上，秉持嚴謹、科學的態度，確保文獻内容的準確性與代表性，爲學術研究奠定堅實基礎。

在編纂過程中，叢書特别注重『全流域治理』的理念，不僅收録了有關下游防洪治河的重要文獻，還涵蓋了中游地區水土保持以及上游地區灌溉開發等方面的珍貴記載。這種對黄河全流域治理的全方位關注，與當前『共同抓好大保護，協同推進大治理』的要求高度契合，充分體現了叢書在傳承歷史文化遺産的同時，緊密服務于當代國家發展戰略的時代價值。

在出版過程中，嚴格保持原書的版式與行款，最大程度地還原文獻原貌。對于部分出現黴變、殘缺的頁面，運用先進的數字化修復技術進行精心處理，在保留原始批注與印章痕迹的基礎上，兼顧了文物的真實性與文獻的可讀性。

此外，爲了更好地服務讀者，方便學術研究，本叢書新增了目録、提要等内容，這些新增部分由編委會精心撰寫。新增目録一般編製二級，個别圖書編製三級；原書有目録而内文無對應標題的，根據原書目録照録；原書目録爲關鍵詞或者其他情況的不編製目録；原書目録與内文不一致的，以原書内文爲準；原書無目録的，按卷端、版心或其他部分輯録；一册書中收録多種圖書的，以書名爲一級標題，編製二或三級。在文字使用上，統一使用現代漢語規範繁體字，對于原版文獻中的异體字、避諱字也使用現代規範繁體字，無對應規範繁體字的保留原字。

《黄河國家治理文獻集成》的出版，是對黄河文化遺産的一次系統性、搶救性保護，具有重大而深遠的現實意義：從學術價值層面來看，叢書成功構建起一座連接傳統與現代治黄文獻的橋梁，爲黄河流域生態保護、水利工程史、國家治理史、邊疆治理、中華民族共同體學等多個領域的學術研究提供了豐富、翔實的基礎文獻，有力推動了相關學科的發展與創新；從文化價值角度而言，生動展現了北疆文化與黄河文化在歷史長河中的交融共生，爲内蒙古『北疆文化』品牌建設提供了堅實的文獻支撑，進一步豐富了中華文化的内涵與外延；從實踐價值方面考量，書中所藴含的治河理念爲我們在新時代背景下實現人與自然和諧共生、推動黄河流域可持續發展提供了寶貴的歷史經驗與智慧啓示。

在此，我們要衷心感謝各藏書機構的大力支持，正是他們提供了珍貴底本資源，纔使得本叢書的編纂出版成爲可能。同時，我們也要向文化遺産智能應用服務中華民族共同體建設『英才興蒙』團隊致以崇高的敬意，他們歷經五年的辛勤耕耘，以嚴謹的治學態度和專業的學術素養，對文獻進行了系統的整理和輯録，爲叢書的内容質量提供了堅實保障。此外，我們還要特别感謝内蒙古自治區黨委宣傳部、内蒙古出版集團將本叢書納入『北疆文庫』重點項目，并在出版過程中給予全方位支持與幫助。

我們衷心期待，這套凝聚着無數心血與智慧的《黄河國家治理文獻集成》，能够在新時代的『黄河大合唱』中奏響歷史的强音，爲黄河流域生態保護和高質量發展注入强大的歷史動力，讓黄河文化在保護中傳承，在傳承中創新，在創新中不斷發展，綻放出更加絢爛的光彩。同時，希望這套叢書能够成爲促進各民族文化交流、鑄牢中華民族共同體意識的重要載體，助力各民族更加緊密地團結在一起，共同爲實現中華民族偉大復興的中國夢而努力奮鬥，讓中華民族共同體意識在黄河文化的滋養下，扎根于每一位中華兒女的心中，成爲推動中華民族不斷前進的强大精神力量。

提要

《清代漢文朱批奏摺黄河治理資料輯録》共10册，收録清代康熙四十四年（1705）至咸豐三年（1853）關于黄河治理的漢文朱批奏摺1000件，以時間爲序編排，每篇奏摺均保留朱批痕迹，真實呈現了清代黄河治理的决策與執行過程。

所收録的奏摺内容包括工程實踐（如堤埽、堤壩與河道工程的修建和維護）、防汛體系（如水情監測、灾情預警與應急響應）、綜合管理（如河道管理、跨區域協調、物料與經費管理、漕運管理）、治河制度與管理機制、灾害影響及灾民撫恤等。

第一册收録康熙四十四年（1705）至雍正七年（1729）的100件奏摺。第二册收録雍正七年（1729）至乾隆二十年（1755）的120件奏摺。第三册收録乾隆二十年（1755）至乾隆三十八年（1773）的130件奏摺。第四册收録乾隆三十九年（1774）至乾隆四十六年（1781）的110件奏摺。第五册收録乾隆四十六年（1781）至乾隆五十二年（1787）的110件奏摺。第六册收録乾隆五十三年（1788）至清嘉慶六年（1801）的100件奏摺。第七册收録嘉慶六年（1801）至嘉慶二十二年（1817）的90件奏摺。第八册收録道光三年（1823）至道光十六年（1836）的60件奏摺。第九册收録道光十六年（1836）至道光二十五年（1845）的80件奏摺。第十册收録道光二十五年（1845）至咸豐三年（1853）的100件奏摺。

目録

奏

河東河道總督兼署山東巡撫臣白鍾山謹

奏爲奏

聞事竊照八月内黄沁水勢大漲搶護各工平穩業

經

奏明在案臣因水消之後堤工經此雨淋水泡冲

激汕刷誠恐倉猝搶護之工未能十分堅固復

親往各處查勘將已築子埝者重加夯硪堅實

已築裡戧者又令加帮高厚一律完整查至曹

縣三堡埽垻最爲險要每年倍費帮料修做幸

保無虞今年挑汛時臣相度情形在於對岸挑

空引渠一道以期濵溜開行以保埽垻要工適

遇此番水漲大溜全歸引渠冲刷寬深舊正河

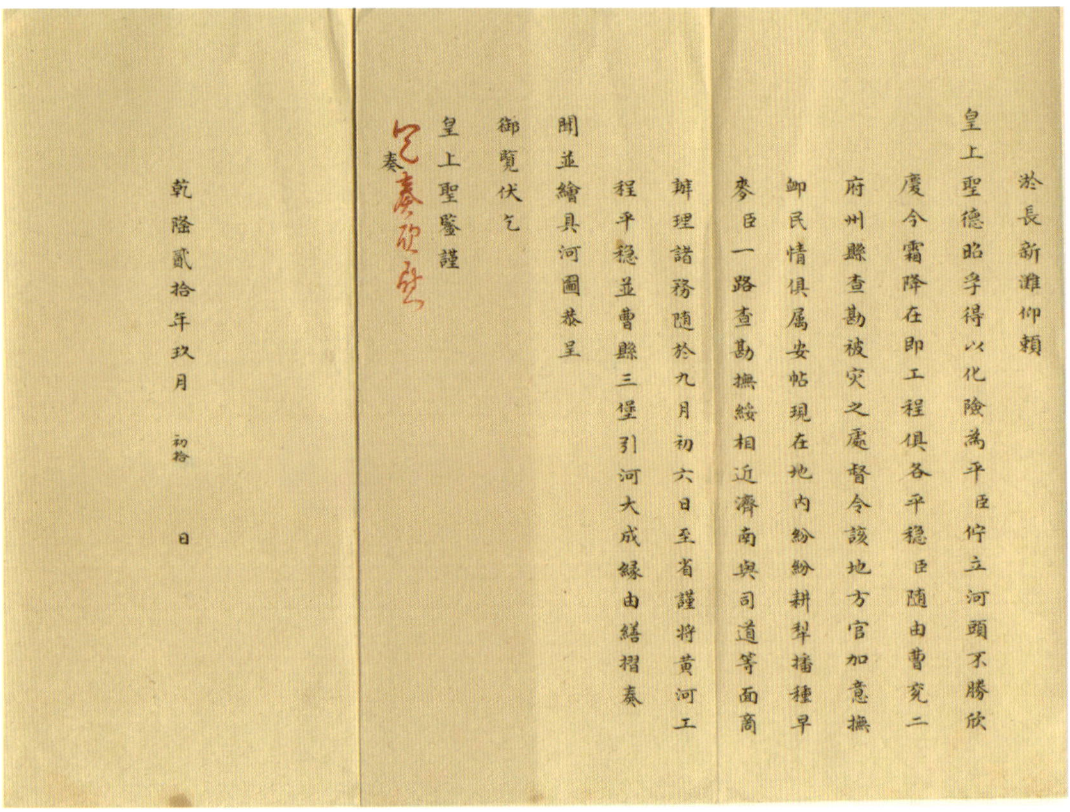
於長新灘仰賴
皇上聖德昭孚得以化險為平臣佇立河頭不勝欣
慶今霜降在即工程俱各平穩臣隨由曹兖二
府州縣查勘被災之處督令該地方官加意撫
卹民情俱屬安帖現在地内紛紛耕犁播種早
麥臣一路查勘撫綏相近濟南與司道等面商
辦理諸務隨於九月初六日至省謹將黄河工
程平穩並曹縣三堡引河大成緣由繕摺奏
聞並繪具河圖恭呈
御覽伏乞
皇上聖鑒謹
奏 覽奏欣慰
乾隆貳拾年玖月 初拾 日

奏

河東河道總督兼署山東巡撫臣白鍾山謹

奏為奏

聞事竊照節屆孟春東風解凍黄河兩岸堤埽各工
最恐氷淩撞擊臣因去歲秋汛水大冬寒氷結
堤埽工程尤宜加謹預為防護即於十月間飭
行廳營汛弁凡有埽灣迎溜處所密釘排樁多
掛板片柳枝擋護氷淩不使撞擊在案臣復恐
各廳中或有陽奉陰違者又行各該道前往細
加查看據覆氷淩自解凍以來層疊漂淌各廳
營汛弁在緊要埽工處所預為密釘樁木多掛
板片柳枝復督令兵夫小心防護各工俱保平
穩等語除仍飭廳營加意防護不得稍有懈忽

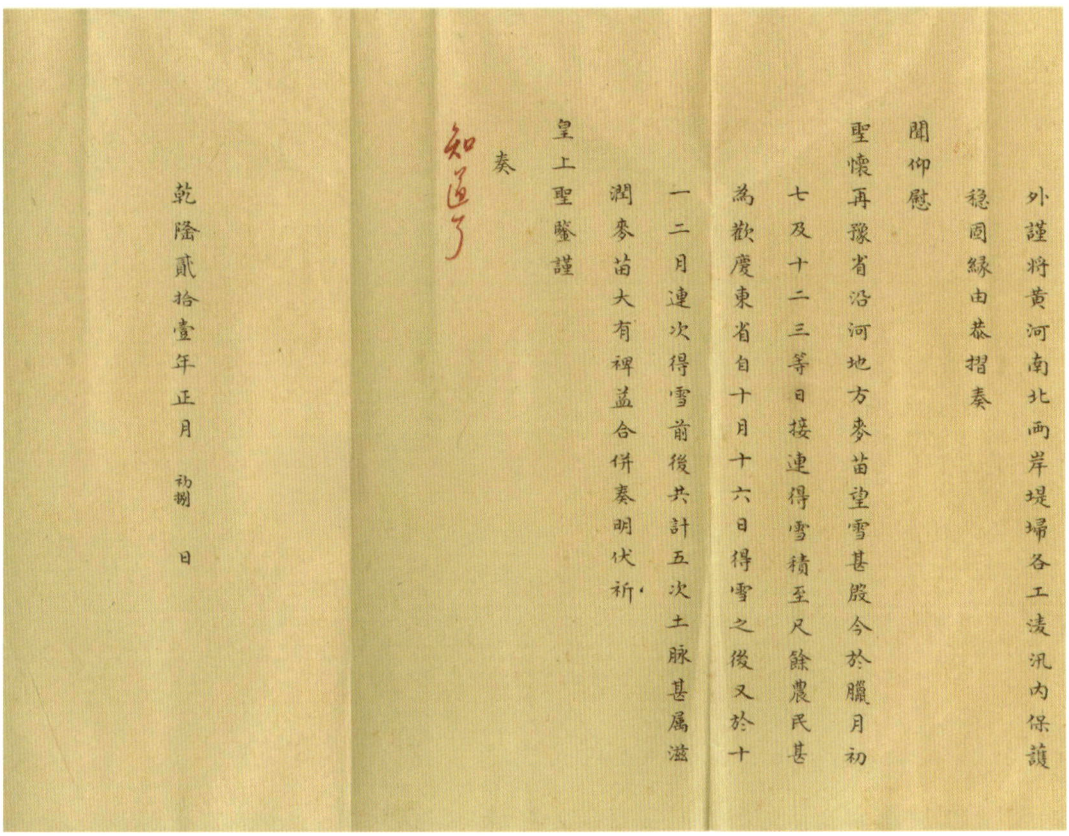

外謹將黃河南北兩岸堤埽各工淩汛內保護
穩固緣由恭摺奏
聞仰慰
聖懷再豫省沿河地方麥苗望雪甚殷今於臘月初
七及十二三等日接連得雪積至尺餘農民甚
為歡慶東省自十月十六日得雪之後又於十
一二月連次得雪前後共計五次土脉甚屬滋
潤麥苗大有裨益合併奏明伏祈
皇上聖鑒謹
奏
知道了
乾隆貳拾壹年正月　初捌　日

奏

河東河道總督兼署山東巡撫臣白鍾山謹

奏為恭報黃河桃汛水勢工程情形仰祈

睿鑒事竊照桃汛為一歲首汛正黃河水勢方長之

時兩岸堤埽各工均宜加謹防護臣於正月間

即預飭各道親詣查驗如有河勢坐灣及臨河

堤岸埽壩或經冲刷墊陷或根底腐朽虛鬆之

處俱即隨時修補堅實庶不致汛臨水長冲刷

走失重修多費亦不得將無甚緊要之工混行

修做致糜帑料各道俱遵照辦理在案今查三

月初五日清明起黃河之水節次長發共五六

尺不等幸旋長旋消工程俱各穩固臣現由德

州一路查看運河各工並迎催重運至濟寧即

赴豫省察看南北兩岸工程指示修守謹將桃

汛水勢已過工程平穩情形恭摺

奏報上慰

聖懷伏乞

皇上睿鑒謹

奏

知道了

乾隆二十一年三月　二十四　日

二二四

奏

河東河道總督兼署山東巡撫臣白鍾山謹

奏為恭報勘過黄河情形事竊臣自濟赴豫查看
黄河兩岸各工即由曹單廳所管各汛一路查
勘渡河至商虞廳汛起自下而上至上南河廳
所管中牟九堡復渡過北岸由上北河廳汛起
自上而下至曹儀廳將兩岸各工并各項料物
挨廳逐汛詳細察勘水勢情形俱係隨長隨落
堤埽各工俱一律整齊堅實所辦本年新料及
上年用存舊料堆垛充盈臣將新舊料物用丈
杆丈量均已足数丈完即在工諭令道廳營汛
小心防護非有迎溜頂衝埽灣緊要工程不得
擅動致滋糜費臣因東省秋審期届隨由濟寧

前赴濟南省城辦理秋審等事所有臣查過黄
河工程謹恭摺具
奏再臣在黄河兩岸上下往來見各州縣地方麥
禾十分茂盛沿途詢問農民僉云自三月二十
六七八連得時雨麥苗倍加長發且與秋禾甚
有裨益等語臣看此光景可必豊收不勝慶幸
理合附奏上慰
聖心伏乞
皇上睿鑒謹
奏

覽奏俱悉河南因已足山東更年如何如何來一
詳奏

乾隆貳拾壹年肆月　　拾捌　　日

奏

河東河道總督臣白鍾山謹

奏為恭報黄河伏汛安瀾工程平穩仰祈

睿鑒事竊查黄河伏汛正衆水長發工程喫緊之時

修防最宜慎重臣於汛前預飭各道率同廳營

汛弁住宿工所復派効力多員分段巡防不使

一處少疎以防水長工險臣交送東撫印務即

馳赴黄河工次由北岸渡河上下往來逐工查

勘督率指示查入伏以後南北兩岸水長四次

共長水七八九尺不等沁河水長二次共長水

六七尺不等仰賴

聖主洪福黄沁二水並未一時交漲俱係先後參差

因得及時修防且埽底堅實即遇冲激蟄陷隨

即搶鑲平穩今七月十二日立秋節届伏汛已
過所有兩岸一切堤埽各工均修護平穩但秋
汛踵臨臣仍住宿黃河適中之處督令道廳營
汛及効力各官敬謹防守不敢稍懈再臣往來
勘工見豫東兩省秋禾甚是茂盛穀子高粱秀
穗甚長結實飽滿沿途詢問農民僉云今年雨
水調勻可慶豐收臣謹將伏汛水勢工程平穩
並秋禾茂盛情形恭摺
奏報仰慰
聖懷伏乞
皇上睿鑒謹
奏
覽奏欣慰

乾隆貳拾壹年柒月初陸日

奏

河東河道總督臣白鍾山謹

奏為

奏明事竊照黃河伏汛水勢工程平穩情形經臣

恭摺

奏報在案今半月以來陰雨連綿加以十二十三
兩日黄沁二水並漲河水陸續增長七八九尺
至丈餘不等較去年秋汛水勢尚大尺餘盈堤
平岸在在險要臣一面飛檄傳知兩岸道廳營
汛及防堤効力人員刻刻巡查處處防護不得
少懈并飭令沿河地方官帶領民夫携帶鍬筐
器具星速上堤協力防護臣一面由蘭陽駐劄
防工處所星赴南北兩岸循堤往來逐工查勘

應防護者敬謹防護，應加高者即加築子堰以
禦水勢，應下埽者即督率下埽保護堤工。仰賴
皇上洪福，凡遇搶護之時，風静浪息，人力得施。今天
已晴霽，長水漸消，堤埽各工俱保平穩。臣因時
值秋汛，誠恐
聖主廑念河工，謹將水長工平情形恭摺
奏報，仰慰
聖懷。伏乞
皇上睿鑒。謹
奏。

以手加額，欣慰覽之。

乾隆貳拾壹年柒月　貳拾壹　日

二二七

奏

河東河道總督臣白鍾山謹

奏為恭報秋汛已過豫東兩省黄河工程平穏仰

慰

聖懷事竊查今年秋汛内黄河水勢叠漲工程搶護

平穏情形經臣節次

奏報在案今查自七月十二日立秋以来雨多晴

少上游伊洛瀍澗諸水一時滙集加以黄沁並

漲陝西寧夏府兩次報到共長水七尺二寸合

之本地雨水以致節次漲發比去年更大前水

未消後水又至南北兩岸出漕漫灘盈堤拍岸

處處危險臣親歴堤上往来上下調度策應飭

令道廳營汛並効力各員俱各督率兵夫帮堤

下埽不分雨夜極力搶護仰賴
皇上聖德感孚
河神默護得保無虞今九月三十日霜降節届河
水消落歸漕工程在在穏固来年應備歲搶料
物已據各道詳報發辦本年做過歲搶修工程
現在清查將存剩舊料盤查核算照例
題估再查東省運河濟寧迤南水勢較之往年甚
大臣督令道廳設法宣洩並加築子埝以禦水
勢捆紮埽由以護縴道回空糧船俱各遄行無
滯今過濟寧南下者已有一千一百七十餘隻
謹將霜降已過黃河水勢歸漕工程平穏緣由
恭摺
奏報伏乞
皇上聖鑒謹
奏

覽奏欣慰

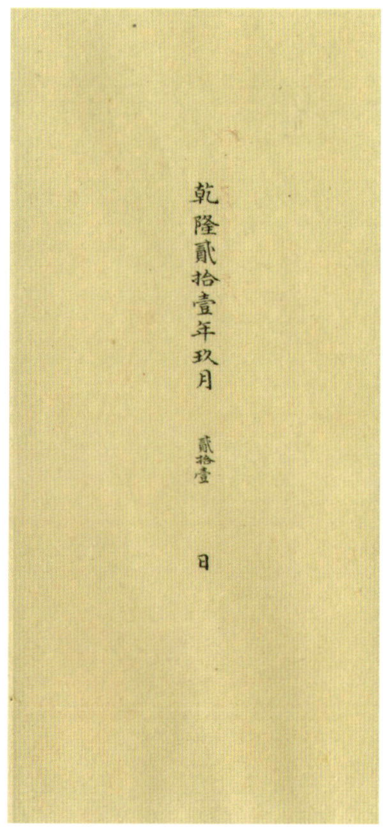
乾隆貳拾壹年玖月貳拾壹日

奏

山西巡撫兼管提督臣明德謹

奏為修治黃河堤岸以弭水患仰祈

聖鑒事竊照晉省蒲州府西門外地近黃河自唐宋以來屢遭水患明季正德嘉靖間築堤堵禦因工程單薄旋築旋冲隆慶後始議建石堤一千三百餘丈歷四年而告成堤高一丈一二尺至八九尺不等下釘木樁上砌石條灌以糯汁灰漿每方一丈用鐵錠二十箇每錠重十二觔層層鑲嵌堤賴以固水始不能為患我

朝百餘年來河漸西移距城稍遠舊堤遂不加修葺歲月寖久致有殘缺但黃河遷徙靡常邇年復稍東移以致伏秋水發之時漫至堤根撼永

濟縣知縣張淑渠稟稱自乾隆十九年以來伏
秋汛發黄河水漲漫至堤邊當經督率城關居
民將石堤殘缺處所多方堵禦仰賴
聖主福庇三年以來幸無他虞但殘缺處所若不補
修將來日益坍塌恐難堵禦稟請勘估修治等
情當即行令道府確勘估計去後兹據布政使
蔣洲詳據道府確勘石堤共殘缺二十三處通
計長五十三丈三尺高三四尺至一丈一尺不
等仍照舊式用石條嵌錠灌漿一律修治完固
共需銀九百五十兩零四分請於尹謊捐輸修
工銀内動支等情前來臣查黄河之水源遠流
長由甘肅寧夏繞河套入山西境蜿蜒而來千
巖萬壑之水盡歸此河至蒲郡水勢漸大春冬
水落之候雖非逼近城垣一遇伏秋汛發往往
漫至堤邊石堤殘缺二十三處既恐河水驟漲
一時堵禦無方湧流入灌城垣廬舍均受淹浸
且恐河水漫入缺口年復一年將未壞之堤亦
復侵損所費轉多臣查司庫存有閑款一項係

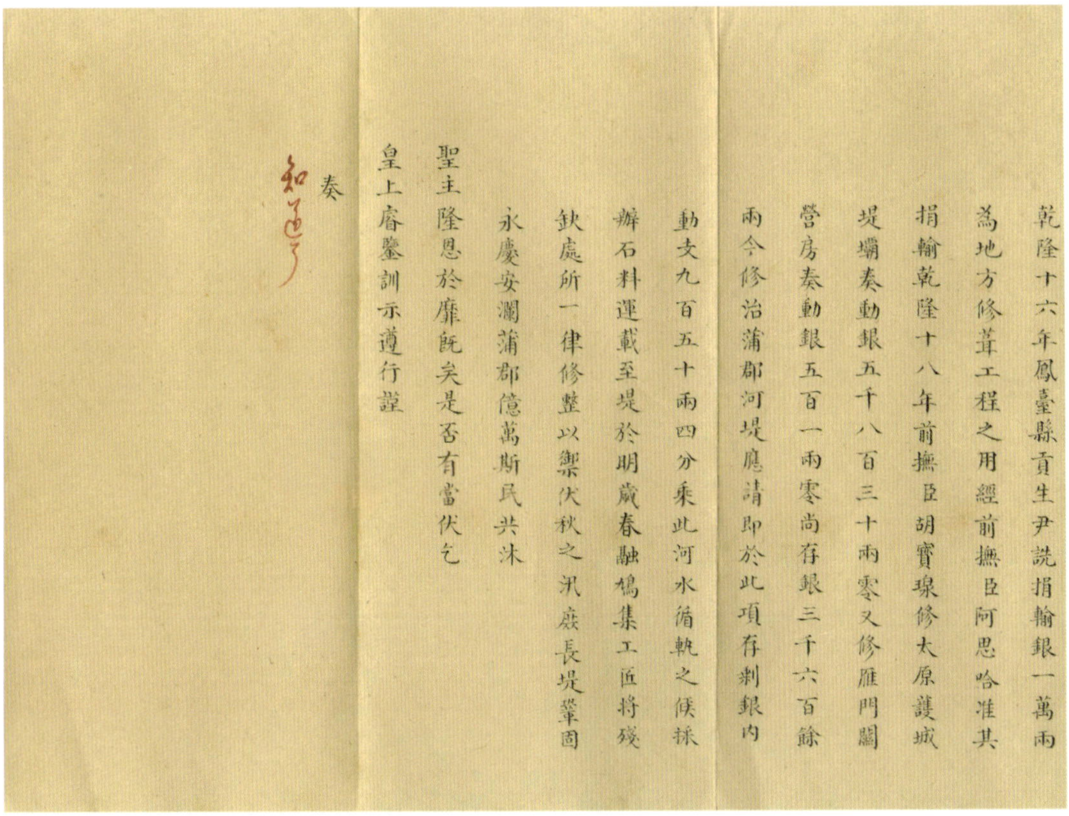
乾隆十六年鳳臺縣貢生尹詵捐輸銀一萬兩
爲地方修葺工程之用經前撫臣阿思哈准其
捐輸乾隆十八年前撫臣胡寶瑔修太原護城
堤壩奏動銀五千八百三十兩零又修雁門關
營房奏動銀五百一兩零尚存銀三千六百餘
兩今修治蒲郡河堤應請即於此項存剩銀內
動支九百五十兩四分乘此河水循軌之候採
辦石料運載至堤於明歲春融鳩集工匠將殘
缺處所一律修整以禦伏秋之汛庶長堤鞏固
永慶安瀾蒲郡億萬斯民共沐
聖主隆恩於靡旣矣是否有當伏乞
皇上睿鑒訓示遵行謹
奏
知道了

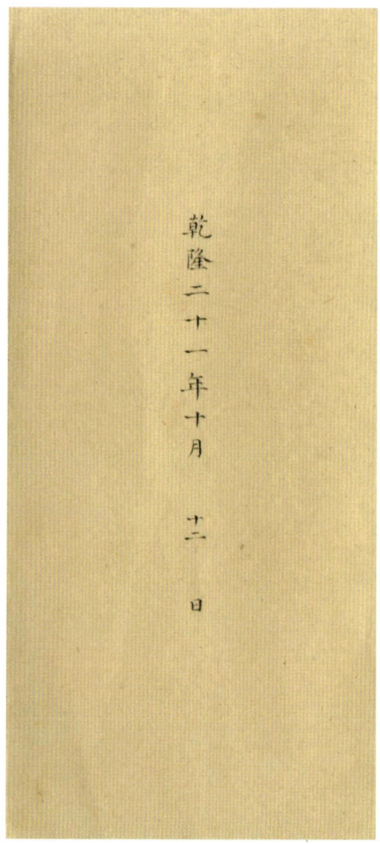

乾隆二十一年十月　十二　日

二二九

奏

河東河道總督臣白鍾山謹

奏為奏

聞事竊照黃河凌汛氷凌凍結一遇交春東風解凍則氷凌漂淌層叠而下臨河堤埽工程即被撞擊損傷修補又費帑料臣前經預飭道廳營汛凡有緊要埽壩並堤工近河處所俱即密釘逼凌樁板或掛柳枝攔護不使撞擊工程復差委効力人員前往逐處查看據覆臨河埽壩俱釘有樁板其臨河大堤俱掛有長大柳枝廳營汛弁俱係遵照在工防守兩岸工程在在穩固等因前來臣查今歲臘月十五日已屆立春節氣上游氷凌融化恐排山而來防範尤宜嚴密除

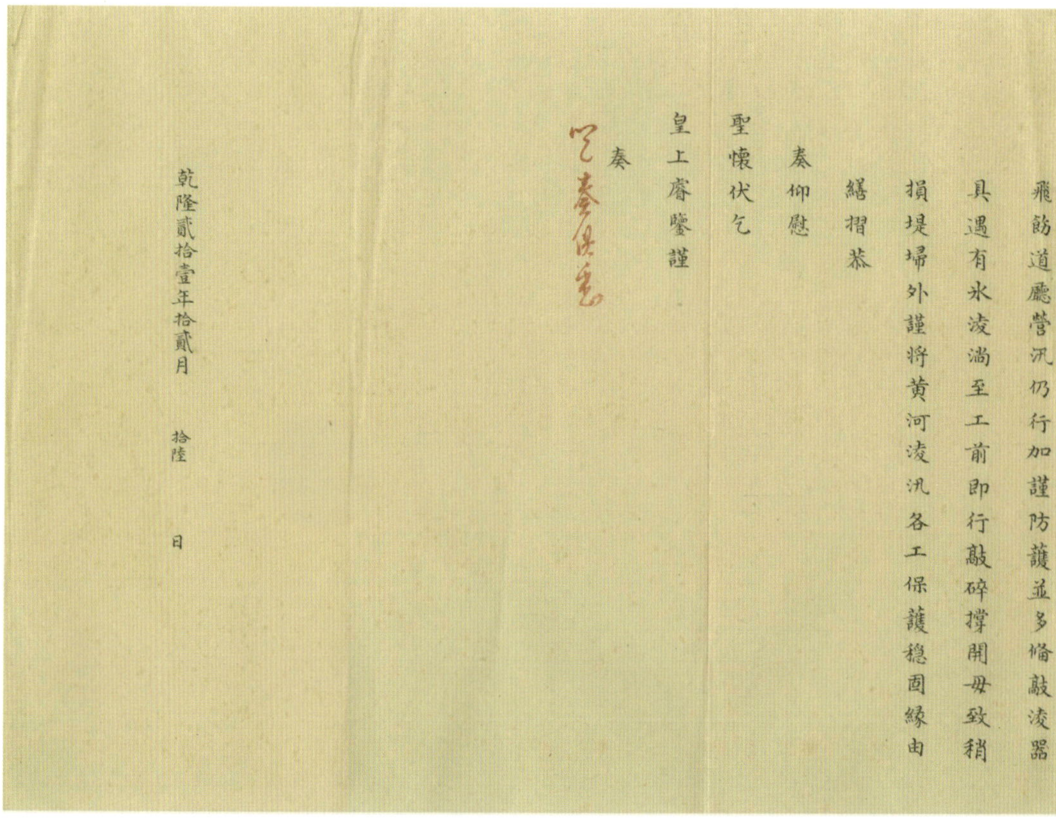
飛飭道廳營汛仍行加謹防護並多備敲凌器
具遇有氷凌淌至工前即行敲碎撑開毋致稍
損堤埽外謹將黃河凌汛各工保護穩固緣由
繕摺恭
奏仰慰
聖懷伏乞
皇上睿鑒謹
奏
覽奏俱悉
乾隆貳拾壹年拾貳月　拾陸　日

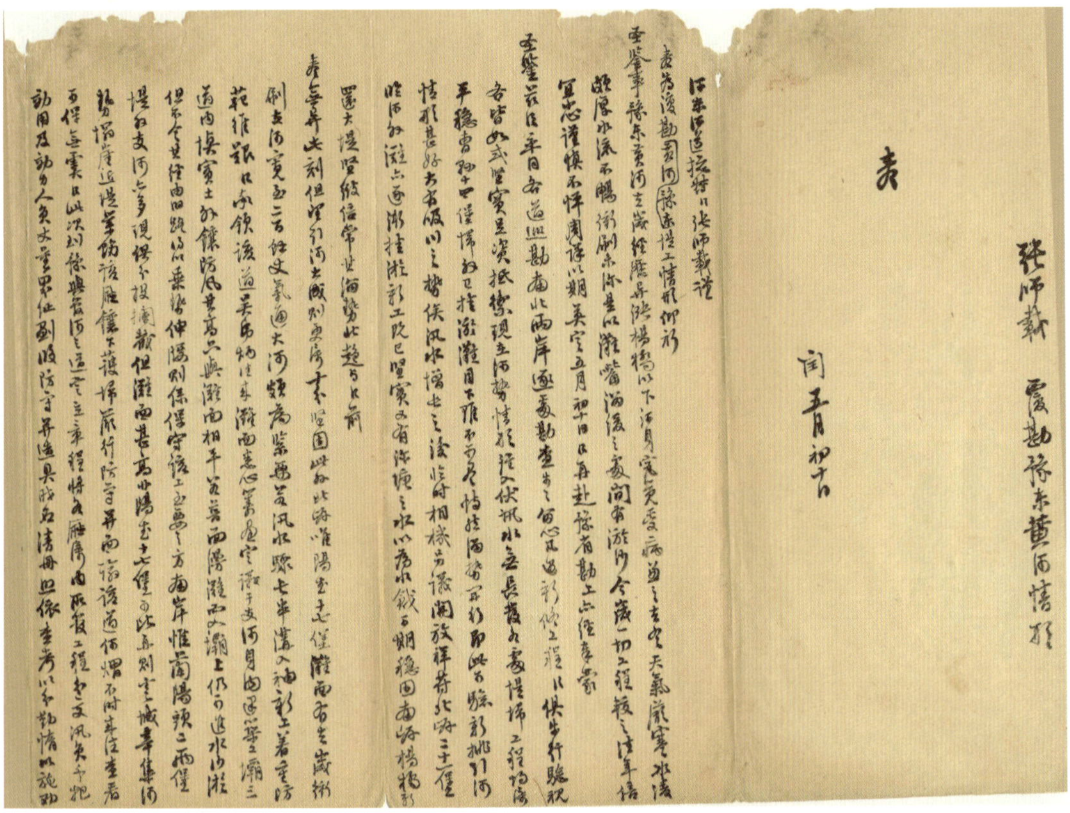

張師載　覆勘豫東黃河情形

閏五月初十日

奏

河東河道總督臣張師載謹

奏為遵勘豫東河堤工情形仰祈

[illegible]

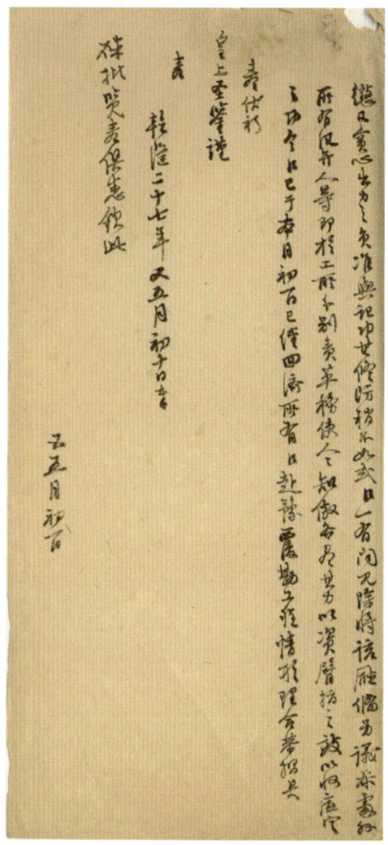
總兵實心出力之責，汛與把守世俟防護不如式，且一省河兵隨時調撥，備弁識與業務
所有民夫人等，即於工竣分别賞革，務使人人知儆，各矢其力，以資臂指之效，以收全
之功。今臣已于本月初十日已經回濟，所有臣赴豫震協之緣由，情形理合恭摺具
奏，伏祈
皇上聖鑒。謹
奏。
乾隆二十七年五月初十日
硃批：覽奏俱悉。欽此。
[illegible]五月初十

二三二

奏

河東河道總督臣張師載謹

奏為豫東黃河凌汛安瀾仰祈

聖鑒事竊照豫東黃河去歲新修工程多於往歲及臨河舊有埽工一至天氣嚴寒誠恐冰凌擁聚順勢浮淌撞嗑崕岸剷削埽壩最關緊要臣於上年入冬之時久經嚴飭各道督令廳營汛弁等官小心防護嗣據管河各道禀稱遵奉檄飭如法防護凌汛以內並未剷及堤埽經臣恭摺具

奏在案今查自立春以後所有大凌早經化解水勢工程俱屬平穩茲據豫東兩省管河各道禀報前來臣仍飭令乘此汛水未經長發將各廳州縣領辦預備料物催運齊全聽候臣親行抽查文驗并嚴飭各廳

汛督率兵夫積土栽柳搜捕獾鼠實力辦理外所有
豫東凌汛安瀾緣由理合繕摺奏
聞仰慰
聖懷伏祈
皇上聖鑒謹
奏

知道了

乾隆二十八年正月　十二　日

二三二

奏

河東河道總督臣張師載謹

奏爲奏

聞事竊照豫東黄河南北兩岸堤工經臣

奏明將堤頂兵夫舊積土牛在於臨河一面攤平改築

子埝荷蒙

俞允准行在案臣隨飭令道廳督率文武汛員遵照攤築

委令効力各官按段催查務期堅實兹據禀稱南北

兩岸上自滎澤汛起下至江南交界虞城單縣二汛

止臨河一面子埝均照原奏内頂寬三尺底寬六尺

高四尺夯硪堅實俱已如式完竣等情臣查大堤爲

南北兩岸之保障當伏秋大汛水勢陡漲堤高一寸

即受一寸之益今臨河一面預已築成子埝均高四

尺通計兩岸二千餘里聯絡比櫛即遇汛水盛漲之

年可資捍禦較之臨時買土搶築似覺事半功倍至

兩岸大堤舊積土牛除攤築子埝外尚有餘剩者現

在飭令本管各員均於堤面攤勻實力夯硪平整嗣

後兵夫應積額土即可就所築子埝培厚加高仍照

每歲應積土方稽核不使偷減短少庶數年之後一

律寬厚兩岸堤工更資鞏固矣所有黄河大堤通築

子埝完竣緣由并辦理情形理合恭摺奏

聞伏乞

皇上聖鑒

訓示遵行謹

知道了

奏

乾隆二十八年二月　初四　日

二三三

奏

河東河道總督臣張師載謹

奏爲奏報查勘豫東黄河北岸各工並沁河堤埝情形

仰祈

聖鑒事竊臣於二月二十六日自濟寧起身赴豫查勘工

料當經恭摺

奏明在案玆臣由北岸一帶自東而西查看曹單曹儀

下北上北黄沁等五廳正當桃汛之時黄沁兩河水

勢隨長隨落各工俱屬平穩本年歲修案内增培土

工目下人夫雲集上緊儧築工程已有六七分不日

即可告竣各州縣代辦稭料分貯各工臣親加盤驗

並無虧短現在臣由滎澤渡河查勘南岸各廳工料

另行恭

奏外臣查北岸黄沁同知所管之沁河堤埝向係民築
民修前於乾隆二十六年七月内因沁水異漲兩岸
堤埝衝刷殘缺經臣飭令各地方官勸用民力分作
兩年幫培今逐加勘驗業已一律高厚足資捍衛但
如河内縣之天師廟一帶爲懷慶府城之保障該工
形勢彎灣每遇山水長發沁丹二河之水滙聚撞擊
洶湧異常現有挑水壩埽工長十八丈斜壩埽工二
百二十五丈亦係民間修築止有管河縣丞一員向
未設有椿埽兵夫而鄉農百姓於一切修防非所諳
習臣與該道府悉心籌酌查孟縣小金堤亦係民修
埽工現有主簿及分防把總各一員又額外外委一
員椿埽河兵四十名該處工俱平穩無需多人臣請
即於孟汛分撥河兵十名令分防把總帶領移駐河
内天師廟工所協同縣丞督率民夫隨時修守防護
在孟汛仍有主簿外委足資料理一轉移間並無添
兵設弁之繁而要工修守有人於河防實有裨益臣
勘工所至酌量籌辦是否有當伏乞
皇上睿鑒

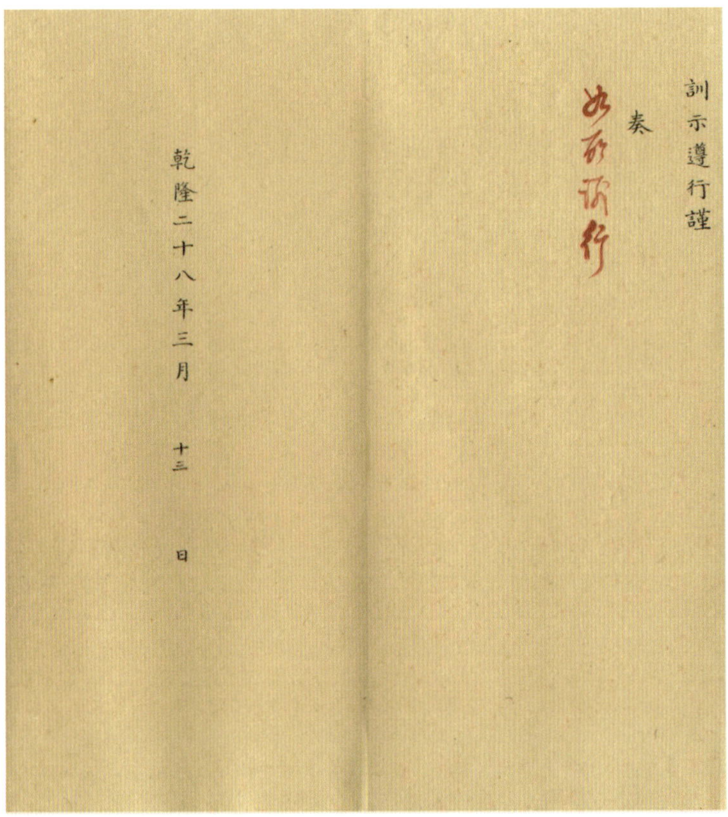

訓示遵行謹

奏

如所議行

乾隆二十八年三月十三日

奏

河東河道總督臣張師載謹

奏爲恭報豫東黄河桃汛安瀾仰祈

聖鑒事竊照黄河桃汛正當春水長發之時兩岸堤埽工程俱關緊要經臣嚴飭廳營汛員加謹駐工小心防護今查本年桃汛自二月二十二日清明起至三月十二日止豫東黄河水勢俱係隨長隨落大溜順軌安流沁河水勢亦無暴漲各廳工程俱各防護穩固至南北兩岸河灘地内去歲伏秋凡有衝刷支河俱經廳汛州縣督率兵民等夫於桃汛前堵築土壩以資攔截臣此次查工赴豫逐處勘驗概已堵築完竣務碱堅實足資捍禦兹據管河各道稟報前來所有桃汛安瀾緣由除照例

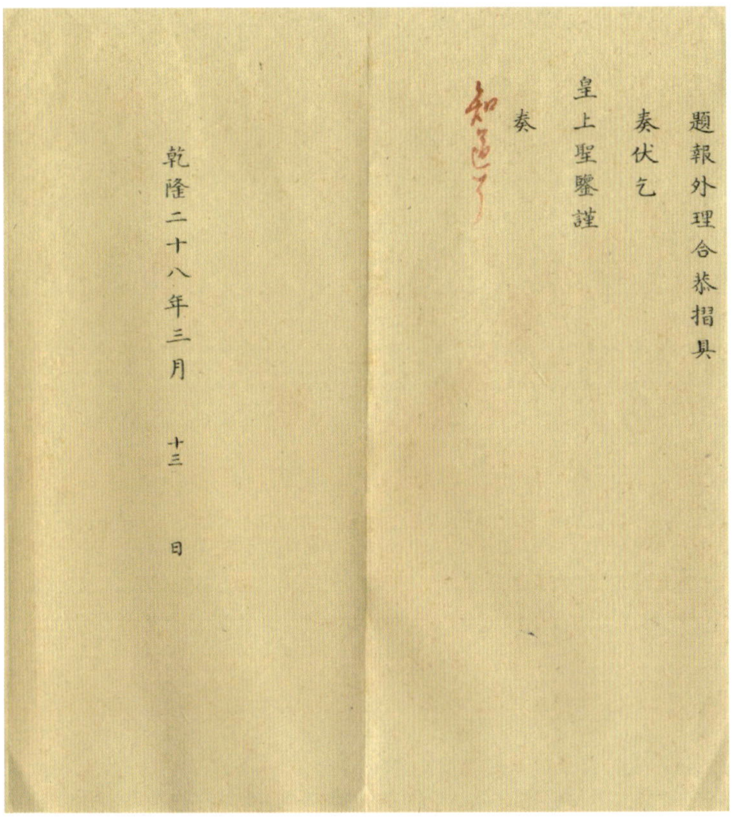
題報外理合恭摺具
奏伏乞
皇上聖鑒謹
奏
知道了
乾隆二十八年三月　十三　日

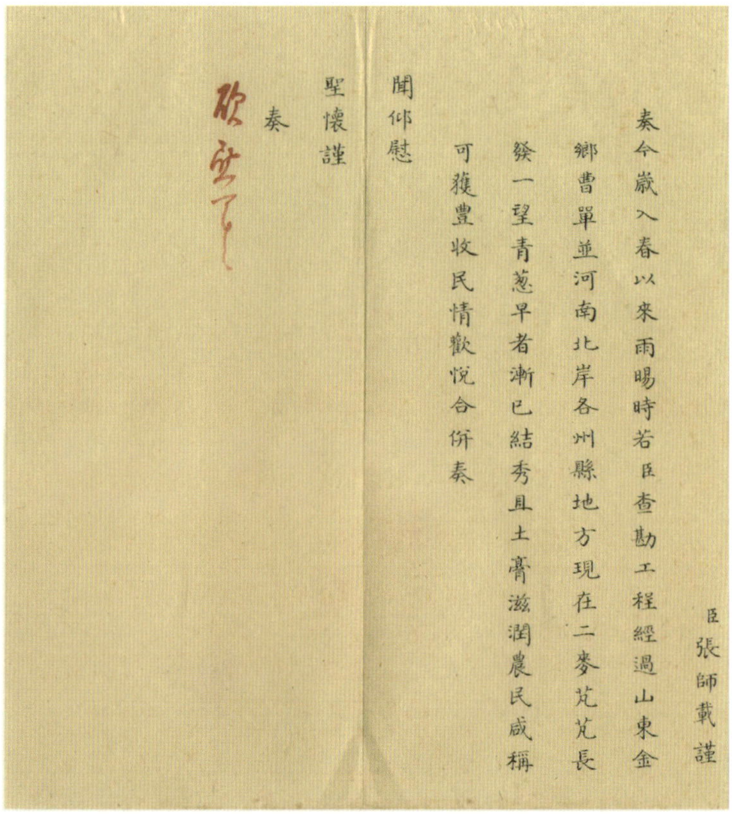

臣張師載謹

奏今歲入春以來雨暘時若臣查勘工程經過山東金

鄉曹單並河南北岸各州縣地方現在二麥芃芃長

發一望青葱早者漸已結秀且土膏滋潤農民咸稱

可獲豐收民情歡悦合併奏

聞仰慰

聖懷謹

奏

欣悦覽之

二三五

奏

河東河道總督臣張師載謹

奏爲奏報查勘豫省黄河南岸工料情形仰祈

聖鑒事竊臣於二月二十六日起身赴豫業將查勘過北岸工料及沁河隄堰情形具摺恭

奏在案臣於初八日渡河而南查看上南下南儀考商虞四廳桃汛期内水勢隨長隨落工程俱極平穩楊橋隄埽各工亦俱穩固本年歲修增培土工内有已完竣者臣即逐段查驗錐試並照估丈量俱屬堅實豐滿其未完各工亦均有七八分飭交該道往工催築以期速竣至南岸州縣辦貯各工料物臣親加盤驗堆垛足數並無虧短兹臣已於十九日回署所有查勘過南岸四廳工料情形謹恭摺奏

聞再臣節次奉到

硃批奏摺三十四件謹遵例彙封恭繳合併陳明伏乞

皇上睿鑒謹

奏

乾隆二十八年三月　二十四　日

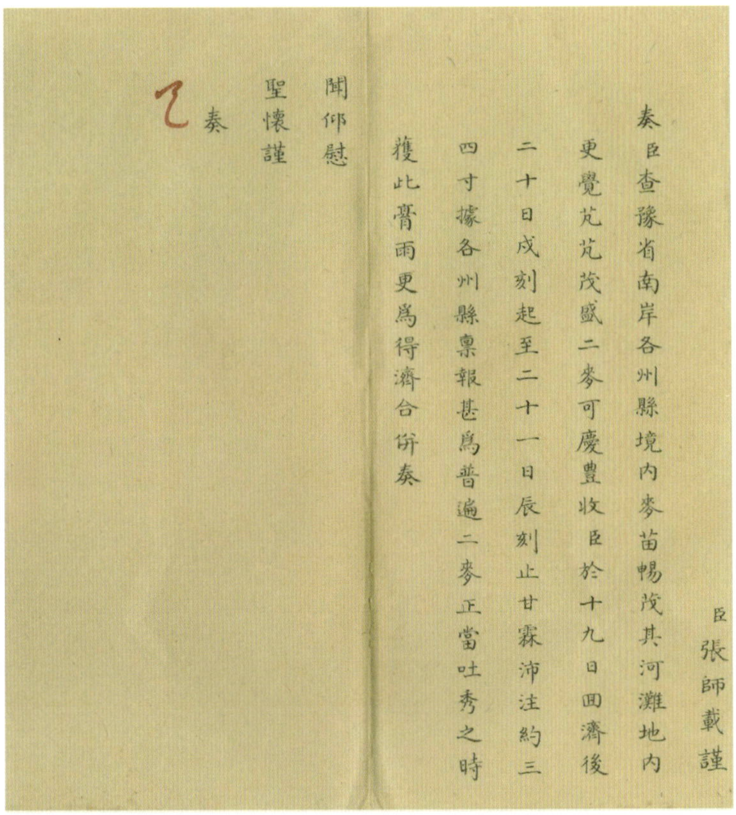
臣張師載謹
奏臣查豫省南岸各州縣境内麥苗暢茂其河灘地内
更覺芃芃茂盛二麥可慶豐收臣於十九日回濟後
二十日戌刻起至二十一日辰刻止甘霖沛注約三
四寸據各州縣稟報甚爲普遍二麥正當吐秀之時
獲此膏雨更爲得濟合併奏
聞仰慰
聖懷謹
奏

奏

河東河道總督臣張師載謹

奏爲

奏明黃河各工平穩情形仰祈

睿鑒事竊照黃河伏汛期内汛水長落靡常堤埽工程最
關緊要臣於三月内逐一親歷察勘凡係埽灣迎溜
及素稱險要之處俱面諭廳營汛弁加謹巡防以期
鞏固本年桃汛以前水無長發自入伏汛後據各廳
禀報長水共止一尺餘寸亦即旋長旋落南北兩岸
臨河埽工均各修防穩固臣並分差効力各官協同
廳汛文武員弁各分段落指定界限照依防守廳員
守備則令住宿臨河要工以專責任臣今又設立巡
籤數十枝飭發南北兩岸令兵堡夫挨汛接遞凡巡

籤所到之汛則令將水勢之有無長落本日有無動
用料物防守各官有無在工等情形逐一填入粘單
此去彼來循環絡繹現在黄河兩岸防守員弁星羅
棊布節節有人巡查嚴密可收保護之益所有黄河
各工平穩並臣辦理情形謹恭摺奏
聞伏乞
皇上聖鑒謹
奏

乾隆二十八年五月　初十　日

二三七

奏

河東河道總督臣張師載謹

奏爲奏

聞事竊照南漕船糧業於本月十七日催出臨清二十四
日全數可出東境目下已入伏汛黄河兩岸工程最
爲緊要臣現在束裝於五月二十七日前往河南駐
劄工所督率道廳汛弁防護至東省運河一切堤埽
閘壩業經春夏整理完竣所有防護事宜飭交運河
道李清時遵照辦理惟查臨清以外之衛河今歲全
漳滙注伏秋大汛恐不免水勢加增兩岸民埝綿長
五六百里臣雖已調撥河兵分派効力人員協同廳
印汛弁民夫處處防守仍令運河道專駐臨清適中
之地督率巡查上下策應遇有搶護機宜立時趕辦

以期汛水安瀾埝工平穩仰副

皇上廑念河防之至意所有臣前赴黄河并委該道駐工

防守緣由謹恭摺奏

聞伏祈

皇上聖鑒謹

奏

已奏俱悉

乾隆二十八年五月　二十七　日

二三八

奏

河東河道總督臣張師載謹

奏爲奏

聞事竊臣於五月二十七日自濟寧起程前赴豫省黃河

督防大汛當經恭摺具

奏在案今於六月初二日已抵蘭陽汛地方駐劄防守

查自五月十五日以後黃河水勢各廳長水二三四

尺不等皆係旋長旋消工程平穩凡臨河埽壩間有

卑矮平蟄之處以及河溜掃灣汕刷崖岸者早經行

令道廳隨時搶護鑲修堅厚足資抵禦臣到工之後

先將附近之銅瓦廂耿家寨等處臨河埽工逐一查

勘指示修守機宜即前赴山東曹縣十四堡新成之

引河沿流踹看河勢情形該處引河雖已大成但形

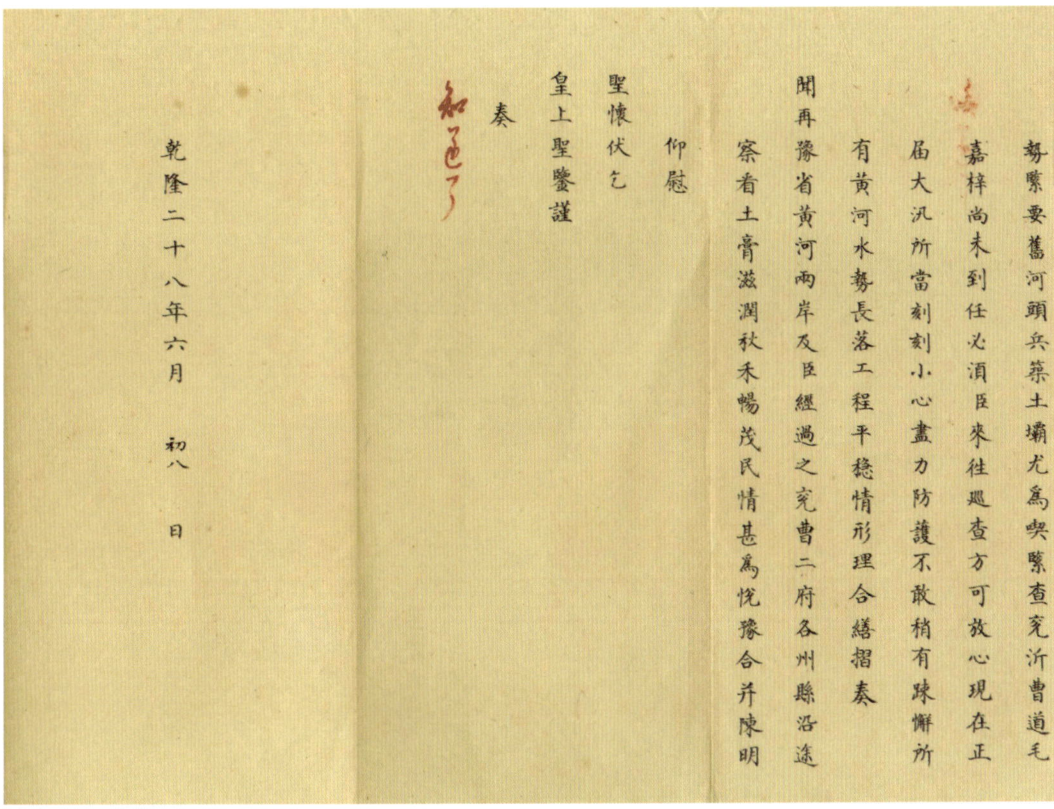

勢緊要舊河頭兵築土壩尤爲喫緊查兗沂曹道毛

嘉梓尚未到任必須臣來往廵查方可放心現在正

屆大汛所當刻刻小心盡力防護不敢稍有踈懈所

有黄河水勢長落工程平穩情形理合繕摺奏

聞再豫省黄河兩岸及臣經過之兗曹二府各州縣沿途

察看土膏滋潤秋禾暢茂民情甚爲恱豫合并陳明

仰慰

聖懷伏乞

皇上聖鑒謹

奏

知道了

乾隆二十八年六月　初八　日

二三九

奏

河東河道總督臣張師載謹

奏爲豫東黄河工程平穩情形仰祈

聖鑒事竊照臣前抵豫防工以曹縣十四堡引河雖已大
成該處情形緊要舊河頭兵築土壩防守宜嚴必須
親往查看方敢放心已經恭摺奏蒙
聖鑒嗣臣於蘭陽起身由大堤自西而東步步挨查率同
護兖沂曹道兖州府知府葉棠前赴十四堡悉心查
看舊河形内半屬乾灘即有停水之處深不過一二
三尺皆由河尾漫灘而入無關緊要河頭土壩現在
儹築高厚臣又飭令加鑲防風足敷抵禦臣復乘駕
船隻於新河内沿流察看水勢浩瀚沖刷有力惟有
日見寛深更無遊移之慮至十四堡埽工係去歲新

修工程今應於卑矮處所仍令擇要加鑲照常防守
以保萬全當將一切防守機宜面交該護道小心遵
辦臣仍自東回豫嗣據河南上北河廳稟稱於十一
二等日該廳屬内長水四尺餘寸及五尺不等陽武
十七堡玉皇廟前大灘與水面相平臣查該處於去
年大汛内實為豫東兩省第一要工節經奏
聞在案今歲全黃溜勢漸次南趨較之去歲已為平緩然
灘内支河寬至二三百丈核其形勢終覺喫緊臣隨
由陳留封邱一帶勘工之便順赴該工逐細勘查灘
工甚為堅緻内外防風一律嚴整俱經簽釘長樁追
壓重土該灘原與灘面相平即使灘上過水亦係普
面漫灘不憂冲刷且望停淤其大河溜勢仍在南岸
看其情形已有化險為平之象再查今歲豫東黃河
各廳長水四五尺及五六尺不等皆係旋長旋消堤
埽工程均極穩固惟是時届大汛正工程緊要之時
臣惟督率道廳營汛小心防護不敢一刻稍為疎懈
所有豫東黃河水勢長落及工程平穩情形理合繕
摺奏

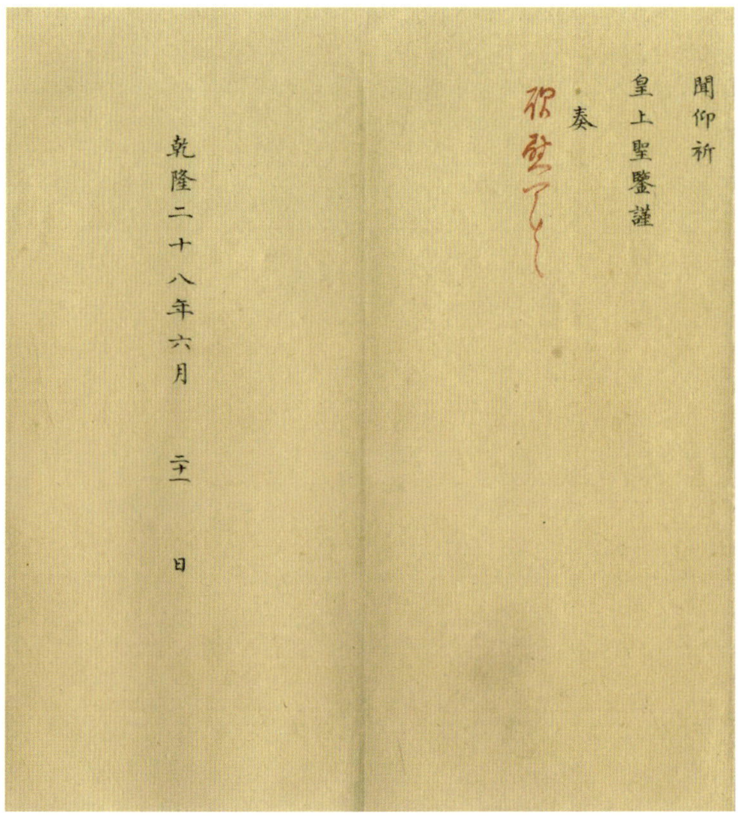
聞仰祈
皇上聖鑒謹
奏
知道了
乾隆二十八年六月　二十一　日

二四〇

奏

河東河道總督臣張師載謹

奏為恭報豫東黃河伏汛安瀾仰祈

聖鑒事竊照黃河伏汛正屆水長之時堤埽工程甚關緊要臣於五月二十七日前赴豫省駐工巡防業經恭

摺

奏明在案查今歲伏汛於六月十一二日以後各廳長水有五六七尺不等低窪灘崖已有串溝漫灘之水并有溜勢偏趨汕刷埽工之處臣俱親督道廳營汛

指示搶鑲務俾穩固仰賴

聖主洪福現在水勢旋長旋消臨河埽工均皆鑲護平穩今伏汛已過秋汛踵臨一切修防更當嚴密臣現駐河干不時上下往來親身查看凡有埽工之處俱飭

令廳營汛弁分段防護並於無工之處亦多派効力人員協同巡守不敢少懈所有豫東黄河伏汛安瀾工程穩固緣由除照例具疏題報外理合繕摺恭

奏仰祈

皇上聖鑒謹

奏

欣慰覽

乾隆二十八年六月　二十九　日

二四一

奏

河東河道總督臣張師載謹

奏爲奏

聞事竊照今歲豫東黄河水勢皆係隨長隨消工程平穩

屢經奏蒙

聖鑒立秋以後水勢亦未長發埽壩工程均皆穩固上南

河廳之中牟楊橋上北河廳之陽武五堡下北河廳

之銅瓦廂曹儀廳之曹縣十四堡皆已逐漸掛淤化

險爲平其餘臨河埽工因溜勢歸槽偏趨側注冲刷

壩根埽工多見平蟄皆經隨時奮力搶鑲追壓重土

均已十分堅實現在白露將屆甘肅寧夏一帶未經

據報長水則上游來源自必益見減少河流更易消

落仰賴

聖主鴻福兩岸工程可邀奠定臣即日又復周廻南北兩
岸嚴行督察而飭廳營汛弁小心防守不可以水落
工平稍萌懈弛之念并將各廳歷次修做工程確加
親核并存工料物有無短少逐一盤查以所存舊料
之多寡酌辦新料爲來歲修防之用務使工歸實在
帑不虛糜以期仰副
聖主畀任河防之至意再查豫省入秋以來雨暘時若一
切秋禾俱皆茂盛民情甚爲歡忭合并奏
聞伏祈
皇上聖鑒謹
奏

覽奏欣慰

乾隆二十八年七月　十七　日

二四二

奏

河東河道總督臣張師載謹

奏爲

奏明事竊臣周歷南北兩岸查得黄河水勢自七月十

五以後長只尺許雖有數次無不旋長旋落其上南

河廳屬之胡家屯趙家寨下北河廳屬之耿家寨曹

儀廳屬之三家莊等工雖溜勢全趨埽底而本年伏

秋汛内歷次鑲修俱屬高厚堅實足資抵禦上南河

廳屬之核桃園商虞廳屬之辛集皆係去歲及本年

新生着溜險工夏秋之交頗見緊要臣來往該工督

率搶護俱獲平穩所用錢糧仍飭令在歲搶修内通

融辦理無庸另

題大工以節糜費其各廳存工舊料俱經逐一親盤核

之本年動用歲搶二修之外數目相符並無虧缺現
在新料登場臣察看工程之平險及存料之多寡酌
量辦貯以資來年應用若存料較多之處即停止預
備以紓民力以防霉爛臣查白露已過黃河上源日
見減少安流循軌水力漸綿一切工程仰邀
聖主福蔭俱獲奠定所有臣查過南北兩岸工料及各工
平穩緣由理合專摺奏
聞仰祈
皇上聖鑒再豫東入秋之後得雨稍多臣周行南北兩岸
經由豫省懷慶開封歸德三府及東省曹州一府各
州縣境内留心查看早禾業已登場一切晚豆俱已
成熟均無妨碍即黃河灘内亦俱禾稼如雲一望無
際民情歡暢慶賀豐年臣廵歷所及得之目擊實深
歡忭合并陳明仰慰
聖主念切民依之至意謹
奏

知道了

乾隆二十八年八月初六日

奏

河東河道總督臣張師載謹

奏爲恭報豫東黃河秋汛安瀾仰祈

聖鑒事竊照本年黃河水勢桃汛安流伏汛旋長旋

消俱慶安瀾經臣節次

奏報在案今查秋汛自六月二十九日以後沁河未經

長發惟黃河水勢驟長二次低窪之處間有串溝漫

灘之水臣廵歷南北兩岸親加查看相機搶護臨河

埽工如下北河廳之耿家寨上南河廳之胡家屯商

虞廳之辛集皆係頂冲迎溜偏趨側注之工入秋以

後或因底料朽腐或因消水抽掣以致該處埽工多

有隨水平蟄一時頗見危險臣於南北兩岸往來調

度俱經嚴督廳營汛弁不分晝夜奮力搶鑲仰賴

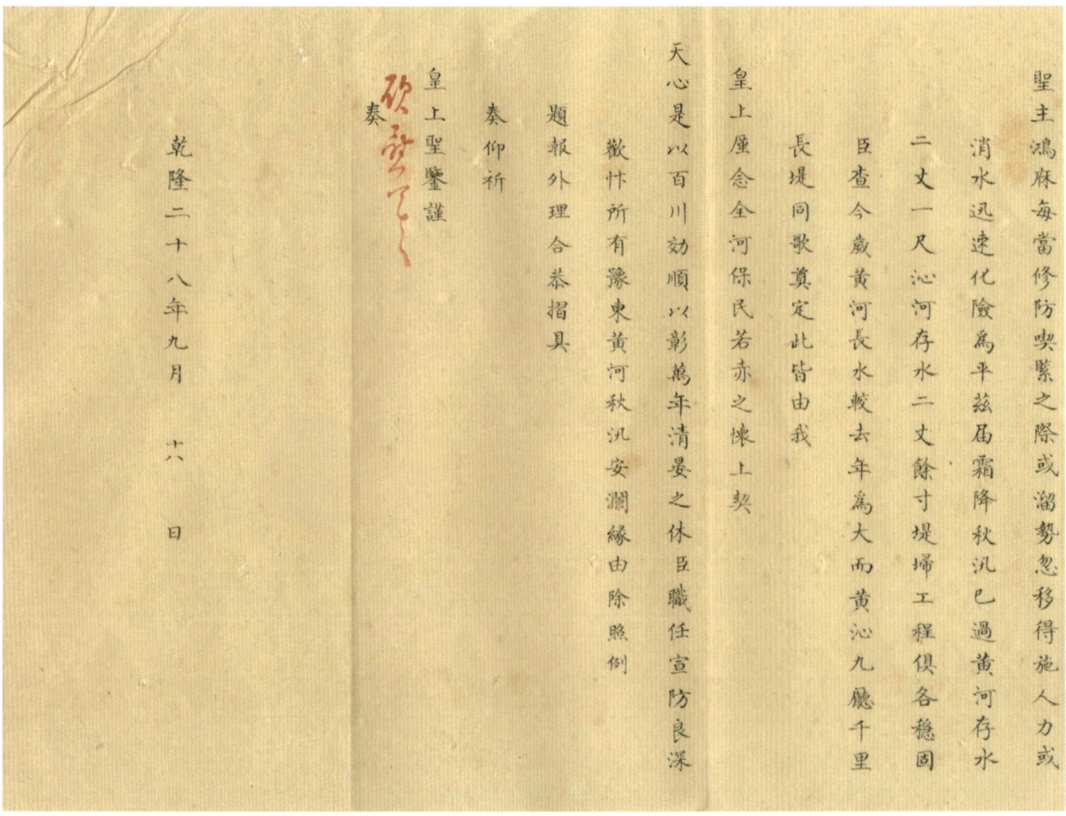
聖主鴻庥每當修防吃緊之際或溜勢忽移得施人力或
消水迅速化險爲平茲屆霜降秋汛已過黃河存水
二丈一尺沁河存水二丈餘寸堤埽工程俱各穩固
臣查今歲黃河長水較去年爲大而黃沁九廳千里
長堤同歌奠定此皆由我
皇上廑念全河保民若赤之懷上契
天心是以百川効順以彰萬年清晏之休臣職任宣防良深
歡忭所有豫東黃河秋汛安瀾緣由除照例
題報外理合恭摺具
奏仰祈
皇上聖鑒謹
欣慰覽之
奏
乾隆二十八年九月　十六　日

奏

太子少傅內大臣江南河道總督臣高晉謹

奏為遵

旨覆奏事竊臣查勘毛城舖并堵閉唐家灣壩工回至邳

睢工次接准兵部火票遞到

廷寄內開乾隆二十八年九月十一日奉

上諭連據高晉具奏洪湖水勢有消無長五壩竝未過水

所有伏秋汛內啟折清口東西壩察看水勢隨時收口

各情形俱已覽悉惟黃河今年水勢如何毛城舖及徐

州城北新築土堤俱曾否過水徐州城外水誌長落若

干竝淮徐一帶秋禾田畝現在均已豐收否該督俱未

經奏及着傳諭高晉令將入秋以來黃水情形速即據

實詳悉奏聞以慰廑念欽此欽遵寄信前來臣跪讀之

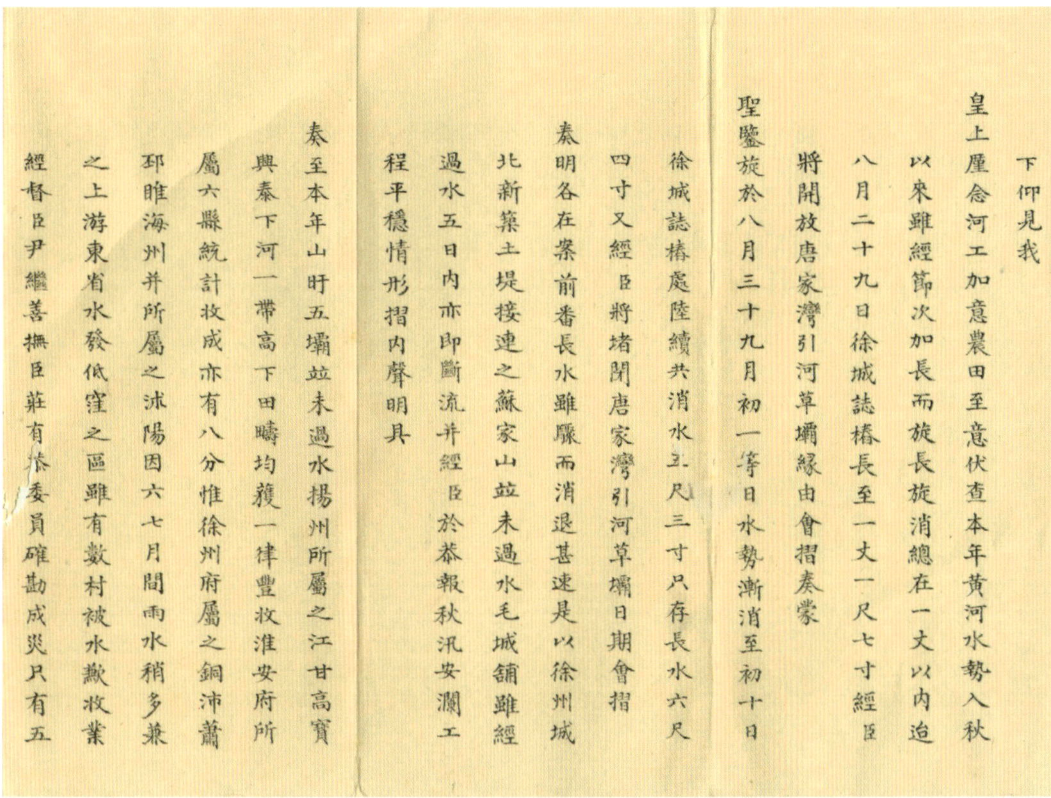

下仰見我
皇上廑念河工加意農田至意伏查本年黃河水勢入秋
以來雖經節次加長而旋長旋消總在一丈以內迨
八月二十九日徐城誌樁長至一丈一尺七寸經臣
將開放唐家灣引河草壩緣由會摺奏蒙
聖鑒旋於八月三十九月初一等日水勢漸消至初十日
徐城誌樁處陸續共消水五尺三寸只存長水六尺
四寸又經臣將堵閉唐家灣引河草壩日期會摺
奏明各在案前番長水雖驟而消退甚速是以徐州城
北新築土堤接連之蘇家山並未過水毛城舖雖經
過水五日內亦即斷流并經臣於恭報秋汛安瀾工
程平穩情形摺內聲明具
奏至本年山盱五壩並未過水揚州所屬之江甘高寶
興泰下河一帶高下田疇均獲一律豐收淮安府所
屬六縣統計收成亦有八分惟徐州府屬之銅沛蕭
邳睢海州并所屬之沭陽因六七月間雨水稍多兼
之上游東省水發低窪之區雖有數村被水歉收業
經督臣尹繼善撫臣莊有恭委員確勘成災只有五

分且一邑之中不及十分之一情形甚輕照例辦理

毋庸賑恤其餘未經被水之村莊地畝收成仍屬豐

稔臣往來河干見各市集糧價平賤民情恬豫徐州

城内盈寧氣象較前又覺改觀理合一併繕摺覆

奏仰慰

聖懷伏乞

皇上睿鑒謹

奏

已有旨了

乾隆二十八年九月　十九　日

二四五

奏

太子太傅内大臣江南河道總督臣高晉謹

奏為奏

聞事竊臣遵

旨會勘灘河於十月十二日自清江起身十七日抵徐州

侍郎裘曰修尚無入境確信先是豐碭廳屬之石林

工溜勢上提經臣指示廳營相機辦理嗣據該廳營

稟報已將迎溜頂衝段落鑲修穩固但辦理是否合

式臣仍不放心隨乘暇就近前詣該工細加察勘就

目下情形而論現辦埽工足資抵禦惟上游河形溜

勢未定來年汛水長發或提或坐尚難作準必須料

土充足庶可有備無患臣復嚴飭該廳將本年發辦

預備來年正樣各料并應積土方在於該工數餘堆

貯目下霜降雖過仍應將已做之工程留心守護未
定之水勢隨時隄防廳營尚知領會可期不致踈虞
臣勘辦事竣二十一日仍回徐州二十三日侍郎裘
曰修亦到臣即偕赴徐溪口與督臣尹繼善撫臣託
庸會齊將濉河形勢上下相度凛遵
聖訓虛衷商榷公同議定繕摺拜發後臣即與諸臣分路
起程回至徐州探量黄河水勢北門外誌樁現存水
六尺五寸較去歲此時計大二尺二寸臣隨登舟由
黄河南下順勘各廳兩岸工程并稽查新辦料物現
俱紛紛運工體訪各廳州縣尚無短價累民情事而
所堆方數丈尺相符亦無弊混沿河各村莊當此秋
成之後盈寧氣象比户皆然佈種二麥已經出土二
三寸不等長發甚茂臣於十一月初四日抵清口查
看東西東水壩已修築三十丈現留口門二十丈察
核洪湖水勢山盱滚壩現高出水面三尺五寸存水
五尺較上年此時水大一尺七寸臣查洪湖之水既
比上年較大則現留之口門二十丈正合機宜且新
鑲之工猶未蟄定將來平蟄外游在所不免一經外

游口門自又隨勢縮窄此時只須加謹防守毋庸再
爲收束至該工本年折修各止一次臣督率道廳撙
節辦理所用料土夫工比之上年有減無增現飭該
道核實造報仍應在於庫貯內彙銷無須另請錢糧
理合一併繕摺具
奏并將歷次奉到
硃批奏摺四十件另封恭
繳伏乞
皇上睿鑒謹
奏
覽奏俱悉
乾隆二十八年十一月　初六　日

二四六

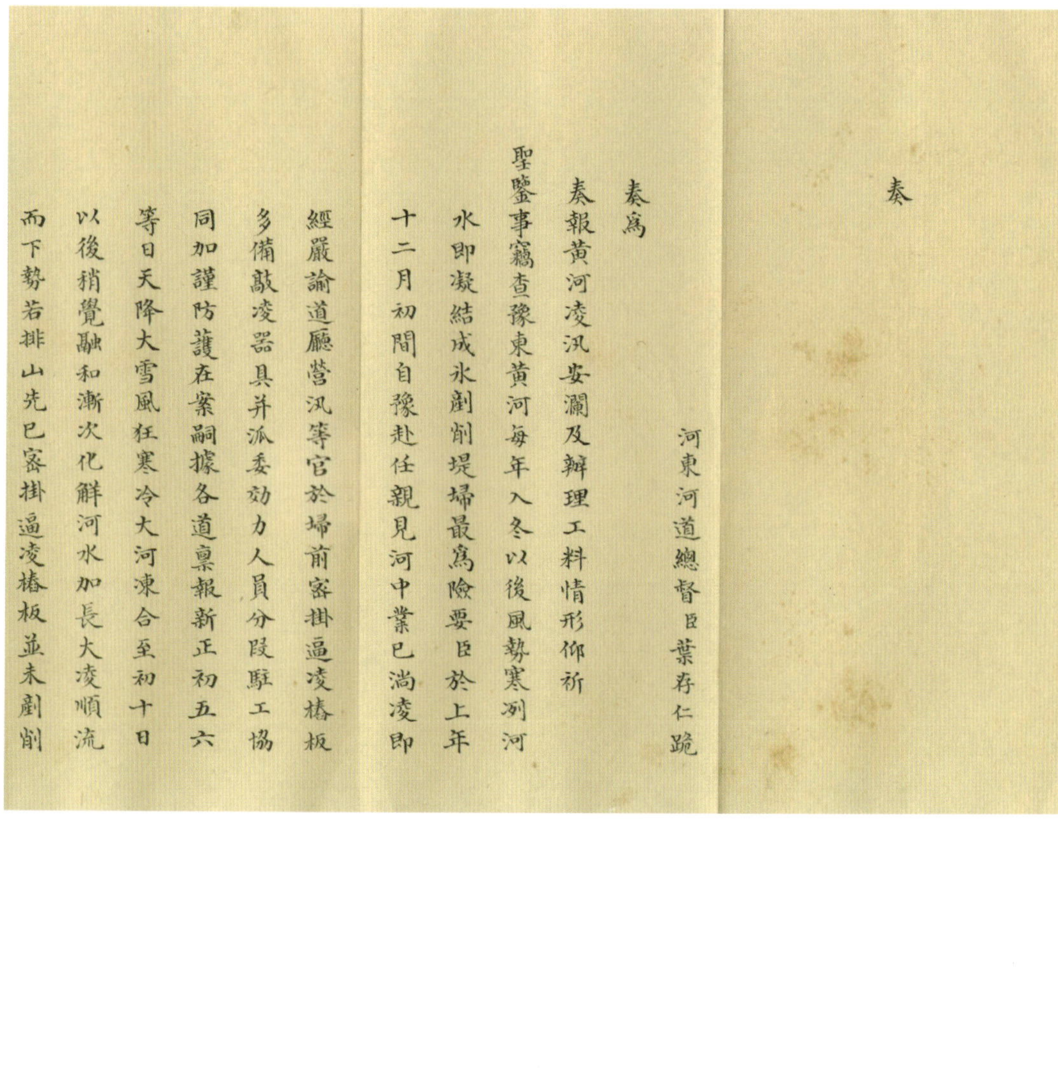
奏

河東河道總督臣葉存仁跪

奏爲

奏報黄河凌汛安瀾及辦理工料情形仰祈

聖鑒事竊查豫東黄河每年入冬以後風勢寒冽河

水即凝結成氷劇削堤埽最爲險要臣於上年

十二月初間自豫赴任親見河中業已淌凌即

經嚴諭道廳營汛等官於埽前密掛逼凌椿板

多備敲凌器具并派委効力人員分段駐工協

同加謹防護在案嗣據各道稟報新正初五六

等日天降大雪風狂寒冷大河凍合至初十日

以後稍覺融和漸次化解河水加長大凌順流

而下勢若排山先已密掛逼凌椿板並未劇削

堤埽等情玆立春已久天氣晴暖大河氷凌早
經全化水勢亦已消落一切工程均屬穩固再
查各廳臨河埽工俱係去歲加鑲經溜淘刷底
料不無朽爛虛鬆之處與其大汛時倉猝鑲修
不若在春間水小之際從容料理較爲堅實臣
已飭令廳營逐細查看何段殘缺急應拆修何
段單矮尚應加鑲預爲估計由道員驗明轉報
其各廳料物多已具報全完尚有一二處零星
尾數現在攢運者臣并嚴勒限期埽數交工先
令該管道員點明堆垛量明丈尺分別款項插
立號橛開摺稟送臣俟運河開壩鋪勻閘塘水
勢并赴德州一帶將應辦工程料理妥協即當
親往黃河覆查各廳到工之料應修之工務使
料物全足工歸實用道廳營汛等官日在堤間
各盡職守不致怠惰偷安料理失時以期仰副
皇上慎重河防之至意所有黃河凌汛安瀾及臣辦
理工料情形謹繕摺恭
奏仰慰

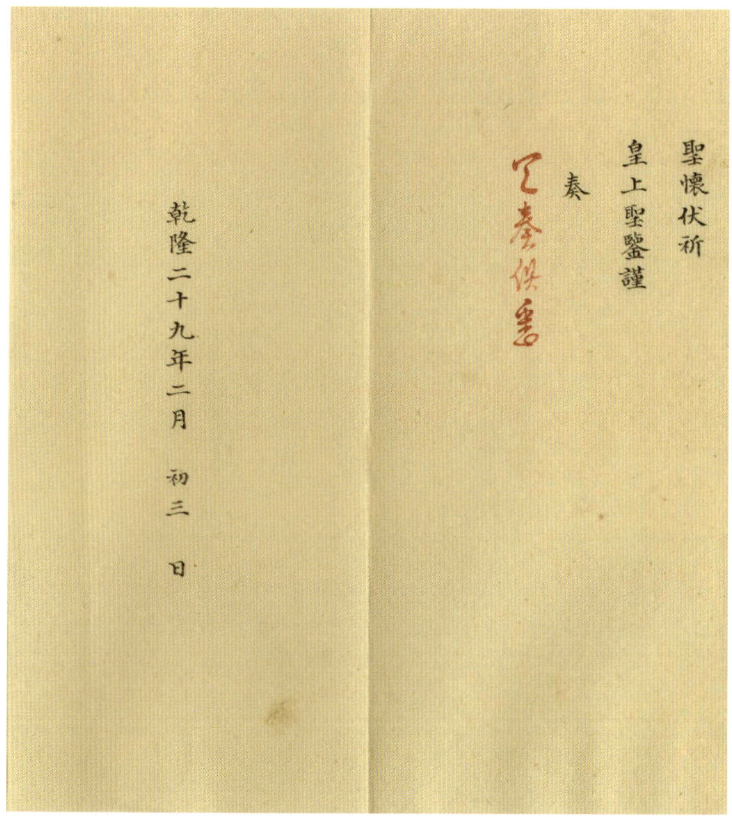

聖懷伏祈
皇上聖鑒謹
奏

覽奏俱悉

乾隆二十九年二月　初三　日

二四七

奏

河東河道總督臣葉存仁跪

奏爲奏

聞事竊臣前自濟寧起程查勘黄河工料當經

奏明在案臣於初八日抵曹縣黄河大堤自北而

南周廵兩岸將各廳到工之料按垛盤量篭脊

高寬長丈有盈無縮搶修案内增培土工及條

夫歲修土工有已經報完者照估驗收尺寸俱

足逐加錐試亦多結實飽滿未完工段諭令承

修各員揀取淤土如式償修依限完竣各廳估

鑲埽工内有臨河險要或底料朽腐或出水卑

矮者當即指示廳營分别拆脩加鑲務期高厚

穩固以禦大汛其離河較遠之處舊有旱地防

風原係攔護漫灘之水緩俟大汛確看情形再
行酌辦此時河水未長一概飭令停脩以節帑
料惟下南河廳屬之蘭陽汛河渠大堤乾隆二
十六年黄水異漲曾有漫缺三處彼時因口門
水勢寬深取土寫遠需料繁多是以遠越三處
口門在河灘内圈築外月堤一道蜿蜒一千七
百餘丈相距大堤三四里不等嗣因新築月堤
土性鬆浮地處窪下水勢稍長浸泡汕刷又不
得不普律修做防風以資抵禦臣查此堤形勢
過大河身為其挺佔現更逼近黄流頗覺受險
與其歲歲加修費用料物仍難恃以保障不若
補築大堤口門以為退守之計則防風可免帑
料可節且探量口門水勢現在最深之處不過
一丈以外施工甚易管河道何煟熟悉情形屢
經稟及臣臨工相度覆加籌計急應將三處口
門兩面簽釘柳木排樁捆紮稭草埽由中填以
土與大堤高厚相平庶退讓河身不致與水爭
地工程既得穩固帑料亦免虛糜臣已面諭該

道遠行確估造册詳送咨部酌動節省八東銀
兩在於端節前趕辦完竣毋庸另撥司庫正項
錢糧今臣已於二十三日回濟沿途經過之豫
省開歸懷慶及東省兗曹各府屬地方留心察
看麥苗青葱長茂糧價平減民情俱屬寧貼所
有臣勘辦黄河工料各情形謹繕摺奏
聞再查運河内截至三月二十五日止已過濟寧漕
船共計二千二百四十八隻巡漕臣德成現往
臨清一帶督催合并陳明伏祈
皇上聖鑒謹
奏

覽奏俱悉

乾隆二十九年三月　二十六　日

二四八

奏

太子太傅內大臣江南河道總督臣高晉謹

奏為籌辦黃河雲梯關外下游情形仰請

聖訓事竊臣由徐州至清口查勘黃河各廳工程料物前

經恭摺奏

聞伏查清口為淮黃交滙之區清口以上宿桃等廳專受

黃水自清口東壩以下則淮黃合流計程二百餘里

至雲梯關迤東歸海比年來臣仰遵

皇上聖訓將清口東西壩預為啟拆大加展寬俾湖水暢

流東注不致由五壩旁洩業已著有成效惟下游山

海二廳以二瀆之水合為一河兼以伏秋盛漲或遇

海潮相抵每致水勢平堤拍岸工程險要臣前於荊

山橋工次據山安海防廳營稟北岸之五套南岸之

陳家浦近日溜勢趨逼漸次坐灣將成頂冲入袖之勢舊有土堤卑矮單薄請估帮高厚添築魚鱗越堤方能抵禦估需工料銀二萬餘兩臣隨於查工時親赴各該處往來周歷細加察勘如雲梯關之内南岸阜寧縣馬起營等工北岸安東縣佃湖等工均屬逼近城垣更多民舍村莊凡迎溜頂冲之處所謂尺地必争自應將現有埽壩工程加謹防護隨時修築堅實以資鞏固至雲梯關以外南岸至竈工尾北岸至六套俱係蘆葦蕩地離海甚近即間有樵採漁户散處其間亦遷徙無定是以舊制本無堤岸因一望平灘水勢易於散漫曾設卑矮土堤約攔水勢與雲梯關内緊要堤工形勢迥别每年汛水長發海潮倒漾出槽漫灘内外皆水無關緊要自不應與水争地無

是。還該仍照議加高培厚，否則長此安窮，將於海中再設堤防乎

事生工檢查舊案乾隆十年南岸陳家浦漫溢因海灘土性浮沙樁埽旋築旋塌不能施工直至水落掛淤填土補築其北岸五套於乾隆十八年及二十五年亦經兩次漫灘過水旋即掛淤並無妨礙今若因溜勢坐灣乃復添築越堤勢必又將卑矮土堤加帮

高厚修做埽工昔年之陳家浦前車可鑒不特虛縻
錢糧而海灘地面埽工難期穩固實屬無益臣與淮
揚道吳嗣爵率同各廳營詳加相度再四講求陳家
浦五套二處與其築堤束水致生新工不若讓地與
水以順其性查現在黃河距堤尚有八九十丈以至 [朱批：是極]
一百二十丈不等此時可以緩辦將來伏秋汛內再
看刷崖情形如溜勢仍然兜灣向裡則舊有單薄土
堤不必加帮亦不必添築魚鱗越堤只須預於舊堤
上首另做斜長子堰一道俾地勢展寬約攔漫灘之
水使之滙歸正河暢達入海而所築子堰夫工約估
需銀不過數千金即在該二廳歲搶修庫貯內樽節
辦理毋庸另請錢糧如此則山海二廳雲梯關下游
既可不致生工而清口東西壩每年大加拆展湖水
滙黃歸海尾閭寬濶於就下之勢益資暢達矣所有
臣籌辦黃河雲梯關外下游陳家浦五套情形謹繪
圖貼說恭摺具
奏是否有當伏乞
皇上聖鑒訓示謹

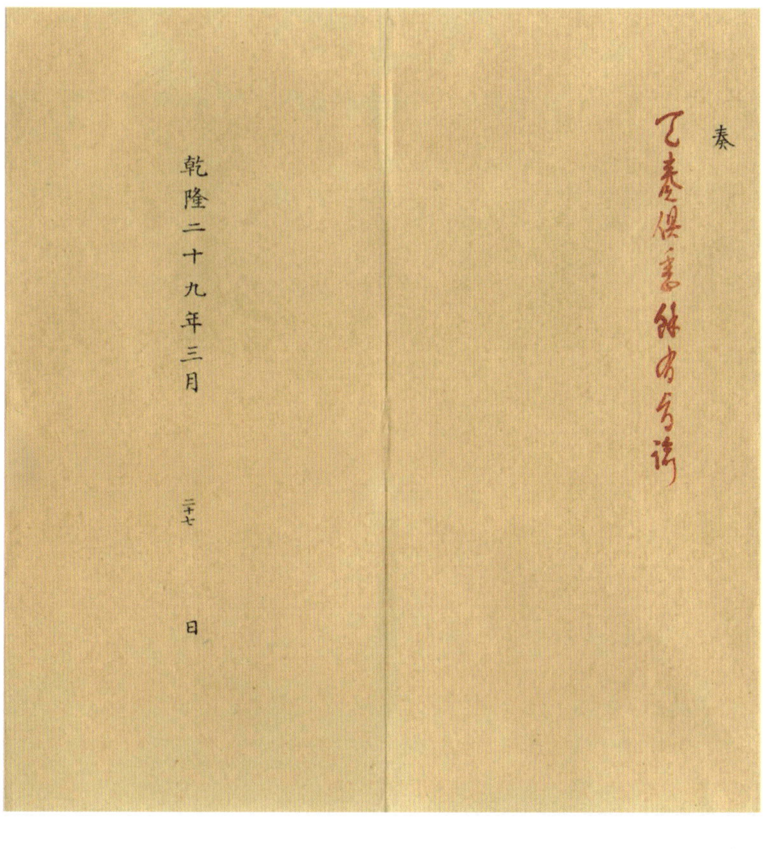

奏

已奏俱悉，餘有旨諭

乾隆二十九年三月 二十七 日

二四九

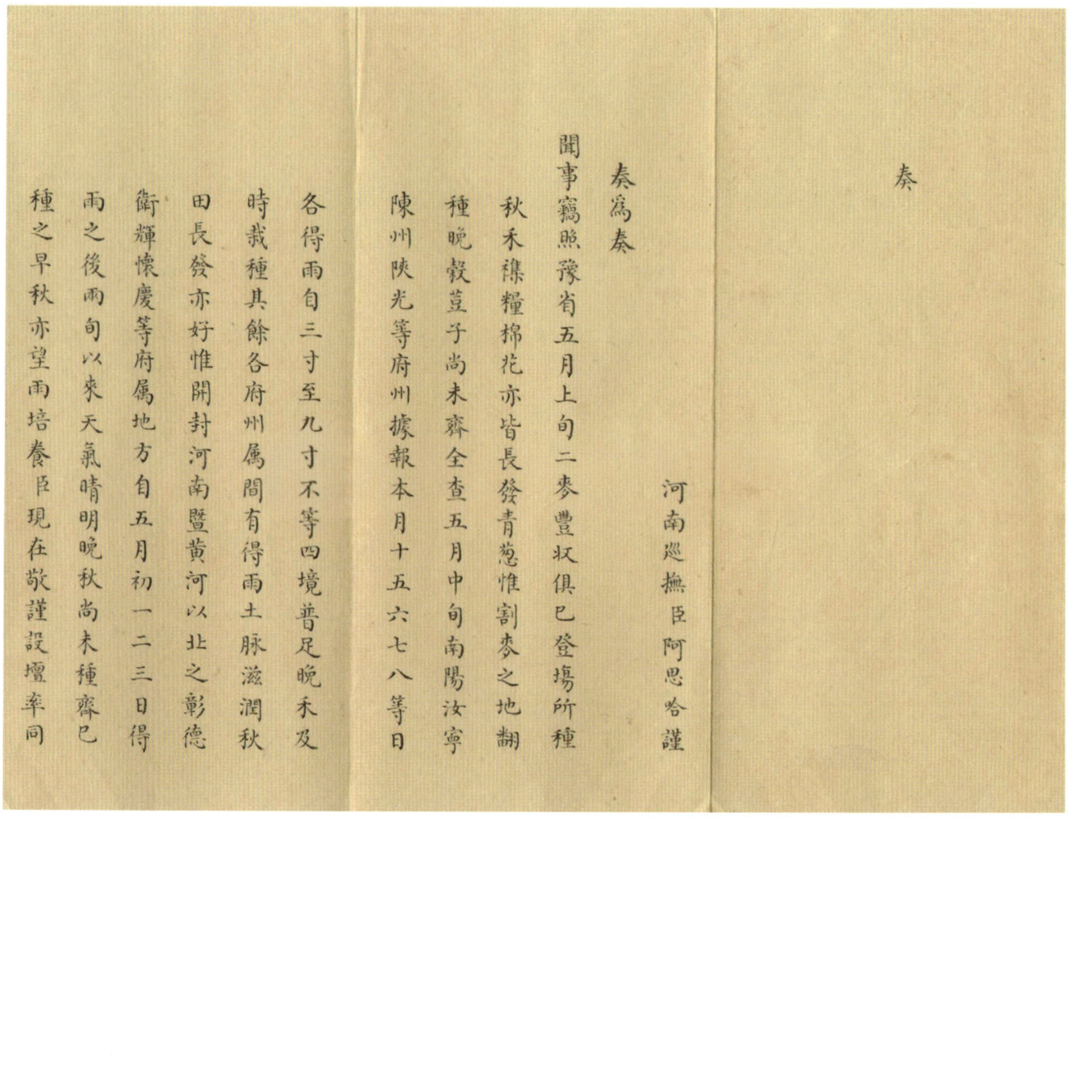
奏

河南巡撫臣阿思哈謹

奏爲奏

聞事竊照豫省五月上旬二麥豐收俱已登場所種

秋禾穀糧棉花亦皆長發青葱惟割麥之地翻

種晚穀荳子尚未齊全查五月中旬南陽汝寧

陳州陝光等府州據報本月十五六七八等日

各得雨自三寸至九寸不等四境普足晚禾及

時栽種其餘各府州屬間有得雨土脉滋潤秋

田長發亦好惟開封河南暨黃河以北之彰德

衛輝懷慶等府屬地方自五月初一二三日得

雨之後兩旬以來天氣晴明晚秋尚未種齊已

種之早秋亦望雨培養臣現在敬謹設壇率同

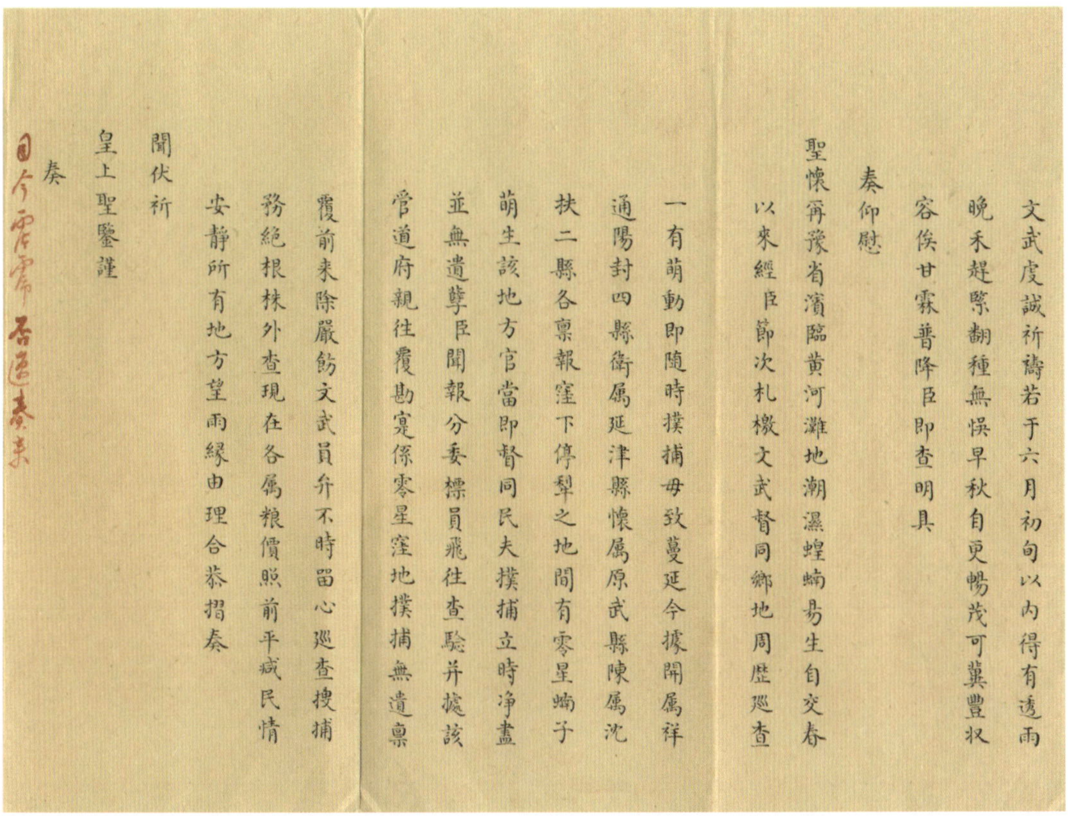

文武虔誠祈禱若于六月初旬以內得有透雨
晚禾趕緊翻種無悞早秋自更暢茂可冀豐收
容俟甘霖普降臣即查明具
奏仰慰
聖懷再豫省濱臨黃河灘地潮濕蝗蝻易生自交春
以來經臣節次札檄文武督同鄉地周歷巡查
一有萌動即隨時撲捕毋致蔓延今據開屬祥
通陽封四縣衛屬延津縣懷屬原武縣陳屬沈
扶二縣各稟報窪下停犁之地間有零星蝻子
萌生該地方官當即督同民夫撲捕立時淨盡
並無遺孽臣聞報分委標員飛往查驗并據該
管道府親往覆勘寔係零星窪地撲捕無遺稟
覆前來除嚴飭文武員弁不時留心巡查搜捕
務絕根株外查現在各屬糧價照前平減民情
安靜所有地方望雨緣由理合恭摺奏
聞伏祈
皇上聖鑒謹
奏

目今雨霈否速奏來

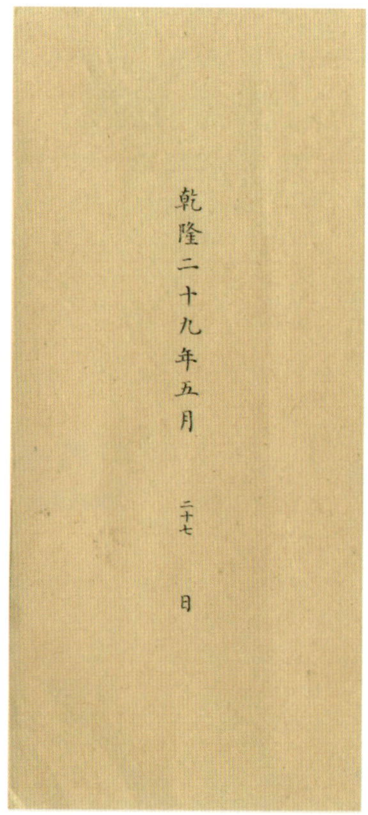
乾隆二十九年五月 二十七 日

二五〇

奏

太子太傅內大臣江南河道總督臣高晉謹

奏爲奏

聞事竊查黄運江湖五月內工程水勢情形經臣恭摺

奏蒙

聖鑒茲查六月以來黄河水勢有長有消徐城水誌現存長水三尺六寸外河老壩口水誌連底水共存八尺九寸高寳運河水勢未經大長較五月內止長水四五寸不等瓜洲京口江潮亦已消退平穩惟洪湖水勢因上游淮水節次報長半月內高堰誌椿又陸續加長一尺一寸連前共長四尺六寸五滚壩高出水面三尺九寸及四尺四寸不等清口東西壩前於三月下旬湖水長至七尺一寸時經臣遵

旨展寬金門五十丈現在清口迤下清黄竝流抵至惠濟
祠後會黄東注入海宣洩甚暢至邳宿境内駱馬湖
上承蒙沂諸河之水每年糧船過完五六月間開放
宣洩本年湖水較小而六塘兩岸河灘民麥播種甚
廣先經臣檄飭運河廳營一俟二麥收割再行將尾
閭開放旋據禀報於五月下旬全行刈穫登場臣即
飛飭該管廳營將尾閭各壩次第開放以資宣洩其
楊莊之鹽河閘日來中河水勢漸長兼之葦蕩右營
本年應運額柴俱經依限全清浚柳石船均須過左
不便遲緩臣隨於本月十一日親赴該處察看水勢
一面飭令該管廳營將該閘啟放一面飛飭沿河各
州縣預為留心防範確看鹽閘開放後水勢大小將
下游武障等處草壩遵照
奏定章程以時啟閉務使宣洩水勢與運鹽運柴兩有
裨益再淮揚徐海各屬沿河地方麥收以後雨澤稀
少天氣久晴農田望雨正殷今於六月初六七八及
十二三等日連得大雨遠近普霑甚為優渥早禾長
發暢茂晚禾俱得及時挿種齊全農民稱慶謹一併

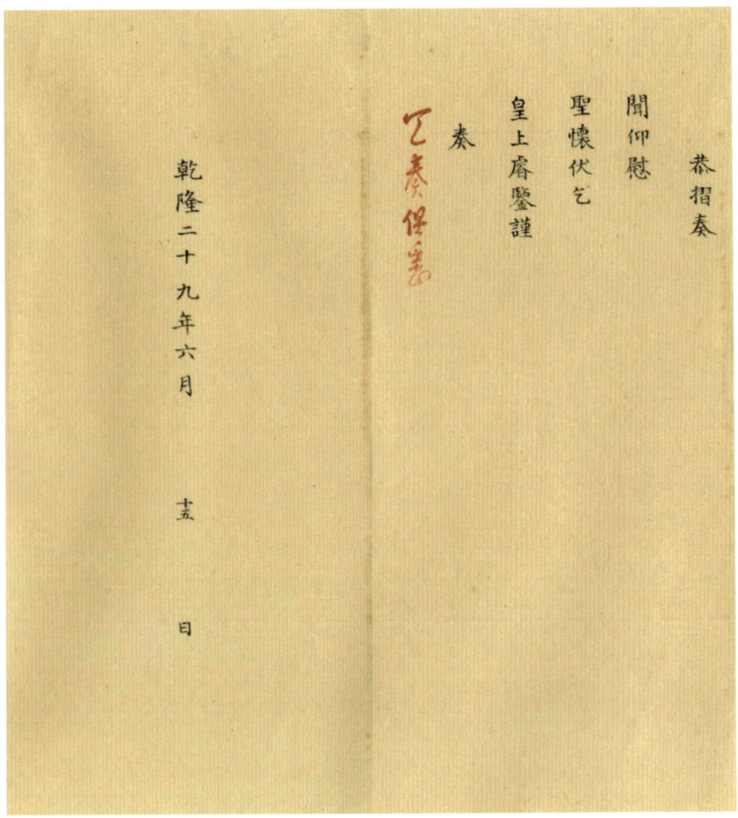

恭摺奏

聞仰慰

聖懷伏乞

皇上睿鑒謹

奏

已奏保護

乾隆二十九年六月　　十五　　日

二五一

奏

河東河道總督奴才李弘畹

奏爲分溜引渠著有成效仰祈

聖鑒事竊照黄河北岸下北河廳屬之蘭陽汛耿家寨自乾隆九年河勢北趨臨河大堤鑲修埽工以來至二十五六七等年溜勢上提下坐陸續接生埽工共長一百五十餘丈歲歲加修費料繁多上年秋汛因對岸灘嘴愈長埽前溜勢愈急其蟄埽險要情形經前河臣張師載

奏明在案嗣於秋汛後將對面河灘試挑引渠一道計長六百丈冀其稍分溜勢並將迎裹月堤加帮高厚以備將來放淤之計本年桃汛引渠内雖河溜稍分其勢不暢埽工仍復蟄鑲奴才

於六月二十九日在考城接印後即親履該工
確加審度因河勢自南岸邊家莊折而北注耿
家寨遂成頂衝之勢又臨河大堤形如灣月以
致兜溜入袖細勘該處月堤形勢短促與臨河
大堤相去不遠未便放淤惟所挑引渠尚爲得
勢奴才隨督令該管同知柳霈守備王應宗一
面將埽工普律加添厚土追壓堅實一面帶領
兵丁前往引渠將上唇灘嘴阻礙之處併力挑
切以順水勢復委革職同知李松年駐宿該工
專司其事今查秋汛内黃河兩次長水大溜暢
分入渠衝刷得力寬一百一二十丈至一百五
六十丈不等深一丈四五六尺不等正河漸窄
溜勢平緩自七月以來埽工並未動料鑲做甚
屬平穩現今水勢消落而引渠進溜暢湧情形
不改是耿家寨以頂衝入袖之險工得引渠之
力以分其勢不費帑料工程穩固已屬著有成
效容俟引渠大成正河掛淤之日再行
奏報外理合將試挑引渠分溜有效緣由繪圖貼

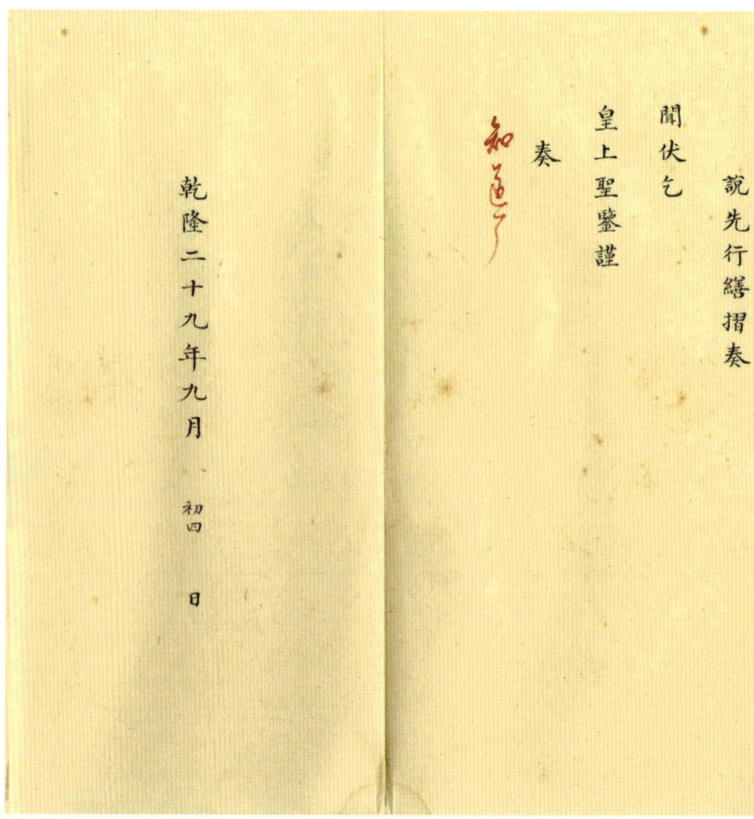
說先行繕摺奏
聞伏乞
皇上聖鑒謹
奏
知道了
乾隆二十九年九月初四日

二五二

奏

河東河道總督奴才李弘曉

奏爲奏

聞事竊查豫東黃河入秋水勢工程情形前經奴才

恭摺

奏報在案兩旬以來黃水有消無長堤埽各工均屬穩固今白露已過水力較綿臨河緊要埽工俱已鑲做堅實水勢即或加長防範易於爲力奴才屢赴各工審定平險已諭令道廳營汛相機防護南北兩岸大堤割草之後獾洞鼠穴顯露於外並飭令嚴督兵夫逐細查勘實力搜捕務期淨盡填墊堅實不使稍有虛跡伏查山東運河爲糧艘經由之要道源出汶流每過不足

全資湖水助濟是各湖水櫃貯蓄於秋冬灌輸
於春夏最關緊要本年入秋以來雨水稀少湖
中存水不宜多洩所有臨運閘座斗門等項昨
經奴才查照舊例檄飭該管道廳早爲堵閉以
期蓄水充盈有備無患但現今湖水未見加增
一切均須親履籌辦方可無悞機宜奴才前自
豫省蘭陽起程於八月二十日抵濟寧現在前
往運河一帶查勘酌辦容俟勘明另行奏請
聖訓外理合繕摺奏
聞伏乞
皇上睿鑒謹
奏
知道了
乾隆二十九年九月 初四 日

二五三

奏

太子太傅内大臣江南河道總督臣高晋謹

奏爲奏

聞事竊臣前赴徐屬查工當將勘過邳宿運河水勢較小

酌籌收蓄緣由恭摺奏蒙

聖鑒嗣臣由豐碭銅沛邳睢宿虹桃源等廳黄河兩岸將

伏秋汛内詳報續藝加鑲工段逐一履勘核其修做

是否如式並將各廳用存料土按款點驗不使稍有

弊混并目中有修防勤慎者分别咨拔獎賞之其有

怠忽從事者即予責革懲戒之廳員守備中尚無虧

帑悞工之員各工料土充裕可期有備無患本年桃

伏汛内已慶安瀾入秋以來仰賴

皇上洪福黄河水勢有長有消溜走中泓河底日見刷深

如豐碭廳屬之徐家莊工長二百三十餘丈銅沛廳
屬之張全兩工計長三百二十餘丈宿虹廳屬之古
城河北鎮兩工計長二百二十餘丈此五處大溜開
行工俱漸次淤閉今年伏秋汛内概未動料修做其
豐碭北岸之石林銅沛南岸之黄家莊桃源北岸之
陶家莊雖因溜勢上提下坐各有新生險工均已隨
時搶護平穩所用料物即以淤閉各工未用之料通
融動辦尚多節省是新生各工皆可歸入庫貯核銷
毋庸另題大工矣目下節逾秋分黄水漸見平緩徐
城北門外誌樁凈存長水四尺五寸較上年此時水
小二尺五寸中泓水深二丈三尺二寸下游外河老
壩口誌樁凈存長水八尺五寸較上年此時水小四
尺八寸邳宿運河水勢雖小回空糧船足資浮送臣
在途次據中河廳營稟報楊家莊運口黄水勢將倒
灌口門微有淤積臣隨飛飭該廳營將鹽河閘閘板
暫下數塊以資蓄水禦黄旋據稟稱鹽河閘下板九
塊後清水立即暢出淤淺處業已刷深往來船隻遄
行無滯回空糧船出口渡黄者已有二千八百一十

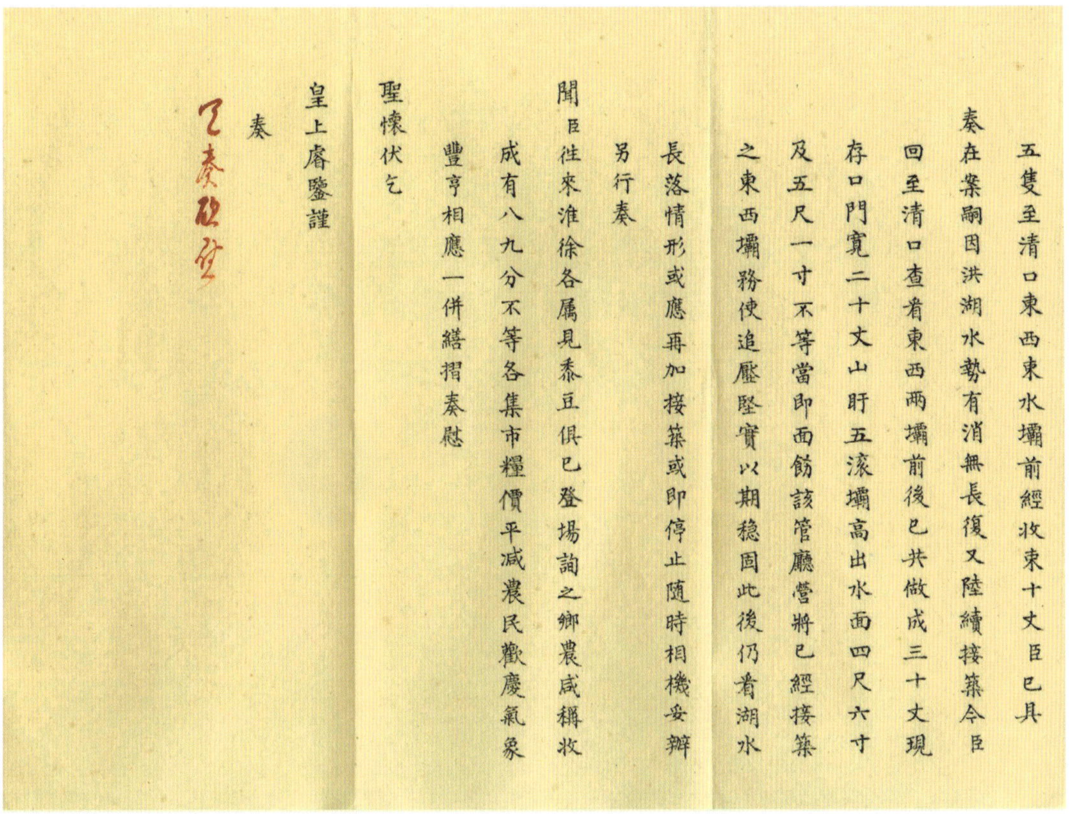

五隻至清口東西東水壩前經收束十丈臣已具
奏在案嗣因洪湖水勢有消無長復又陸續接築今臣
回至清口查看東西兩壩前後已共做成三十丈現
存口門寬二十丈山盱五滚壩高出水面四尺六寸
及五尺一寸不等當即面飭該管廳營將已經接築
之東西壩務使追壓堅實以期穩固此後仍看湖水
長落情形或應再加接築或即停止隨時相機妥辦
另行奏
聞臣往來淮徐各屬見黍豆俱已登場詢之鄉農咸稱收
成有八九分不等各集市糧價平減農民歡慶氣象
豐亨相應一併繕摺奏慰
聖懷伏乞
皇上睿鑒謹
奏
已奏欣慰

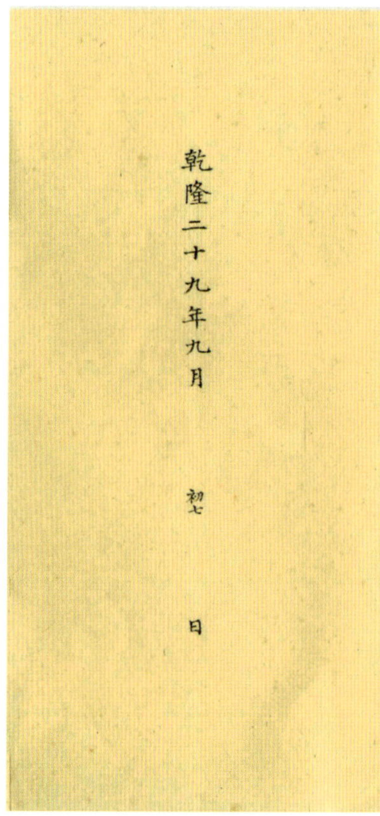
乾隆二十九年九月初七日

二五四

奏

太子太傅内大臣江南河道總督臣高晉謹

奏爲奏明清口木龍本年新淤刷灘情形仰祈

聖鑒事竊查清口黄河南岸原設木龍三架乾隆二十七

年春恭逢

聖駕南巡經臣奏請添建一架仰蒙

皇上親臨該工指示應添地方臣欽遵辦理三年以來護

灘挑溜頗稱有益上年又經臣奏明將第四架木龍

接長十丈挑溜更爲得力兹霜降已過臣親至該工

查勘北岸老灘上段長三十三丈寬二丈至六丈上

年業已全行刷去水抵老崖其中段寬處上年已刷

過一百四十丈寬六丈至十三四丈不等本年又刷

去四五丈至八九丈不等又尾段至周家莊灘長三

十三丈因在下灣上年未經刷動今亦刷去寬一丈
一二尺不等南岸木龍之下上年淤出新灘二百四
十餘丈寬四五丈至二十餘丈不等本年又淤出新
灘長二十餘丈寬十餘丈不等清口西壩以外上年
新長灘嘴五十餘丈今又淤出新灘十餘丈挑溜向
北逼近陶莊直抵惠濟祠竟成清黄竝流之勢洵爲
新建木龍以後連年淤出新灘挑溜之成效也至新
舊木龍四架歷經伏秋大汛現在面木不無欹斜篾
纜多有朽壞時届冬令水勢日見消落臣現督道廳
將各木龍逐一確估修整并於大堤及外灘着定
御路恭備明春
翠華南幸奏請
聖駕親臨閱視所有清口木龍本年新淤刷灘情形及敬
謹預備緣由理合繕摺具
奏并繪圖貼説恭呈
御覽伏乞
皇上睿鑒謹
奏

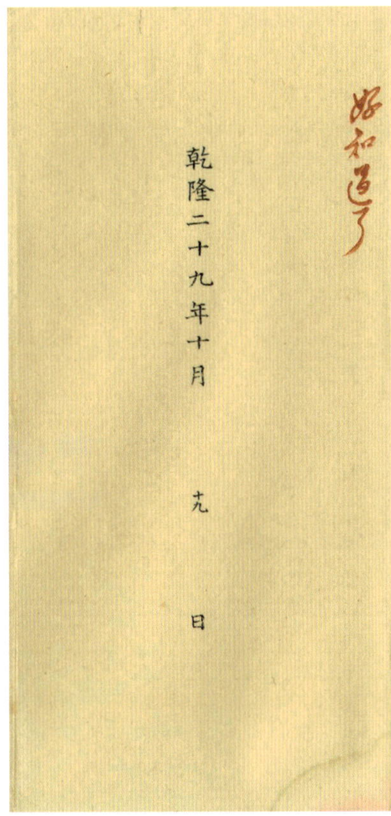
好知道了

乾隆二十九年十月　　九　　日

二五五

奏

臣李弘阿思哈跪

奏爲

奏報引渠成河險工淤閉仰慰

聖懷事竊照豫省黄河北岸下北河廳屬之耿家寨埽工節年險要用料浩繁去冬在於對面河灘挑挖引渠一道冀其稍分溜勢本年七月以後大溜暢分入渠埽前水勢漸緩已著成效當經

臣李弘繪圖奏

聞在案嗣於九月内黄水稍長河頭切灘順勢大溜悉歸引渠十分暢順據河北道吴虎炳禀報前長之水旋即消落舊河掛於斷流引渠内大溜奔騰浩瀚衝刷寬深與上下正河相同現寬二

百三四十丈深一丈八九尺至二丈二三尺不
等已經成河等情臣等復勘無異伏查耿家寨
工河勢頂衝入袖爲豫東第一險要之區自乾
隆九年下埽修防以來歲用料帑動至盈萬上
年伏秋屢經搶護今仰賴
聖主鴻庥引渠成河險工淤閉以二十年歲歲鑲修
之工一旦化險爲平臣等與大小河員實深欣
慶理合繪圖貼說會摺恭
奏仰慰
聖懷伏乞
皇上睿鑒謹
奏　知道了
乾隆二十九年十一月初七日

二五六

奏

太子太傅内大臣江南河道總督臣高晉謹

奏爲奏

聞事竊查霜降後湖河水勢情形并接築清口西壩緣由

經臣繕摺奏蒙

聖鑒立冬以來湖河水勢平定未消黄河徐城北門外誌

椿現存水五尺七寸高堰誌椿存水三尺九寸老壩

口誌椿存水九尺八寸每遇東北風作黄河正溜直

抵惠濟壩前迴溜水即倒漾入運風止則清水依然

暢出探量運河兩邊當倒漾之時不無微有停淤然

一經清水暢出淤即刷去河身並無淺滯不致爲患

臣常至清口查看與道參廳營等再四講求葢今歲

節氣本遲雖交冬令天氣和暖是以黄水未見大消

目下已過小雪再得大霜數次則黃水收斂歸槽清
口自無倒漾之虞中河楊家莊一帶自鹽河閘下板
後水勢深通回空漕船經臣派委沿河營汛官弁及
効力人員上下催儹遄行無阻通計各幫漕船共四
千九百四十九隻已於十一月初六日全數出楊家
莊運口渡黃南下訖至各廳本年桃伏秋三汛所做
工段用過錢糧臣已率同三道核定現在分別歲搶
修造册照例恭疏
題報并將明歲應做春工先委叅遊勘估臣復與淮揚
淮徐兩道逐加覆核所需料土酌發銀兩依限購辦
緣各廳埽工連年修做堅實應行加鑲者多折修者
少所估加鑲之工應俟明春桃汛後再看水勢情形
臨時相機辦理其折修之工因溜當頂衝埽底汕刷
空虛必須先行儹辦完固以資防守臣現督淮揚道
吳嗣爵并叅遊等往來查勘督辦總期實工實料料
省工堅以仰副
聖主慎重河防至意再差務案內應修
御路縴道以及渡黃各馬頭亦經督飭各廳營一體加謹

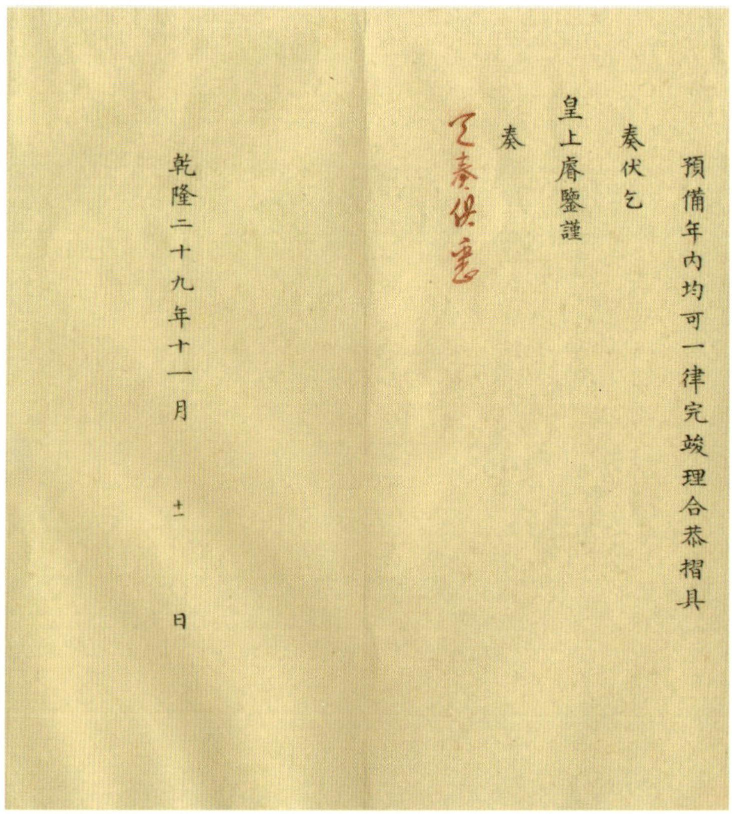

預備年内均可一律完竣理合恭摺具

奏伏乞

皇上睿鑒謹

奏

覽奏俱悉

乾隆二十九年十一月　十一　日

二五七

奏

太子太傅内大臣兩江總督管江南河道總督臣高晉謹

奏爲奏

聞事竊臣在常家口地方恭送

聖駕後回至韓莊取道茶城前赴豐碭廳查工從蟠龍集

乘舟由黄河順流而下挨看銅沛邳睢宿虹桃源各

廳兩岸工程并防汛料土緣本年春工經臣於去歲

霜降後即委叅遊勘估由各道核定詳辦其各廳要

工俱於年内修竣可緩之工亦於桃汛前一律鑲修

完整今臣逐一履驗辦理尚無草率㸃查存工料土

數目均屬相符充裕有備足資伏秋防汛之用惟各

工中間有可省之工而廳營不能留心循例修做者

尚不能免俱經臣分别指示停修即如豐碭廳屬黄

河北岸孫家集一工當日原係漫灘奪溜後合龍時
將工做於灘上者在從前北岸無堤之時自應每歲
修防以資捍禦迨乾隆二十三年奉
旨北岸接築新堤則此工在於堤外灘上又當因時制宜
以節糜費是以臣近年來只就其舊有之埽量爲收
拾不使廳營多用料物兹臣率同道廳參遊悉心相
度該工埽後本屬坑塘深有數尺以至丈許若遽行
棄置則水勢跌塘恐其仍由故道再四籌畫應仿照
夏家馬路辦法先開倒溝引河以備水長進淤一俟
淤成便可停修埽工設或河勢北徙而地面寬廣下
游何家莊引渠緊靠蘇家山斷不致有北趨奪溜之
患臣現督飭道廳參遊妥協辦理容俟辦定另行奏
聞又邳睢廳屬王家堂迤上黃河坐灣形如葫蘆歷年兩
崖每遇水長即行坍卸現在徑直之處河崖只存三
四十丈即可塌透以成直河若聽其自塌未嘗不可
但塌在上段則溜勢下行塌在下段則溜勢上行臣
上下查勘王家堂向有埽工近年淤閉若聽其由下
段塌透則溜勢必直射王家堂舊壩臺恐致生工若

於上段順勢開挖引渠將來水長自必由引渠塌透
則水由下行不獨與王家堂舊工無礙且逢灣取直
所費無多而二十餘里之兜灣河形淤涸之後可得
良田百餘頃招民開墾亦甚有益臣已測量形勢面
交道廳照辦俟將來塌透後臣再查明情形具
奏至外河廳屬清口四木龍迤下叨蒙
皇上臨幸指示添建木龍一架應需木植簟纜已據各委
員禀報分投購足現在儹運交工一俟運齊臣親驗
明確即督飭開工趕緊務於汛前完竣以資護灘挑
溜冲刷對岸積土目下黄河水勢平緩淮揚上下運
河水勢充足各省重運漕船出口渡黄者已有三千
二百六十七隻邳宿一帶運河之水較往年雖小然
至淺者尚有三尺現在江浙糧船遄行北上足敷浮
送惟江西湖廣帮船體質較重將來需水接濟臣與
漕臣楊錫紱面爲商定已預飭運河廳營先將駱馬
湖之柳園頭閘壩開放俟江廣重運經臨再將王家
溝閘壩開放可期源源接濟無虞淺滯臣現回清江
料理數日即赴下游山安海防查工所有臣查過上

游黄河各廳工程水勢情形理合一併奏

聞伏乞

皇上睿鑒謹

奏

覽奏俱悉

乾隆三十年四月　十三　日

二五八

奏

太子太傅内大臣兩江總督管江南河道總督臣高晋謹

奏爲奏

聞事竊臣前將查過上游各廳黄河兩岸工程水勢情形

繕摺奏蒙

聖鑒嗣臣即赴山安海防各廳將春修埽壩各工逐一履

勘尚俱照估修做完整其中間有辦理未協者隨面

爲指示妥酌更正并將本年委員承辦加高土工按

段簽丈照估驗收其有不合式者亦即押令補築凡

辦理埽土各工之千把協辦効用頭目勤力者給以

銀牌獎勵怠玩者予以斥革責處仍將督辦之各廳

丞倅守備及防汛委員分别記功記過以示勸懲點

查存工料土核其工程平險足數伏秋防汛之用臣

勘過各工回至清江查東西壩自開展二十丈之後
湖水宣洩甚暢現今高堰誌樁較拆壩時已落水六
寸淨存長水五尺八寸山盱五滚壩高出水面二尺
七寸及三尺二寸不等以目下情形而論湖水既已
漸消即使六七月間上游水發屆誌拆展節宣有度
本年五壩亦可不致有過水之虞至外河南岸應建
木龍工程前因木植篔纜尚未運到經臣委員嚴加
催儹今據各委員陸續趕運交工臣復委員一面量
收一面責成該廳克爾圖擇吉四月二十六日動工
儹紮并將一切做法與之講求明白督飭妥協辦理
臣仍隨時親往察看催辦務期依限完工不致貽悞
再查本年黃運湖河水勢立夏以來有長有消黃河
與洪澤湖之水比上年此時俱大運河之水淮揚一
帶則以洪澤湖爲來源水勢充裕河道深通毫無淺
滯惟邳宿桃清一帶則以東省汶沂之水爲來源而
以微山駱馬兩湖之水爲接濟緣上年冬雪稀少本
年入春交夏雨水亦不甚多是以水勢較往年爲小
漕臣楊錫紱巡漕臣德成前後督運北上過清江時

臣俱與之面爲商定先將運河廳屬之柳園頭并王
家溝次第開放俾駱馬湖之水源源下注以濟運行
并將兩岸凡有可以通流之蘆口壩竹簍閘彭家溝
王母山黄道人橋各閘壩俱一律啟拆導引入運雖
來水無多亦屬有濟臣復督飭運中二廳將運河内
水淺灘寬之處或築做草壩以束水勢或堵閉月河
以免分流或逢閘撳板以節來源更恐楊家莊口門
出清過甚又經督率廳營將頭壩收窄三丈以慎節
宣今各省糧船已於四月二十六日全數過清江閘
啣尾渡黄進楊家莊運口北上近據中運二廳禀報
各帮糧船俱挨帮前進雖湖廣糧船體質較重沿途
不無起剥然水勢自三尺八九寸以至四五尺不等
足資浮送尚無阻礙且連日遠近俱有雨澤不獨秋
禾得以滋長茂盛而運河之水又可望其日漸加長
臣往來查工正當刈麥之時詢據鄉衆咸以本年收
成各有八九十分不等頗爲豐稔各集市糧價稱平
民情歡慶相應一併繕摺奏
聞伏乞

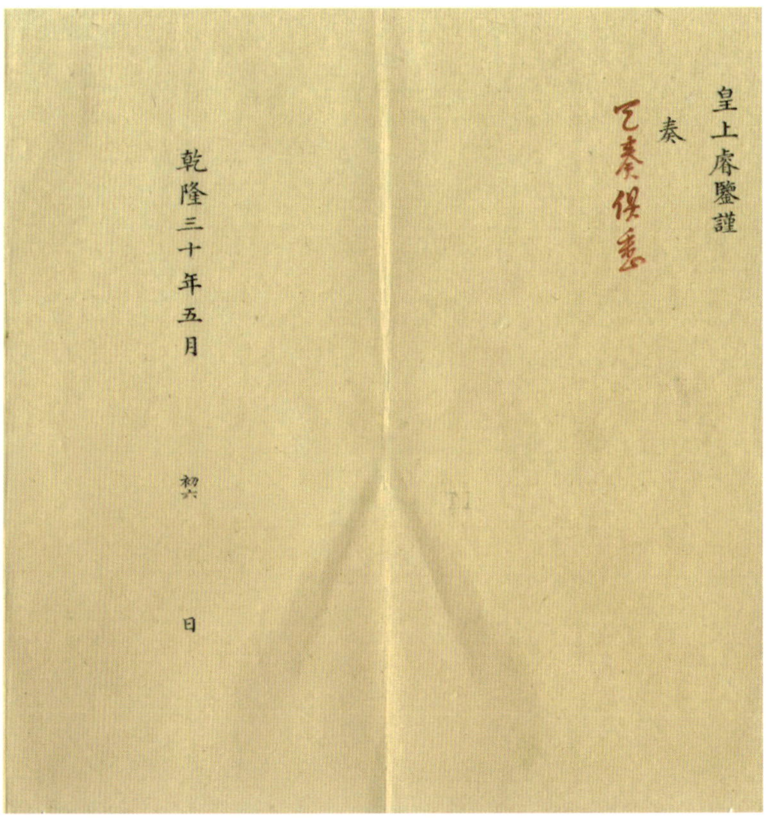

皇上睿鑒謹

奏

已奏俱悉

乾隆三十年五月　初六　日

二五九

奏

大學士管陝甘總督臣楊應琚跪

奏為請

旨事案准兵部咨乾隆二十九年十一月十六日將

軍政卓異之陝甘督標後營千總吳鉞帶領引

見奉

旨吳鉞著留部以守備用欽此移咨到臣除轉行欽

遵查照外伏查陝甘營伍介在西陲差務繁劇

而甘省地方臨近黃河之處水勢亦遷徙不定

一切防護搶修尤需幹員差遣如乾隆二十五

年間寧夏府屬之橫城堡水汛疊次漲發致沙

岸傾圮城垣倒塌經陞任撫臣吳達善

奏請

勅下江南河臣挑選諳練弁兵來甘將應修隄岸確
勘妥辦始慶安瀾又如靖遠縣城之西北逼近
黃河乾隆二十七年甫將護城石岸暨引河工
程興修完竣近年水勢復在舊工前面冲刷必
須建築石馬頭並土埧等工始可保護此外臨
近黃河寧夏所屬每年應修之渠工在在皆有
守備吳鉞係寧夏縣人素悉黃河隄岸情形與
其如乾隆二十五年揀派南河弁兵來甘辦理
不若酌留本省熟悉人員以資効用今吳鉞在
部候補尚未得缺合無仰懇
聖恩俯准將吳鉞仍發回甘省委辦黃河隄岸工程
俟陝甘遇有守備缺出容臣另行題補臣謹恭
奏請
旨伏祈
皇上睿鑒訓示謹
奏

有旨諭部

乾隆三十年五月　十八　日

二六〇

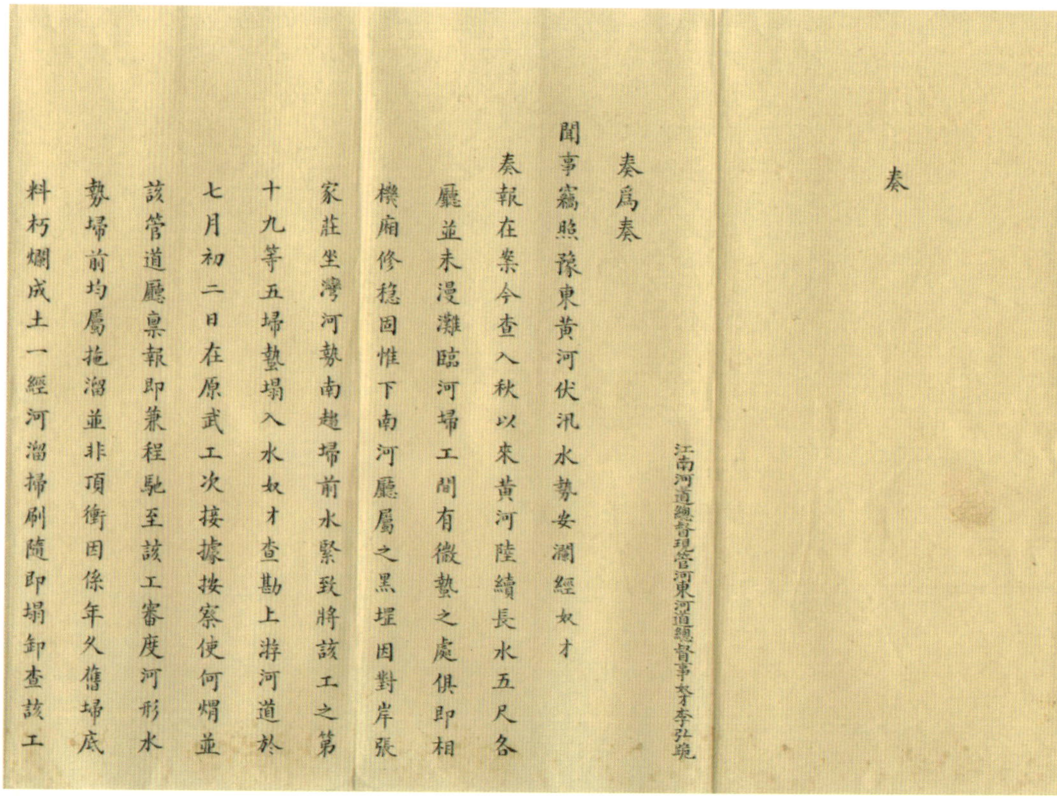

奏

江南河道總督現管河東河道總督事奴才李弘跪

奏爲奏

聞事竊照豫東黄河伏汛水勢安瀾經奴才

奏報在案今查入秋以來黄河陸續長水五尺各

廳並未漫灘臨河埽工間有微蟄之處俱即相

機廂修穩固惟下南河廳屬之黒堽因對岸張

家莊坐灣河勢南趨埽前水緊致將該工之第

十九等五埽蟄塌入水奴才查勘上游河道於

七月初二日在原武工次接據按察使何熠並

該管道廳稟報即兼程馳至該工審度河形水

勢埽前均屬拖溜並非頂衝因係年久舊埽底

料朽爛成土一經河溜掃刷隨即塌卸查該工

貯備稭料充裕人夫齊集蓆橛等襍料亦俱應
手奴才面同該司道商定修做之法當時逐一
補修堅實足資捍衛目下正當秋汛奴才仍駐
蘭陽適中之地上下策應往來調度並嚴飭各
道廳營汛實力巡查防守毋許一時稍懈一處
稍疎以期仰副
聖主慎重河防之至意所有黃河水勢加長工程修
護平穩緣由謹繕摺奏
聞仰慰
聖懷伏乞
皇上聖鑒謹
奏
知道了
乾隆三十年七月 初九 日

二六一

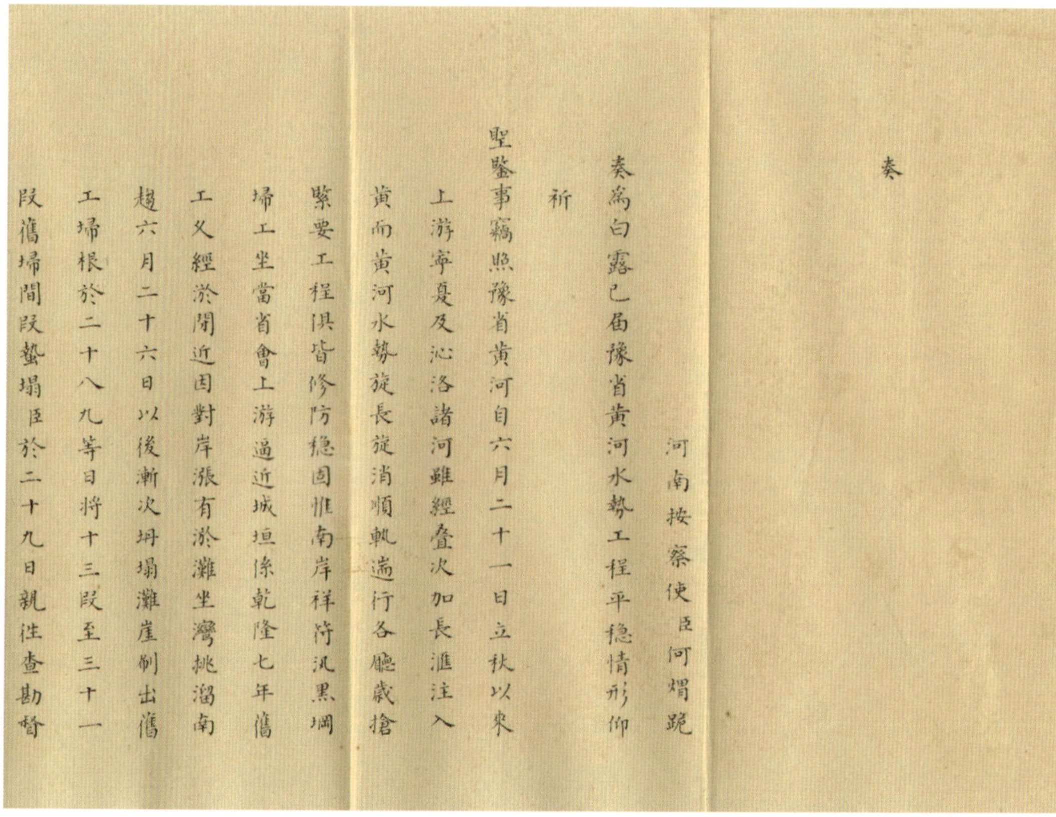
奏

河南按察使臣河嵋跪

奏爲白露已届豫省黄河水勢工程平穩情形仰

祈

聖鑒事竊照豫省黄河自六月二十一日立秋以來

上游寧夏及沁洛諸河雖經叠次加長滙注入

黄而黄河水勢旋長旋消順軌遄行各廳歲搶

緊要工程俱皆修防穩固惟南岸祥符汛黑堈

埽工坐當省會上游逼近城垣係乾隆七年舊

工又經淤閉近因對岸漲有淤灘坐灣挑溜南

趨六月二十六日以後漸次坍塌灘崖刷出舊

工埽根於二十八九等日將十三段至三十一

段舊埽間段蟄塌臣於二十九日親往查勘督

率搶護初二日撫臣阿思哈率同布政使臣佛
德俱至工所臣隨同相度上下測量埽外水深
一丈六七八九尺至二丈不等細察各埽年久
朽腐難資捍禦當即指示該管廳縣運料集夫
分别緩急應補者補應鑲者鑲相機保護穩固
初四日河臣李弘自陜州回至工所臣復隨同
察勘奉河臣飭令管河道周於智住工督率趲
修臣不時前往會同料理俱經廂補一律完竣
現今白露已届可保無虞又北岸蘭陽汛銅瓦
廂舊工亦因河勢坐灣東注刷近壩臺探量壩
外水深止有六尺兼係拖溜如遷行下埽恐滋
糜費臣現在稟商河臣李弘簽枕攩護加廂追
壓堅實以資抵禦且俟霜降水涸之後察看情
形如或溜勢開行則此工仍然可以淤閉目下
已交白露溜勢漸緩沙性漸輕雖黄河變遷呼
吸水勢長落靡常臣惟凛遵
聖訓時刻留心加謹防範以期工程平穩帑不虚糜
仰副

聖主慎重河防鞏固萬年之至意所有白露已屆豫
省黄河水勢工程修防平穩各情形臣謹恭摺
具
奏再查豫省各屬早秋俱已收穫登場晚秋亦皆
茂盛結實糧價中平地方寧謐理合一并奏
聞伏乞
皇上聖鑒謹
奏

覽奏俱悉

乾隆三十年七月　二十四　日

二六二

奏

臣李弘 李清時跪

奏爲奏

聞事竊照豫東黄河七月初九日以前長水五尺黑堽等處工程脩護平穏縁由前經臣李弘具

奏在案臣李清時於七月十三日回東業將籌辦運河收蓄湖水情形亦經具

奏在案茲於七月二十六日抵蘭陽工次會查得七月初十日起至十六日止黄河續又長水二尺五寸連前共長水七尺五寸較上年稍大縁今歲入秋以来黄河上游並沁洛等河之水長發數次俱係先後次第而下是以黄河儘足容納順軌東流並未驟湯漫灘十七日以後水勢

漸即消落計所長之水已落七尺一切工程均
屬穩固臣李弘將豫東黄河兩岸各廳地形高
下溜勢趨向堤工土性埽壩機宜以及何處舊
險今平何處新生險要應脩應防之處與臣李
清時細加講論逐一預籌查向來白露以後水
力綿弱歷任河臣俱即回濟料理運河事宜今
二十三日白露之節已過水定工平臣李弘即
赴黄河下游各廳查勘工料臣李清時由黄河
北岸勘閲工程再由南岸一帶查視將臣李弘
講論之處悉心詳記均回至濟寧商確並將本
年黄運兩河脩做工程用過料土錢糧逐一核
實及來歲應備料物公同酌定臣李弘交代清
楚即赴江南新任另行具
奏外謹將白露已過水勢工程平穩臣等現在講
求查辦緣由繕摺奏
聞伏乞
皇上聖鑒謹
奏

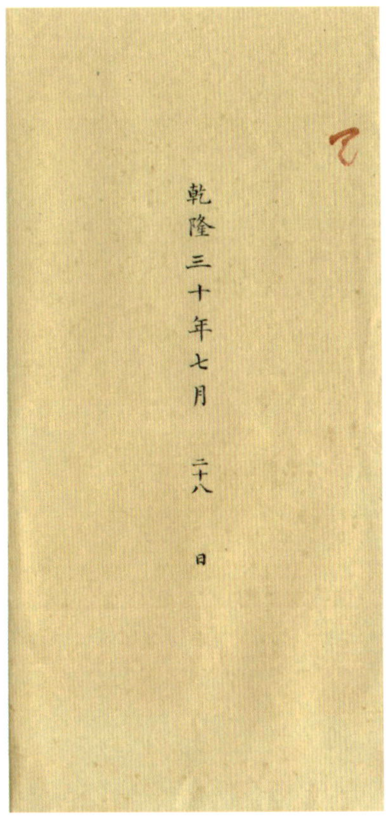
乾隆三十年七月二十八日

奏

臣李清時跪

奏為勘查豫東黃河兩岸工程情形仰祈

聖鑒事竊臣自濟起程赴豫于七月二十六日行抵

蘭陽工次與調任南河臣李弘講求黃河修防

事宜業經會奏在案臣即前往黃河兩岸凡有

埽工處所及臨河大堤裡外逐一細心勘視查

得豫東黃河兩岸相距十餘里及二十餘里不

等灘寬地濶即有出槽之水勢得游衍舒徐與

臣前任淮徐道屬黃河兩堤逼近形勢不同惟

是豫省土性疏浮易于汕刷兼之溜勢轉折無

定工程平險靡常兩弁兵埽手不及江南之熟

是要者不可不學者

習必須大加訓練方于工程有益至現在兩岸

之臨河埽工均于伏秋汛内廂修堅實此時已
屆秋分水勢平緩凡無需加廂之處臣即諭令
停止以節糜費仍飭文武廳員汛弁不得以水
落工平懈于修守再臣于乾隆二十六年前河
臣張師載委令赴豫勘估黄河各隄土工臣曾
步步留心逐一察視今又經數年大段情形雖
能記憶而今昔形勢或有不同容臣再加確勘
如尚有應行加高培厚之處統于遞年歲搶修
內撙節通融擇要逐漸修做以資鞏固至各廳
收用料物章程臣查南河近年以来凡有埽壩
工程經督臣高晉飭于霜降以後勘估明確桃
汛以前預為修做是為春工逮經臨大汛搶廂
保護又復分別塌卸平蟄情形酌量緩急辦理
工程既歸實在料物亦易稽查今豫東亦應做
照南工現行事宜實力督辦伏念臣以一介庸
愚荷蒙我
皇上格外
天恩由道員擢置總河受

恩至深恩報愈切惟是臣智識短淺辦理黃河事宜
所關綦重叩乞
皇上俯賜訓誨俾臣有所凛遵時時講求盡心防護
以期工堅料實永慶安瀾仰副
皇上慎重河防至意臣現在由曹單一帶勘工俟完
日回濟除將本年黃運兩河工料錢糧及來歲
應備料物會同臣李弘核實酌定另行具奏外
所有臣查看豫東黃河工程情形謹恭摺具
奏仰祈
皇上
聖明睿鑒再臣此次查工經由山東兗曹二府河南
開歸懷三府各州縣地方秋收俱屬豐稔實係
年穀順成民情歡豫合并陳明仰慰
聖懷謹
奏

覽奏俱悉

乾隆三十年八月　十一　日

二六四

奏

河南按察使臣何煟跪

奏爲恭報霜降已過豫省黄河水勢安瀾工程平

穩情形仰祈

聖鑒事竊照本年伏秋汛内黄河水勢消長情形經

臣節次恭摺

奏蒙

睿鑒在案今自六月二十一日入秋以來上游寧夏

及沁丹伊洛瀍澗諸水間因雨水滙注次第增

長均係旋長旋消黄河大溜順軌東注並未出

漕漫灘六七月内祥符縣黑堈鄭州裴昌廟等

處雖因溜勢掃灣塌崖蟄埽旋即鑲補堅實現

今霜降已過水勢安瀾工程平穩其開歸陳各

府所屬水利之賈魯惠濟沙渦諸河水勢俱未
出漕隄防在在鞏固此皆仰賴
皇上福庇所致通工歡慶臣巡歷河干目覩平寧景
象不勝感荷
天恩之至伏念臣駑駘下愚荷沐
天恩高厚優渥毫無報稱敬惟凜遵
聖訓竭盡血誠不敢一事稍忽一時疎懈刻刻留心
以冀仰副
聖主鞏固河防之至意所有霜降已過水勢安瀾工
程平穩情形臣謹恭摺奏
聞再查豫省秋成大有比户豐收糧價平減民情懽
暢地方寧謐合并附摺具
奏伏乞
皇上聖鑒謹
奏
欣慰覽之

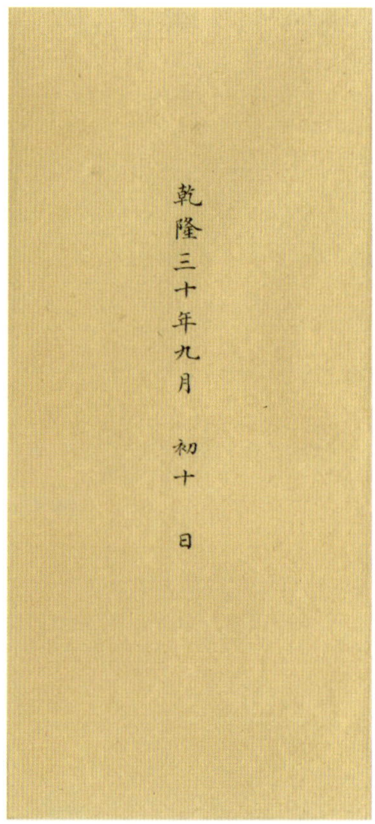

乾隆三十年九月　初十　日

二六五

奏

河東河道總督臣李清時謹

奏為豫東黃河工程平穩情形仰祈

聖鑒事竊照豫東黃河秋汛安瀾業經臣奏

聞在案半月以來黃河水勢有消無長兩岸堤埽工
程均極平穩下北河廳祥符汛十八堡上南河
廳鄭州汛核桃園下南河廳祥符汛黑堈各埽
雖因水勢消落搜刷埽根間有平蟄之處皆經
隨時廂護保固平穩其商虞廳商邱汛辛集埽
工原係水落埽灣之工每遇水落歸槽愈見偏
趨側注查自數年以來霜降水消之後修防仍
屬吃緊今該處自八月中旬以後仰賴

聖主鴻庥大溜逐漸開行臣飛飭道廳小心防護若

至明年大汛溜不游移便可化險為平至北岸
下北河廳之耿家寨原為豫東第一要工去歲
引渠告成工已平穩但查該處黄河自南岸坐
灣折而北趨迎溜頂衝情形緊要目下新河雖
成但尚與埽工相去不遠所有舊埽固已不必
動料加廂然亦當於工所酌量堆貯物料以期
有備無患即該處工程無須動用而上游之十
八堡下游之三家庄俱與該工甚近儘可撥運
應用既有儲備之資亦無霉爛之患至來歲春
工亟應仿照江南辦理臣現在酌定章程檄行
各道實力遵辦務期工歸實在帑不虚縻仰副
聖主慎重河防至意所有豫東黄河工程平穩及臣
籌辦情形理合奏
聞伏祈
皇上聖明睿鑒謹
奏
黄河工程情形仍屬甚艱總應用其力而不可懈之懼

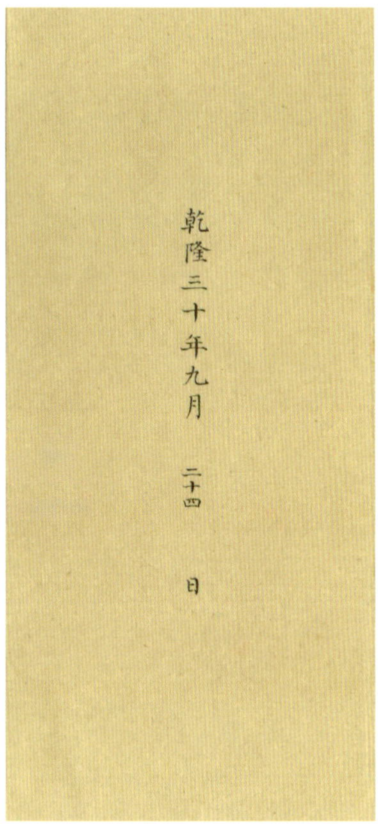
乾隆三十年九月 二十四 日

二六六

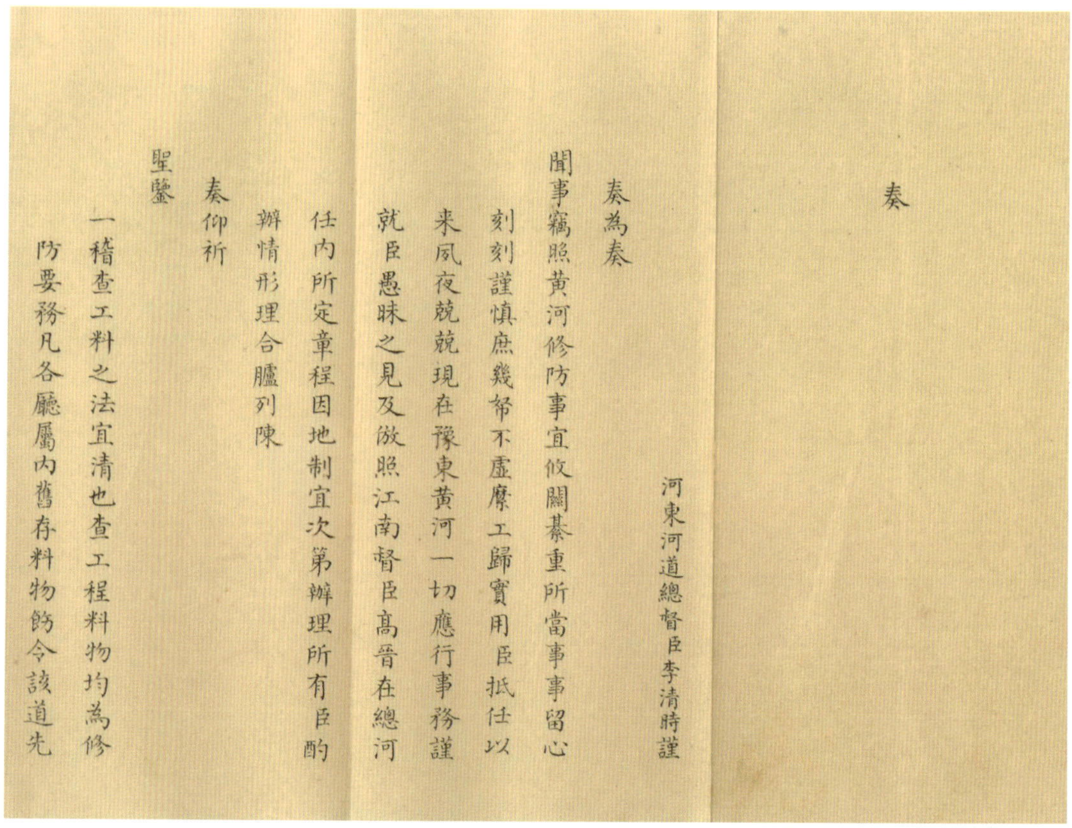
奏

河東河道總督臣李清時謹

奏為奏
聞事竊照黃河修防事宜攸關綦重所當事事留心
刻刻謹慎庶幾帑不虛糜工歸實用臣抵任以
来夙夜兢兢現在豫東黃河一切應行事務謹
就臣愚昧之見及倣照江南督臣高晉在總河
任内所定章程因地制宜次第辦理所有臣酌
辦情形理合臚列陳
奏仰祈
聖鑒
一稽查工料之法宜清也查工程料物均為修
防要務凡各廳屬内舊存料物飭令該道先

行核明貯工實數再將新辦正雜各料按照
工程平險分别堆垛多寡揷立號橛註明款
項俱飭該道驗明結報其各廳修做土埽工
程是否如式堅實亦飭該道查驗明確彙詳
報臣候臣臨工查驗料物則親自抽查工程
則認真勘視如料物短少工不堅實即以虧
帑悮工嚴行叅處決不敢少爲姑容以挽河
工陋習

一埽工宜春融修做仍應將塌卸及平墊分别
辦理也查各廳埽壩工程平時並不估辦迨
至伏秋大汛水長工忙之際紛紛動料廂修
不但顧此失彼而捏報浮開俱從此出臣今
於霜降之後遴委妥員分赴南北兩岸會同
該廳細加確勘某處應歸春工修做某處應
留伏汛加廂開造工段丈尺確冊交該道親
往查驗俟該道估定之後臣再加確核如應
修做即飭承修之員於來歲正月望後興工
儧辦定限三月内一律完竣從容辦理工程

既歸實在料物亦易稽查至伏秋大汛溜勢
遷移上提下坐如遇臨河要工陡見塌卸不
及往返稟請指示該廳營汛立即一面將應
加高寬丈尺及需料確數開摺報臣一面照
估星飛妥辦工完候驗如偶有平墊並非緩
不及待之工必須分別估定就近稟請該道
指示候臣酌定再行辦理庶免借工冒銷料
物之弊

一埽工宜講求做法也查埽工一項歷來俱係
草土兼用蓋土無埽裏見水立致沖刷埽無
土壓入水不能堅實前人所定章程最為盡
善無如近日所做埽工間有草多土少每致
塌卸之虞臣今嚴飭各廳凡修做埽工務須
層土層料追壓堅實候臣與該道臨工間段
刨驗倘有草多土少分別叅究責革以除積
弊再拆廂工段凡遇頂沖迎溜之處必須簽
釘長樁方資穩固但查豫東歷來埽工簽樁
之處較江南頗少尚非修防盡善之道亦經

臣切諭廳備選集椿埽熟諳之兵勤加訓練凡有應行簽椿工段即為擇要簽釘俾河兵技藝熟嫻以期要工有用

一河營守備並防工委員應與以稽查之任也查河工向例廳員辦料守備做工相沿已久乾隆二十八年經江南督臣高晉奏請廳營互相稽察已奉

俞旨遵行在案竊照廳備同官最易瞻徇情面今令互相稽察定有處分是辦工之守備亦有查料之責管料之廳員亦分查工之任雖欲瞻徇情面其如自顧考成立法最為周備臣抵任以来查照原奏與江南畫一辦理至向来効力人員差赴各廳防工催料雖其中能實力查辦者固不乏人而虛應故事以博安静之名者亦比比皆是今既有廳營互相稽察之法再遴委幹員專駐該廳除帑料錢糧不許經手外凡該廳屬内汛水消長溜勢遷移工程丈尺用料多寡取土難易皆令該員按

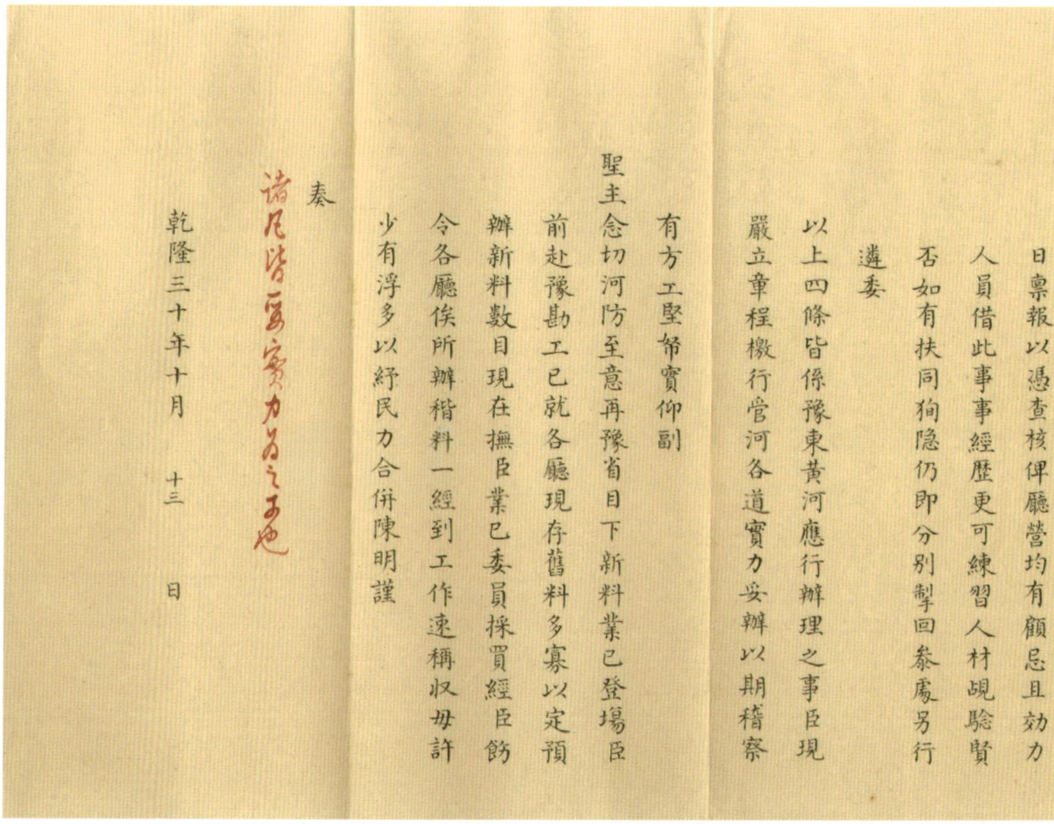
日禀報以憑查核俾廳營均有顧忌且効力
人員借此事事經歷更可練習人材覘驗賢
否如有扶同狥隐仍即分别掣回泰處另行
遴委
以上四條皆係豫東黄河應行辦理之事臣現
嚴立章程檄行管河各道實力妥辦以期稽察
有方工堅帑實仰副
聖主念切河防至意再豫省目下新料業已登場臣
前赴豫勘工已就各廳現存舊料多寡以定預
辦新料數目現在撫臣業已委員採買經臣飭
令各廳俟所辦稭料一經到工作速稱收毋許
少有浮多以紓民力合併陳明謹
奏
諸凡皆要實力為之可也
乾隆三十年十月　十三　日

二六七

奏

臣高晉臣李弘謹

奏爲遵

旨詳籌覆奏事竊臣承准大學士公傅恒大學士劉統勳

字寄内開乾隆三十年九月二十四日奉

上諭據高晉奏本年大展清口湖水宣洩甚暢由五套漫

堰過水流入潮河歸海兩邊海灘蕩地今已斷流掛淤

其從前兩次漫水新淤地内小民圖利間有種植雜糧

等語海灘淤地想即前此大學士陳世倌所指黄河入

海停淤漸高以致河流阻塞此雖地勢使然非人力所

能施效即以現在情形而論亦不虞其遠窒歸墟但聽

其淤漲不爲經理恐年復一年久之或不能保無梗阻

不可不爲先事綢繆之計人言固不無稽也至今年清

水宣洩既暢足資刷黄之力何以轉致掛淤或下游消
納稍遲沙水遂成停閼該督等應悉心相度就堰内溝
渠所在或酌開支河以導其流似亦因勢利導之一法
至民間耕種淤地止圖目前微利而不顧妨碍河渠若
不亟行禁止則淤地壟藝日廣必致侵佔河身岸愈高
而流愈窄於清黄下注形勢所關匪小即如浙江之西
湖薊田直隷之淀河麥地皆因有妨水利嚴禁小民佔
種况海口爲南條歸宿顧可任其侵礙委輸要地而不
力爲防禁耶着傳諭高晉李弘詳悉熟籌妥協辦理仍
行具摺奏聞欽此遵
旨寄信到臣等伏查黄河入海之處潮汐往來海口數百
丈之外本有横沙然從不阻礙水勢臣等平時留心
體察每當潮長之時入海之水不無頂阻迨潮水一
退而黄水隨潮下注歸海口門仍屬通暢前此大學
士陳世倌所指黄河入海停淤漸高以致河流阻塞
之處蓋指海口以外之横沙而言也臣高晉前摺所
奏之五套相距海口計程尚有一百餘里漫水掛淤
之處在於黄河北岸因本年伏汛内水漲漫堰經臣

高晉將查勘籌辦情形奏

聞奉到
硃批祗可如此辦理知道了欽此嗣經斷流掛淤臣高晉
復往勘辦緣奏摺内未經分晰聲明又未繪圖貼說
呈
覽以致上厪
宸衷查該處情形臣高晉本年伏秋汛内業已勘過兩次
今臣李弘又親詣五套一帶逐細履勘黃河海口通
暢如舊正河之内上下並未停淤無虞阻塞其北岸
五套掛淤處所補修舊堰土格正在儹辦日内即可
完工至舊堰内皆係蕩地現有溝渠三道一由殷家
溝入潮河歸海一由蔣家溝一由棘樹溝洫入太平
河以達潮河歸海河路通流亦無阻礙臣等往復札
商伏思我
皇上洞悉全河機要每年大展清口湖水下注助黃刷沙
河身日益深通已著成效海口並未停淤其前奏掛
淤之處實係黃河北岸五套之外灘兹臣等詳加籌
畫嗣後如遇盛漲之年黃水漫灘五套地方自應聽

其宣洩水落後將子堰仍即補還其堰內產草海灘
間有種植者原係照依蕩地科則徵收錢糧水過並
無妨礙惟此內三道洩水溝渠水退乾涸小民圖利
難免耕佔誠如
聖諭有礙水道所當力為防禁者也臣等現在委員將該
處洩水溝渠寬長丈尺逐一清丈嚴行該管地方官
并出示曉諭倣照浙江西湖葑田直隸淀河麥地禁
民不許仍前佔種有礙洩水之路如敢故違嚴拏究
治地方官奉行不力一併參處如將來洩水溝渠或
有淤塞梗阻臣等隨時查明即行挑濬俾遇異漲之
年漫灘過水得資宣洩不致壅遏實多裨益謹將海
口現在深通并臣等詳籌辦理緣由繪圖貼說恭摺
覆
奏是否有當伏乞
皇上睿鑒訓示謹
奏
另奏俱悉已面屢令矣

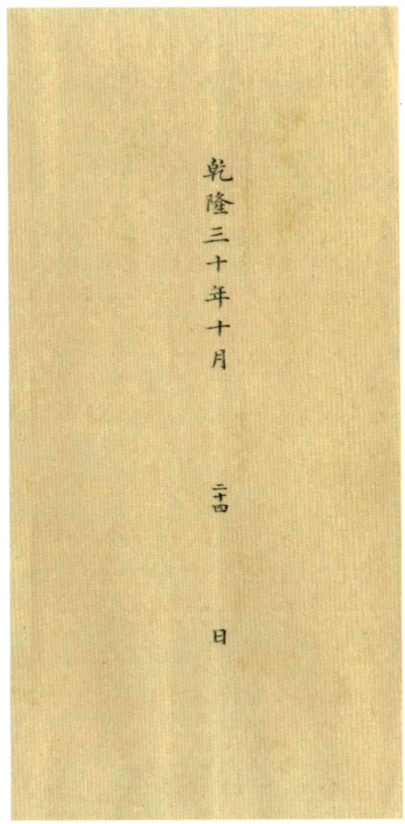

乾隆三十年十月　二十四　日

二六八

奏

江南河道總督臣李弘跪

奏爲查勘過黄河下游工料並宣洩堤根積水仰

祈

聖鑒事竊臣前自徐屬黄河上游查工回日即赴山

海等廳查勘業經

奏明在案臣先由外河北岸至山安之五套除將

勘明情形繪圖札商督臣高晋定議會摺覆

奏外臣即於六套渡河至南岸海防外河各工查

得本年伏秋汛内洪澤湖水由清口暢出會黄

東注山海一帶地處下游水勢闊有漫灘臣沿

堤查勘按照本年水痕之高下現在堤岸之崇

卑即將加高五寸案内應脩土工與道叅廳營

細加斟酌或量加堤頂子堰或帮脩裹戧月堤
據實估報臨河埽壩有應行拆脩加鑲者亦即
勘定段落分别確估以憑核實辦理其存工料
物臣逐一盤查相符計算亦敷明歲脩工之用
臣又查山安廳屬之羅僧廟雙套海防廳屬之
樹根套等處本年漫灘之水均多存積計長五
六里至十數里寬百餘丈至一二里深二三四
五尺不等緣河唇高仰水勢驟難消涸浸泡堤
根此時大河水落歸槽若不及早設法疏消則
風浪撞擊堤工日被剥削必致費銀帮培其積
水寬深之處又將請鑲柴草防風致滋糜費臣
悉心查看當即督飭廳營調集兵夫按段開溝
宣放俾積水早消堤工有益再本年各廳歲搶
工程用過銀兩先經督臣高晋核明交代茲屆
估報之期臣現在回浦按款覆核具
題料理數日即赴高堰山盱一帶查勘謹將臣查
勘過黄河下游工料並宣洩堤根積水情形繕
摺奏

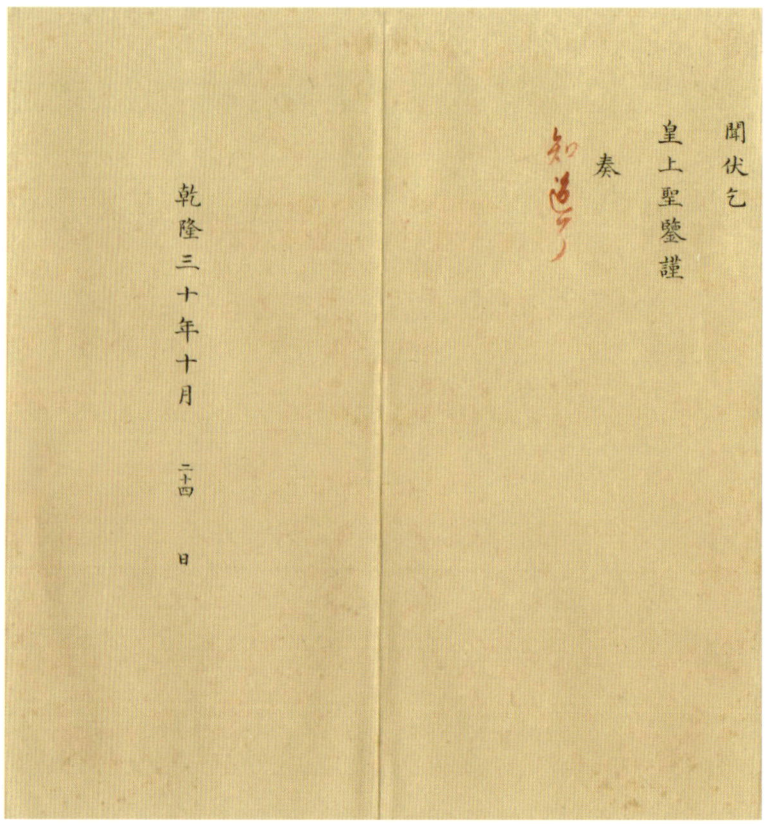

聞伏乞

皇上聖鑒謹

奏

知道了

乾隆三十年十月　二十四　日

二六九

奏

河東河道總督臣李清時謹

奏爲欽奉

上諭事竊查豫東黄河兩岸灘地每當伏秋汛水長
發多致冲刷支河最爲堤工之患前經定例於
霜降後查明應築土壩幾道次年春融興工堵
築俟經過伏秋汛後查明土壩是否堅實有無

坍塌過水分别

題請議叙議處等因遵照在案臣於霜降以前即
嚴飭豫東兩省管河各道親赴各廳汛細加查
勘造冊詳報去後嗣據該道等詳稱本年伏秋
二汛黄水皆係時長時消並未出槽兩岸灘地
實無冲刷支河其各廳州縣於桃汛前所築支

河土壩俱係實力辦理經歷伏秋亦無冲刷塌

卸現皆堅實完固取具各廳印結詳送前来臣

前赴豫勘工之便亦經留心查看復先後分委

幹員詳加勘視與各道所詳無異伏查豫東黄

河兩岸灘地本年桃汛前所堵支河土壩現皆

完整堅實並無另冲支河但查今歳伏秋二汛

黄水俱係安流順軌非有出槽漫灘之患所有

堵築土壩之廳汛各員俱無庸

題請議叙除將送到印結存案備查外謹恭摺具

奏仰祈

皇上聖鑒謹

奏

知道了

乾隆三十年十一月　　十三　　日

二七〇

奏

河東河道總督臣李清時謹

奏為豫東黃河工程穩固情形仰祈

聖鑒事竊照豫東黃河自入十一月而後天氣漸寒

河水凝結成氷愈積愈厚深恐劇傷埽壩最為

可慮如上南河廳之楊橋下北河廳之十八堡

銅瓦廂曹儀廳之三家庄商虞廳之商邱七堡

皆係坐當大溜最宜慎重即其餘臨河埽工亦

均關緊要臣先經檄飭管河各道往來巡查督

飭廳汛多備逼凌椿板敲凌器具并做照南工

飭令兵夫採選柳枝編掛各埽以防冲擊遇有

積凌淌至壩前立即率領兵夫儘力撬打撐送

河中以免擁積劇削臣仍於効力人員內派委

多員分駐各工協同防守今據各道廳陸續禀
報自入凌汛以後如法防護層氷順浮並無剷
及埽壩各處工程俱極穩固現在立春節近天
氣將融上游一帶大凌解化順流浮淌一切埽
工更關緊要臣復嚴飭道廳營汛加意廵防不
許稍有懈弛所有豫東黄河工程穩固情形理
合繕摺奏
聞仰慰
聖懐再来歲春工臣前遴委妥員前往黄河兩岸逐
細勘估今已估竣俟各道覆估之後臣再行勘
酌發帑辦理務使工歸實在帑不虚糜至預辦
明歲稭料經撫臣委員採辦赴工交納稱收甚
屬公平歲前俱可完竣合併陳明謹
奏

知道了

乾隆三十年十二月初九日

臣李清時謹

奏竊照東省自入冬令以後雨澤及時民間麥苗並不乾燥前月二十七八等日臣勘工途次皆得微雪嗣於臺庄回濟本月初六日行經鄒縣境内又降瑞雪自酉時起至亥時止風微雪緊積厚二三寸不等迨途詢問米糧價值亦甚平減實屬雨暘時若民氣安和合并陳明仰慰

聖懷謹

奏

二七一

奏

河東河道總督臣李清時謹

奏為黃河兩岸工程平穩情形仰祈

聖鑒事竊照七月初二日臣在耿家寨工次接據陝
州知州稟稱黃河上游萬錦灘於六月二十六
日長水四尺六寸等情隨飛飭各道廳營汛小
心防護臣亦往来各工隨時查看幸沁河水未
加增各處山泉亦未漲發自萬錦灘長水之後
迄今已有旬日各廳水勢雖陸續加長然已漸
次消落臨河埽工間有單矮平墊之處相機畧
為加鑲均屬穩固其上南河廳屬之滎澤十一
堡與鄭州胡家屯核桃園工段相接綿長地處
上游沁黃出山之水溜勢變遷靡定該處最為

首要歷来用料鑲修費帑不少臣因該處堤裡
地勢尚高於河面前經
奏明在於堤裡添築月堤將外面埽工停止以為
重門退讓之計半載以来溜勢北趨埽前逐漸
停淤今大河水長該處淤灘未見刷動工程愈
可穩固又商虞廳屬之辛集埽工自去歲化險
為平之後現在河溜仍趨北岸並無改移此皆
仰賴我
皇上聖德昭孚
河神效順之所致臣歡慶之中彌深寅畏汛期正
長不敢因工程平穩稍有踈懈現仍上下往来
督飭道廳營汛小心巡查防護再黄沁廳武陟
汛黄河灘内向有窪形四處河水稍長即由丁
家庵流達陽武堤根所關匪細臣於春間細加
履勘於窪形内建築土格數道高與灘面相平
曾經恭摺
奏明在案此次汛水長發高迴灘面得以漫格盈
科而進水流平緩窪形之内已有停淤於工程

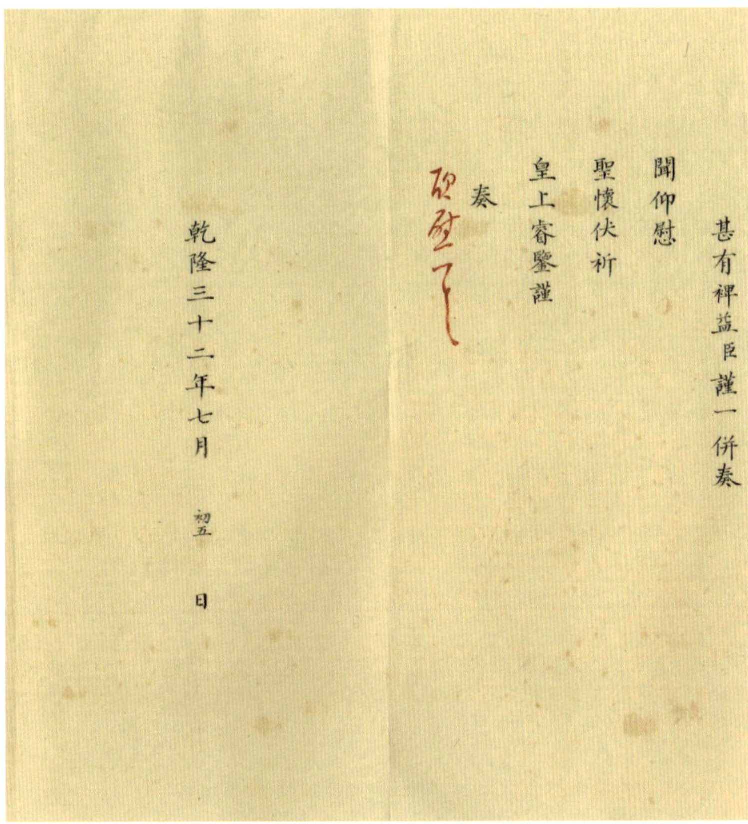

甚有裨益臣謹一併奏
聞仰慰
聖懷伏祈
皇上睿鑒謹
奏
知道了
乾隆三十二年七月　初五　日

二七二

奏

河東河道總督臣李清時謹

奏為奏

聞事竊臣前蒙

聖恩補授山東巡撫因時當大汛臣仍在工巡防俟

新任河臣嵇璜到豫面為交代緣由當經

奏明在案今查豫東黃河入秋以來水勢時見消

落至閏七月初一二三等日晝夜接長水數尺

低窪河灘間有漫水串至堤根其臨河埽壩亦

有卑矮受險之處臣與各道分督廳營汛員巡

查防範相機搶護以資抵禦初三日午後至初

六日水漸消落河灘顯露一切工程仰賴

聖主洪福均極平穩至蘭陽耿家寨埽工河勢兜灣

入袖向為豫東第一險要之區臣於本年四月
内履勘各工查有前河臣張師載在對面畢家
寨河灘挑有大引渠一道尚可因勢利導隨經
奏明挑切渠頭膠淤於伏汛内開放引溜查此次
長水大溜分入引渠約有三四分正河溜已較
緩從此渠頭漸刷漸深溜勢愈分愈暢耿家寨
險工可期永固又黄沁廳屬丁家庵灘外接長
淤灘二三百丈大溜開行南趨廣武山之麓河
勢自西而東已經直順不特丁家庵窪形土格
之内漫水停淤更見深厚即南岸滎澤十一堡
胡家屯核挑圍一帶本年停修之埽雖經長水
淤閉情形如舊理合將黄河水勢加長工程平
穩緣由恭摺奏
聞仰慰
聖懷伏祈
皇上睿鑒謹
奏

覽奏欣慰

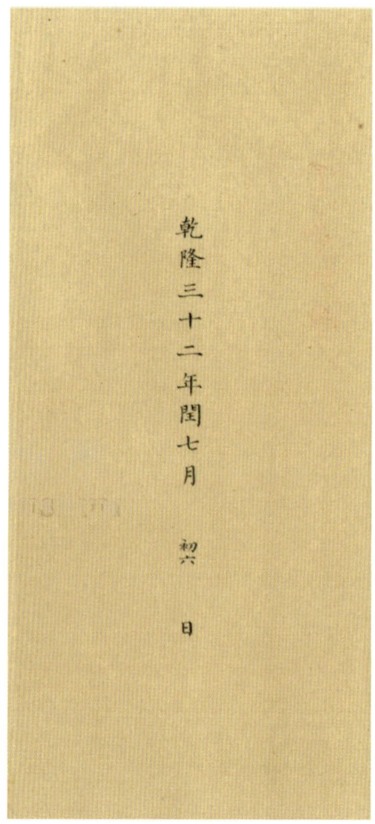
乾隆三十二年閏七月　初六　日

二七三

奏

河南巡撫臣阿思哈謹

奏爲

奏明事伏查赴滇官兵過豫於七月二十六日全

數出境訖餉鞘五起亦於閏七月十三日全數

出境内因本月初間黄河水漲風浪狂湧不能

即時過渡躭延二日沿途俱屬平安理合

奏明伏祈

聖鑒謹

奏

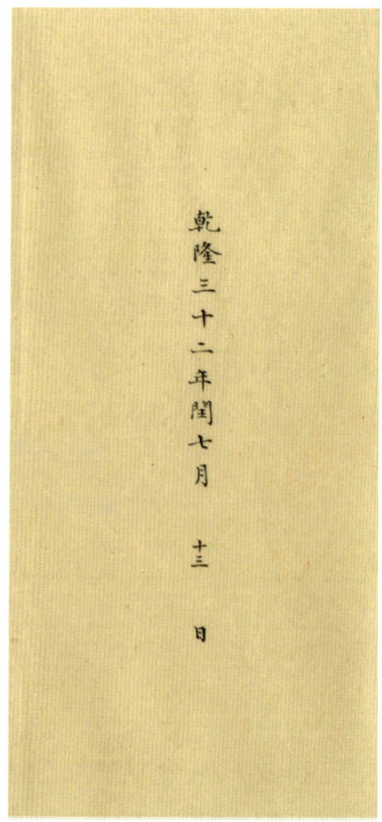
乾隆三十二年閏七月　十三　日

二七四

奏

河東河道總督臣長臻跪

奏為節交霜降豫東黃河普慶安瀾謹循例恭摺

由驛具

奏仰慰

聖懷事竊照自夏徂秋河水節長搶辦各工情形均

經隨時陳

奏在案伏查黃河修守最重伏秋當水長工險之

時安危繫於呼吸全恃料物錢糧充足員弁兵

夫齊集方克分投搶護無虞本年入伏前後各

路來源旺發適值逆賊竄擾豫省兩岸震動防

河與防匪並重疊經臣督飭道廳營委鼓勵弁

兵招集人夫照常巡防修守不准藉詞貽悞並

因司庫錢糧均儘軍需支用未能兼顧河工撥
款復經各道廳多方設借措墊夫工料價節節
騰挪尤賴
皇上如天之仁凡有所請無不仰邀
聖恩勅部議准俾有款可指得向鋪户通融豫東兩
省撫臣亦協同籌維策畫庶能應手鑲修各廳
險工一律搶辦抱護平穩現已節交霜降普慶
安瀾𡚁感蒙
聖德
神庥恭詣蘭陽惠安觀潔虔祀謝通工官弁兵民
歡騰鼓舞𡚁欣幸之餘彌深敬畏除飭各道督
令各廳營照舊常川住工防守雖交冬令不任
下隄外擬將黄河防查渡口事宜布置妥協責
成各該道督同廳營委員及沿河地方州縣經
管𡚁因賊匪竄入直隸處處與山東連界該逆
一經擊敗誠恐回竄東境防堵甚關緊要且運
河南路湖河相連三百餘里近多湖匪出没被
水災黎復到處聚居深慮勾結為患亟應彈壓

撫卹以免滋事另容

奏明回濟督辦所有豫東黄河霜降安瀾謹會同

河南撫臣陸應穀署山東撫臣崇恩恭摺循例

由驛具奏伏乞

皇上聖鑒再本年在事各員除循分供職外其實有

搶工勤奮及防守盤查渡口始終不懈者奪先

經詳察存記茲據各道稟保前來可否擇其尤

為出力人員量加鼓勵之處伏候

訓示祗遵謹

奏

另有旨

咸豐三年九月　　廿一　　日

二七五

奏

河南按察使臣何煟跪

奏爲白露已過黃河水勢消退工程平穩情形仰

祈

聖鑒事竊查豫省黃河本年伏汛水勢比上年較大
入秋後又經疊次加長七月二十六七等日洛
河長水一丈餘尺又值陝州萬錦灘於二十九
日陡長水一丈五尺八寸沁河亦長水四尺四
寸以致開封歸德一帶黃河於閏七月初一二
日水勢陡長七八尺至丈餘不等出漕漫灘兩
岸臨河埽工水漫埽面三四五尺不等楊橋大
壩自頭段至二十一段抽掣掀蟄大溜頂冲勢
頗危險臣由黑堽口飛赴楊橋來應搶護督率

在工文武員弁奮力保護，會集鄭州中牟兩處人夫及近堤百姓連夜搶鑲，將蟄陷各埽加鑲出水。初五日水勢復漲，各埽又有蟄裂之處。臣測量埽外水深二丈餘尺及三丈四五尺至四丈一二尺不等，水深溜湧，且係龍門舊險底埽，已歷六年之久，不無朽腐，必須一律補鑲加用厚土追壓到底。查該工伏秋以來疊經搶鑲，貯工稭料用存無幾。河臣李清時遠在和好地方，

臣就近稟請撫臣阿思哈飭委署開封府知府朱家濂赴工督同附近州縣照依市價公平採買，民情踴躍，運交迅速，人夫齊集，得以應手隨蟄隨鑲。日來水勢日漸消退，可保無虞。其餘南岸之黑堽口、北岸之耿家寨、銅瓦廂、三家庄各工俱經搶護平穩。鄭州裴昌廟、中牟九堡十堡、商邱辛家集各埽工水退之後俱已掛淤寬廣。兩岸漫灘之水相機設法陸續疏消。今白露已過，水性漸冷，向後定當有減無增，兩岸埽壩工程俱各鞏固安瀾。所有水勢已消、各工搶護平

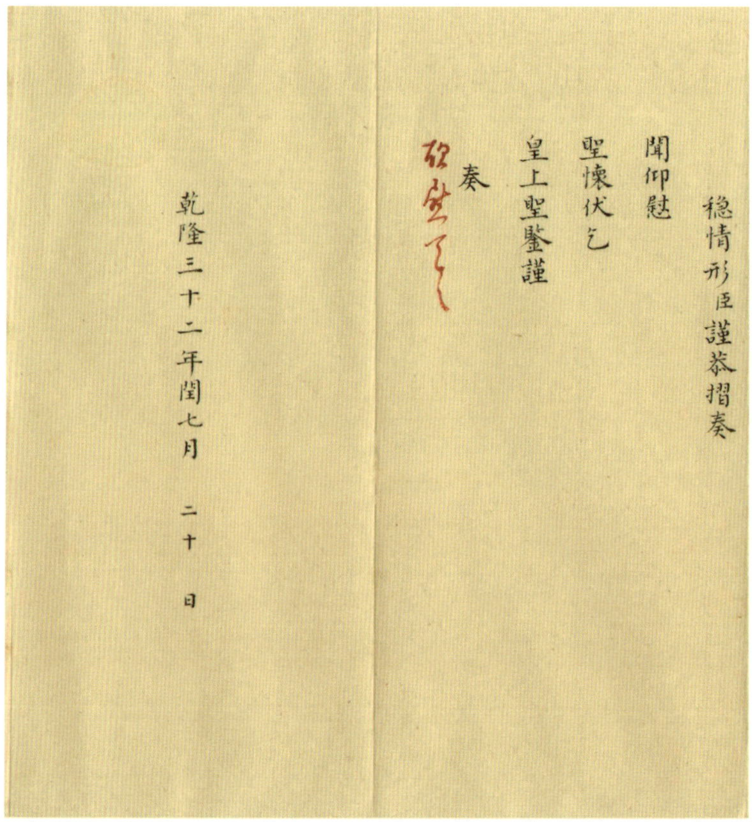

穩情形臣謹恭摺奏

聞仰慰

聖懷伏乞

皇上聖鑒謹

奏

知道了

乾隆三十二年閏七月二十日

二七六

奏

太子太傅內大臣兩江總督統理河務革職留任臣高晉謹

奏爲奏
聞事竊臣前將勘過揚屬各廳工程并暫駐清口督撈東
西壩工及三省沿江一隅偏災情形分別繕摺奏蒙
聖鑒嗣因黃河水勢加長徐城水誌長至一丈一尺六寸
經河臣李宏就近督飭開放唐家灣草壩會同臣將
毛城鋪過水情形恭摺
奏報在案臣一面將刨挖清口東西壩工事宜面交河
庫道曾曰理署參將尚義駐工督同廳營盡力刨挖
以冀湖水暢洩山盱滚壩早爲斷流一面委令淮揚
遊擊田玉前赴下游查勘高寶湖河水勢情形隨時
稟報酌辦臣即馳往上游毛城鋪一帶查勘得毛城

鋪滚壩自閏七月初六日過水起至十九日止業已
斷流黄河兩岸低窪之處雖經漫灘旋即消落歸槽
北岸之蘇家山滚壩亦經斷流其由毛城鋪過壩之
水僅止二尺八寸由洪溝河下達濉河據下游之鳳
陽府宿州并州同等稟報自毛城鋪過水後遵照章
程將兩岸閘座下板使黄水獨走濉河暢流無阻並
未出槽兩岸秋禾均無妨礙毛城鋪斷流後現將濉
河兩岸各閘啟板俾清水滙注刷沙濉河内可期不
致停淤其唐家灣一帶外灘并引河内俱有嫩灘新
淤經臣上下測量二壩迤外至河脣淤高二三尺不
等二壩迤内至蔣家營倒勾引河會總處新淤亦有
一二尺不等又毛城鋪碎石滚壩二道水過後頭壩
如故二壩坍陷長十二丈深一尺三四寸附近一帶
子堰亦間有坍損殘缺此毛城鋪今番過水後之情
形也臣查臨河外灘以及倒勾引河既已淤墊若不
挑挖如式將來再遇黄水逾誌開放唐家灣草壩則
毛城鋪即不能過水惟目下黄水甫經斷流新淤尚
難施工臣已檄飭道廳先將唐家灣草壩堵築并將

應挑淤土應修石壩逐一分別確估一俟霜降後動
工辦理所用錢粮有限即歸該廳庫貯核銷仍咨明
河臣一體查催工完後就近驗收其毛城舖外灘子
堰向係民修亦經飭令道府廳縣董率妥辦而黃河
兩岸凡有漫水溝槽均令廳營查明堵閉堤根並灘
地積水開溝宣洩使其早爲涸出不致有悮種麥臣
回至徐州查看北門外誌樁自旬日以來共消水六尺
四寸現存長水五尺二寸上下各廳工程據報一律
穩固臣前由邳宿一帶運河查勘今春所做埽土各
工歷經伏秋大汛尚俱完整而上年所蓄駱馬湖水
勢充裕本年三四月間照依奏定章程將栁園頭王
家溝各閘次第啟放是以運河水足重運粮艘北上
溢行無阻今歲上游水勢微小現在駱馬湖存水較
上年小九尺四寸自應預爲籌蓄以濟來年重運臣
現一面咨明河臣一面檄行道廳將邳汛之竹簍壩
并駱馬湖尾閭五壩中之南小壩北小壩審家河順
堤河形四壩先行次第堵築只留正引河再看上游
來水相機辦理至於高寶湖河水勢據委員遊擊田

玉査明稟覆自山盱滚壩過水後寶應湖内陸續長
水五尺八寸高郵湖内陸續長水三尺九寸由運河
分洩歸江甚爲暢達西堤尚高湖水四五尺不等東
岸南關車邏等壩封土堅固可保無虞再臣所過桃
源宿遷邳州銅山豐縣碭山蕭縣各地方高粱早粟
早荳均已收穫登場籽粒飽滿約計收成八九十分
不等晚禾長發茂盛並可一律豐收總計收成在九
分以上詢據鄉農咸稱爲數年來未有之豐稔各集
市粮價平賤民情悦豫所有毛城鋪過水臣親往査
勘辦理並酌籌駱馬湖蓄水濟運及沿途地方豐稔
情形理合一併具
奏伏乞
皇上睿鑒謹
奏

覽奏欣慰

乾隆三十二年閏七月　二十二　日

二七七

奏

河南按察使臣何煟跪

奏爲豫省黄河漲水全消工程平穩仰祈

聖鑒事竊查秋汛内黄河水勢漲發工程防護平穩

情形臣經恭摺具

奏在案兹上游寧夏於閏七月十四日長水五尺

六寸下游各工俱於二十三四等日各長水一

二尺不等然係旋長旋消大溜順軌遄行南岸

祥符之黑堽工因對岸漲灘逼溜南趨埽外水

深溜湧將十一二三四等段埽工蟄陷入水臣

星赴該工督率廳營調集兵夫加緊搶護將蟄

去埽簂一律補鑲二十三日新任河臣嵇璜由

上游至工臣即於工所接見面爲稟知指示廳

營星夜赶鑲俱已普例高堅足資捍禦再查楊
橋大壩乃豫省兩岸第一緊要之工今歲情形
危險在工人員議請建築月堤以爲重障臣昔
年跟隨大學士臣劉統勲堵築楊橋漫口深知
該處遍地浮沙根底虚鬆而壩内更有龍門深
潭繞越千有餘丈建築月堤需費既多且恐遠
不足恃誠不若將大壩後戧再爲帮寬實爲費
省而功倍臣面稟河臣嵇璜撫臣阿思哈商酌
安辦臣追隨河臣嵇璜在工三日所有南北兩
岸一切土埽工程修守機宜以及陳留蘭陽一
帶灘高堤矮之處凡臣所知所見無不剖切稟
明河臣嵇璜聽其詳察辦理務期工歸實濟帑
不虚糜以冀仰副
聖主鞏固河防之至意所有各廳應備來年歲搶稭
料際此萬寶告成料價平減之時現經撫臣阿
思哈遴委妥員照依市價公平採買以資預備
今秋分已過霜降將届黄河漲水全消兩岸工
程俱極穩固臣謹恭摺奏

聞仰慰
聖懷伏乞
皇上睿鑒謹
奏
好知道了

乾隆三十二年八月　初七　日

二七八

奏

河東總河臣嵇璜謹

奏爲奏

聞事竊臣於八月初三日接印後將運河應辦事宜
逐一料理催儹回空糧船已於八月十四日全
數過濟寧南下約計月內即可全出黃林莊東
省交界其濟寧以上之蜀山南旺馬踏馬場等
湖濟運水櫃正應收蓄之時臣令將各湖出水
斗門閘座概行堵閉儲水與往年尺寸相等以
爲來春灌輸之用至濟寧以下運河東岸獨山
湖十八水口亦照例次第堵築不使湖水涓滴
外洩再查微山湖水勢現深一丈二尺一寸較
之從前

奏定水誌尚多一尺一寸來春濟運甚屬充裕但
目下韓莊以下至江省河道回空正在遄行尚
須湖水資助浮送現將韓莊湖口雙閘及滾水
石壩均令酌量下板總照往例以湖水深一丈
一尺爲度仍有餘水以濟下游又泇河廳屬彭
口一帶河長二百餘丈向經山水噴沙河身窄
狹僅容一船行走每年冬月大小挑挖內按夫
計土祇能究深河底淤沙不能開展河身此時
天長夫曠正可施工隨飭道廳酌調汛閘額夫
將該處河岸挑挖寬展以期運道有裨臣於十
八日自濟寧起程前赴黃河兩岸詳看溜勢勘
估工程理合一併奏
聞伏祈
聖鑒謹
奏

覽奏俱悉

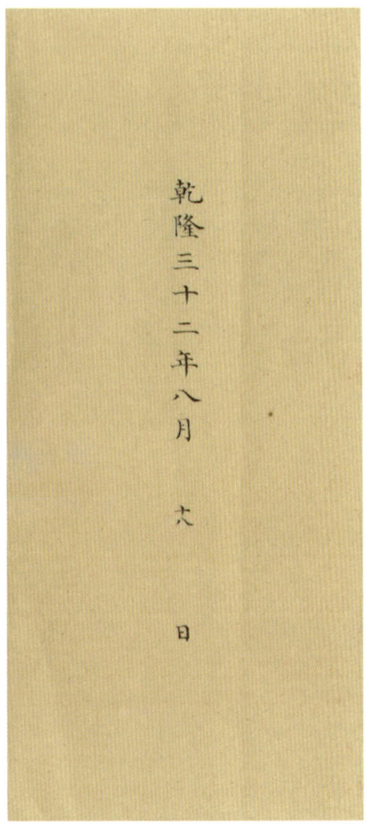

乾隆三十二年八月　六　日

奏

河東總河臣嵇璜謹

奏爲奏

聞事竊臣前自濟寧起程赴黄河兩岸查勘各工在
單縣黄堌上隄先由北岸至河内縣之九道堰
復由滎澤渡河而南徧查兩岸至江南交界除
楊橋一工應行籌辦事宜已與撫臣阿思哈會
摺具
奏在案今查九道堰向用石子堆砌遏大丹河之
水以達衛河濟運現在水勢頗旺河身亦無淺
溢而石壩以下民間多設水磨並賴丹水以供
日用此時豫省糧船距開兑之期尚遠臣已行
令該管縣丞聽民取用俟需水濟運時再照往

例將壩底石孔酌量填塞務使運道民生兩無
關碍又上北河廳屬之陽武七堡八堡係乾隆
二十六年堵築漫工就近取沙土築成雖大隄
離河頗遠但外灘日漸淤高隄根已成窪形每
遇漫灘水至存積寬深沙土之隄難資抵禦臣
查本年漫灘水大該處灘面停有紅色膠淤應
將隄身臨河一面刮取淤土幫培其窪形以内
責令兵夫多築順水土壩以期漫灘串溝之水
漸次受淤費不煩而隄工自固又下南河廳屬
之蘭陽汛河渠越隄亦係乾隆二十六年漫溢
案内堵築之工緣當日漫口三處均有支河跌
塘是以於外灘遠築越隄臣查該越隄一千七
百餘丈形勢過於寬長挺占河身阻遏水勢大
有關係必須講求展拓之計以順河流該處大
隄漫口三處雖於乾隆二十九年春間經前河
臣葉存仁
奏明補築而毗連漫口之大隄並未加幫實屬單
薄臣現飭道廳將大隄確加丈估於來年歲搶

修案內節省可緩之工先幫半戧俟幫培二三年間大隄高厚即可將越隄放淤以免河流壅阻之患其餘各廳隄根以外多有支河積水灘（此係積習相沿於）高路遠未能設法疏消（堤工甚為要當保主設法疏消）臣俱嚴飭廳營汛員酌量道里多築土壩俾支河之水逐漸停淤其隄根無柳之處并令補栽柳株庶漫灘水至既足以禦風浪（好）而長養茂盛並可以裕工需再曹單濟兗等處於十七十八日得雨四五寸不等麥田霑足民情歡豫臣現已回至濟寧謹將勘辦黃河工程情形恭摺奏

聞伏祈

皇上訓示謹

奏

覽奏俱悉

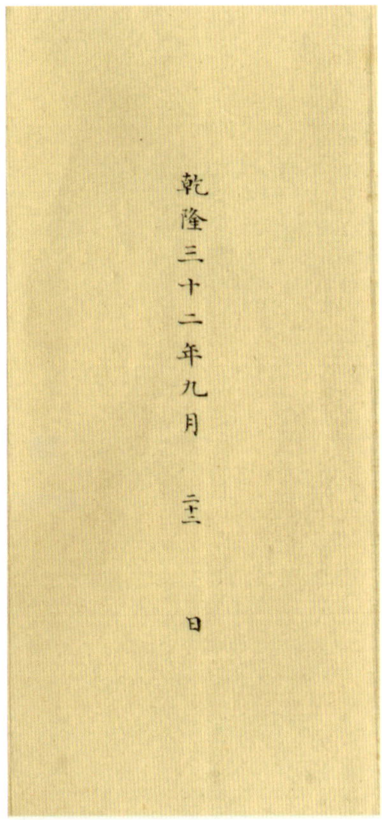

乾隆三十二年九月　二十二　日

二八〇

奏

河南按察使臣何煟跪

奏為豫省黃河凌汛工程平穩情形仰祈

聖鑒事竊照豫省黃河自入冬以來水退歸漕溜走
中泓河勢條順兩岸臨河埽外日見掛淤現在
河內水勢較上年冬至後尚小二尺餘寸向前
日漸消減來年水勢縱有長發可資容納惟凌
汛屆臨恐有冰凌湧積剷削椿埽嗑塌堤身之
弊防範未敢稍疎臣於冬令前即嚴督廳汛各
員凡有兩岸埽工迎溜埽灣處所密掛逼凌椿
板以資擋護工程俱極穩固所有凌汛工程平
穩情形臣謹恭摺具

奏并查兩岸歲需修防料物業經河臣嵇璜察照

工程繁簡酌定應備數目撫臣阿思哈委員分
頭公平市買民情踴躍現已運交過半十二月
内即可全數收足照依漕規丈尺編號堆貯聽
候河臣嵇璜親臨查驗以備來年工用臣謹一
併奏
聞伏乞
皇上聖鑒謹
奏
知道了
乾隆三十二年十一月　初七　日

二八一

奏

陝甘總督兼管巡撫事臣吳達善跪

奏為遵例彙

奏事案照乾隆二十八年四月准工部咨嗣後凡

係例限應修各項船隻各督撫每年委員逐一

查勘將實係朽壞不堪駕駛及船身尚屬堅固

堪以改修緩修各緣由於年底彙摺奏

聞等因遵照在案茲據甘肅布政使海明詳稱查蘭

州省城黃河浮橋一道額設巨船二十四隻橫

亘河上以通東西大路行人每當春融建搭車

馬往來絡繹夏間漲擊冬後氷凌最易損裂必

須隨時補修以資濟渡乾隆三十二年十一月

初二日據護河橋同知皐蘭縣知縣將全廸呈

報本月初一日子時黃河浮橋南北兩岸結氷
下流冲斷鉄草繩索船隻板片擁上南岸等情
隨委蘭州府經歷商嗣齡會同該護廳逐一查
勘當據勘明內有乾隆二十五年製造船二隻
帮攔底壞損傷甚重難以修補必須另造方可
應用又乾隆二十六年製造二隻二十七年製
造四隻二十八年製造二隻二十九年製造二
隻共船十隻損傷亦多應行大修又三十年製
造二隻三十一年製造八隻三十二年製造二
隻共船十二隻損傷稍輕應行小修統計估需
工料並茭草犒賞祭品等銀二百七十四兩九
錢零應於蘭州府經收稅務並該廳抽收商木
內撙節動用修補除飭秉時上緊赶辦工竣造
冊詳請咨部核銷外所有乾隆三十二年分應
修船隻相應呈請具
奏至西寧府屬之歸德縣丞經管救生渡船肅州
屬之高臺縣毛目縣丞所管黑河渡船寧夏府
屬之靈州臨河堡太平哨船俱未届滿年限毋

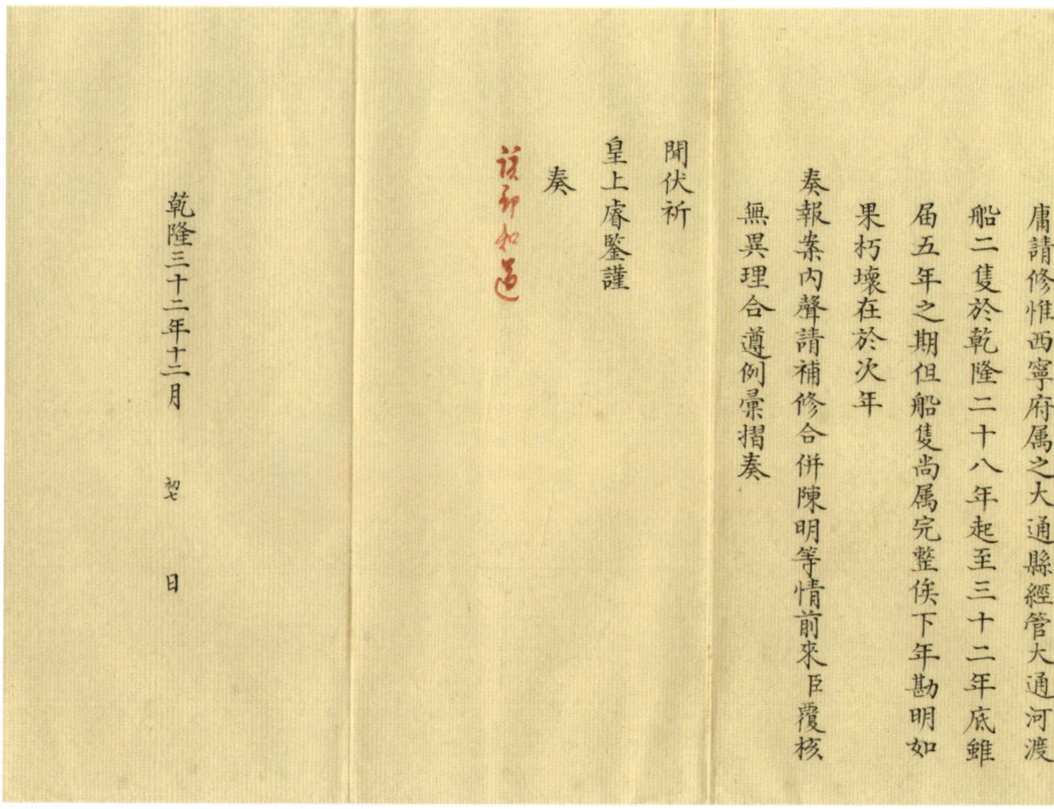
庸請修惟西寧府屬之大通縣經管大通河渡
船二隻於乾隆二十八年起至三十二年底雖
届五年之期但船隻尚屬完整俟下年勘明如
果朽壞在於次年
奏報案内聲請補修合併陳明等情前來臣覆核
無異理合遵例彚摺奏
聞伏祈
皇上睿鑒謹
奏
該部知道
乾隆三十二年十二月　初七　日

二八二

奏

河東總河臣嵇璜謹

奏爲奏

聞事竊照豫省黃河楊橋大壩及鄭中月堤應幫裡

戧工程臣前會同撫臣阿思哈

奏准興修當經派定承修之員分撥段落發帑僱

夫令届春融正須及時興工價辦因楊橋大壩

南面原係積水深塘臣現飭該管道廳在於迤

裡先築攔水夾壩務將深塘積水徹底戽乾揀

取紅色膠淤按坯填築逐層夯硪以期戧工堅

實鞏固至東省運河挑工臨清塘河並下河廳

屬衛河挑撈各工已經完竣其南旺塘河約計

挑有九分濟寧塘河約計挑有八分各廳長河

約計挑有七分現令巡漕給事中臣喀爾崇義
前往臨清臣前往韓莊一帶分投督察務令上
緊趕挑依限全竣不使稍有遲延草率再河南
山東沿河各州縣陸續據報於十二月二十一
二三等日得有春雪二寸至七寸不等高下地
畝均霑土膏滋潤麥苗倍加長發民情歡豫理
合一併奏
聞伏祈
皇上聖鑒謹
奏

已奏俱悉

乾隆三十三年正月初三日

二八三

奏

臣嵇璜臣喀爾崇義謹

奏爲奏

聞事竊照東省運河南旺開壩之後閘塘水勢處處

鋪足浮送糧船已屬有餘因自二月初間以來

西北風多水往南行不無下瀉臣喀爾崇義即

赴兖泰等府屬查看泉源督令司泉之員實力

疏濬俾其源源下達由汶入運臣嵇璜前往韓

莊沿途酌量調劑嗣於二月二十三日濟寧一

帶得有雷雨入土四寸麥田頗稱得濟而於運

河之水未見增添臣嵇璜復飭閘員謹嚴各閘

之板糧船每到一閘則上啟下閉灌塘打放以

期水有攔蓄不致隨風過洩并開放濟寧以北

之十里閘出馬場湖水以助汶流令江南首幫
大河衛前幫船隻已於二月三十日催過濟寧
北上後接泗州淮安等幫亦俱跟艄前進閘河
水勢已經足用可以遄行無滯其南旺上下之
蜀山馬踏等湖仍俟將來糧艘盛行時察看情
形酌量次第開放以資接濟臣喀爾崇義現在
運河往來查催臣嵇璜於三月初二日自濟起
程前赴黄河兩岸勘驗工料理合會摺奏
聞伏祈
皇上聖鑒謹
奏
又奏俱悉
乾隆三十三年三月　初一　日

二八四

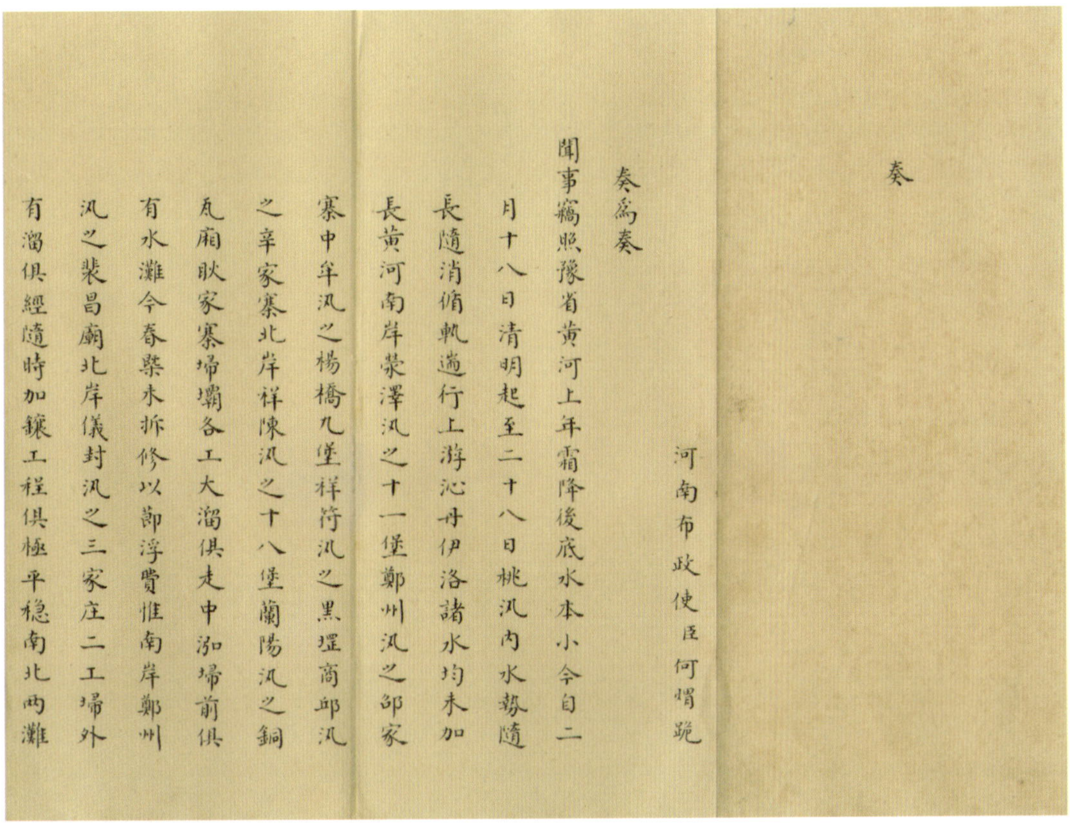
奏

河南布政使臣何煟跪

奏爲奏

聞事竊照豫省黄河上年霜降後底水本小今自二
月十八日清明起至二十八日桃汛内水勢隨
長隨消循軌適行上游沁丹伊洛諸水均未加
長黄河南岸滎澤汛之十一堡鄭州汛之郋家
寨中牟汛之楊橋九堡祥符汛之黑堽商邱汛
之辛家寨北岸祥陳汛之十八堡蘭陽汛之銅
瓦廂封家寨埽壩各工大溜俱走中泓埽前俱
有水灘今春槳木拆修以節浮費惟南岸鄭州
汛之裴昌廟北岸儀封汛之三家庄二工埽外
有溜俱經隨時加鑲工程俱極平穩南北兩灘

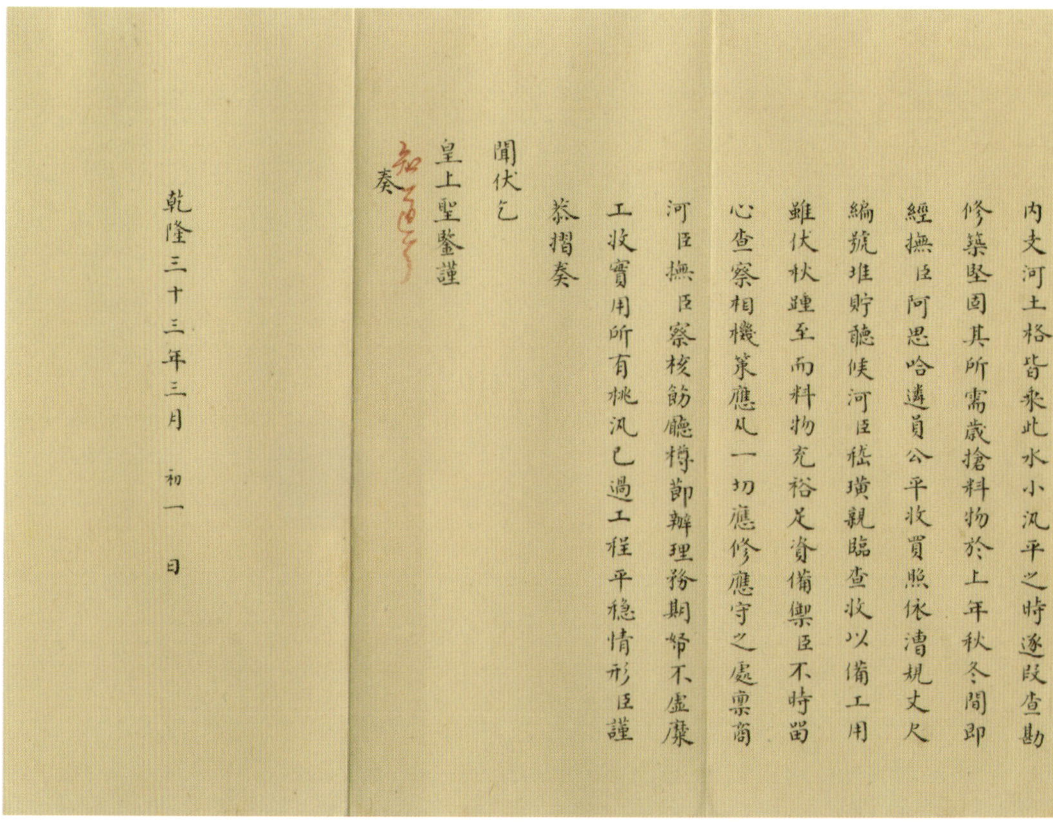
內支河土格皆乘此水小汛平之時逐段查勘修築堅固其所需歲搶料物於上年秋冬間即經撫臣阿思哈遴員公平收買照依漕規丈尺編號堆貯聽候河臣嵇璜親臨查收以備工用雖伏秋踵至而料物充裕足資備禦臣不時留心查察相機策應凡一切應修應守之處稟商河臣撫臣察核飭廳撙節辦理務期帑不虛糜工收實用所有桃汛已過工程平穩情形臣謹

恭摺奏

聞伏乞

皇上聖鑒謹

奏

知道了

乾隆三十三年三月 初一 日

二八五

奏

河東總河臣稽璜謹

奏爲奏

聞事竊臣於三月初二日自濟寧起程至曹縣三堡
渡河先勘黄河南岸工程所有商虞儀考下南
上南等四廳補栽隄根柳株脩築支河土格及
委員辦貯楷料各廳歲搶脩案内增培土工俱
已辦竣臣逐加查驗皆係如式其揚橋大壩并
鄭中月隄所幫裹戧選取紅色膠淤層土層硪
約計已有六分工程人夫衆多踴躍力作麥收
前可以儹辦全竣至臨河埽工内惟裴昌廟三
家莊二處溜逼埽根今桃汛已過黄河陸續所
長之水業經消退各工均屬平穩再臣經過豫

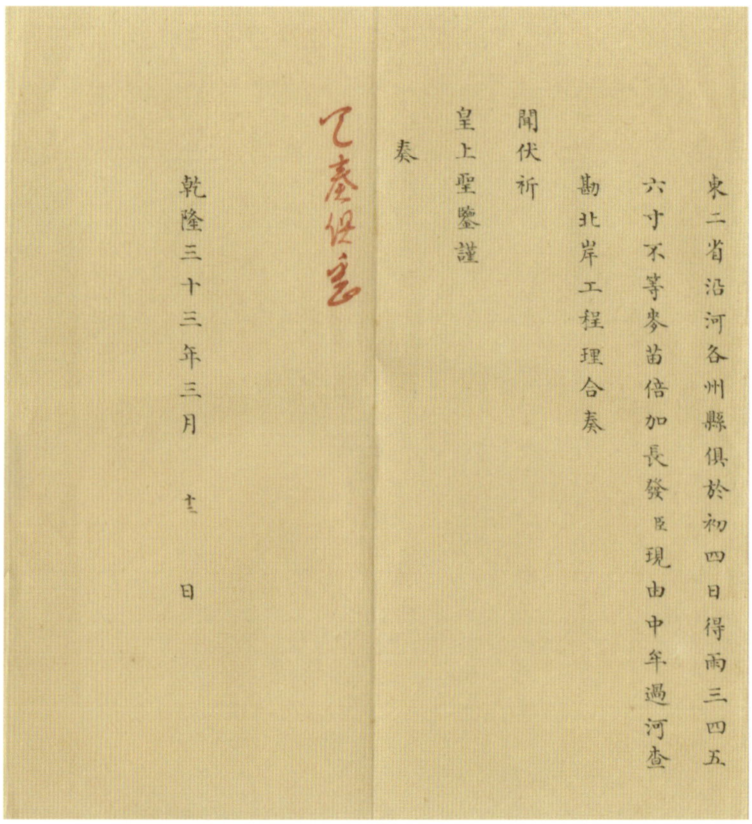
東二省沿河各州縣俱於初四日得雨三四五六寸不等麥苗倍加長發臣現由中牟過河查勘北岸工程理合奏
聞伏祈
皇上聖鑒謹
奏
覽奏俱悉
乾隆三十三年三月　十二　日

奏

河東總河臣嵇璜謹

奏爲奏

聞事竊照本年重運二進各幫過濟日期經臣具
奏在案兹查五月二十七日業已儹出臨清三進
內之浙江湖廣各幫亦俱挨次前進江西安福
幫十三日始入東境經由八閘有微山湖暢洩
之水甚屬充裕其韓莊以北添放馬場湖十里
斗門接濟儹運今通漕尾幫南昌衛後幫船隻
於六月初三日全過濟寧北上復全開蜀山馬
踏二湖之閘座斗門暢水北注尾幫可以速出
臨清至衛河古淺處所水勢俱有四尺以外五
月十九日以後節次長水三尺餘寸糧船浮送

有餘時屆伏汛寧夏已報長水臣即於六月初
三日起程前赴豫省巡防黃河工程所有運河
內調劑催儹事宜一一交明運河道姚立德前
往臨清妥協料理臣謹繕摺奏
聞伏祈
皇上聖鑒謹
奏

乾隆三十三年六月　廿　日

二八七

奏

河東總河臣嵇璜謹

奏爲奏

聞事竊查豫東黃河伏汛内水勢安瀾工程穩固情

形經臣恭摺具

奏在案自立秋以來黃河陸續長水七尺八寸旋

即消落二尺三家莊一工已經蟄鑲其餘各廳

埽工俱屬平穩至東省運河據道廳稟報六月

十五日以前陰雨浹旬河坡並漲汶泗二河俱

長水丈餘沙河長水七尺餘趙王河長水六尺

餘彭口山河長水九尺大泛口長水一丈盈堤

浮岸甚爲浩大夏鎮頓莊臺莊等閘俱水漫閘

背已將南陽以下之西岸十四單閘東岸十八

水口悉行開放俾汶泗諸河之水分入微山獨山兩湖其南旺上下并即開放蜀山馬踏南旺等湖進水單閘斗門分洩入湖預為潴蓄至張秋戴廟一帶有五空橋平水三閘滾水壩宣洩沙趙二河之水以達鹽河極為暢利現在天氣晴霽諸河水勢消落縴道俱令收拾整齊理合

繕摺奏

聞伏祈

皇上聖鑒謹

奏

知道了

乾隆三十三年七月初三日

二八八

奏

臣高晉李宏跪

奏爲奏

聞事竊照黄運江湖伏汛内水勢工程平穩情形於

六月二十六日會摺奏蒙

聖鑒交秋後黄河水勢又復加長徐城誌椿長至一

丈一尺當即飛飭淮徐道前赴毛城舖查勘水

勢情形遵照

欽定唐家灣開放水誌相機辦理兹據淮徐道吴嗣

爵稟稱伏汛内徐城水誌長至一丈一尺六寸

旋即消退毛城舖未經過水今六月二十九日

徐城水誌長至一丈一尺八寸河心尚有加長

之勢當於二十九日戌刻將毛城舖迤東之唐

家灣頭二三草壩開放臣等隨一面咨會安徽撫臣并飭行各州縣一體防範一面飭查毛城鋪迤下之洪溝等河水勢情形旋據查覆六月二十九日唐家灣草壩開放後毛城鋪碎石壩上過水深五六寸及一尺二寸不等寬三十二丈下注洪溝河以達濉河水甚平緩而洪濉二河上年開放毛城鋪後過水經由之處仰蒙皇上諭旨及時宣導一律深通本年春夏以來晴多雨少止存底水二三尺毛城鋪減洩之水增長無多七月初二日黄河内隨落水一尺六寸毛城鋪滚壩即於是日斷流其北岸蘇家山滚壩並於六月二十七八九等日過水深一尺三四寸今河水消退壩面亦已斷流各廳埽壩工程臣等督飭道厰遊等分投修護平穩外河惠濟祠一帶大溜南趨臨河埽壩暨舊石工間有蟄陷之處亦經隨時搶護穩固再外河清口伏汛内因黄水盛大清水未長間有一二分進口嗣於六月下旬洪澤湖清水陸續加長一尺六寸

高堰誌樁連前長至三尺八寸山盱五滚壩高出水面四尺七寸及五尺二寸不等清水將次抵出清口乃交秋後黄河内水又驟長四尺五寸清水力弱黄水復經進口臣等察看情形將清口東壩暫行接做三丈止留口門寬一十三丈俟黄水一退清水加長即行遵照

遲矣，如此等事皆待朕諭，則用汝臣何爲

欽定水誌相機啟拆另行奏聞臣高晉現在前赴上游徐屬各廳查勘工程料物臣李宏住宿清口察看清黄水勢料理東西壩事宜並防護惠濟祠一帶工程所有交秋後河水加長道誌毛城鋪過水後即行斷流及工程平穩情形謹恭摺會

奏伏乞

皇上聖鑒謹

奏

知道了

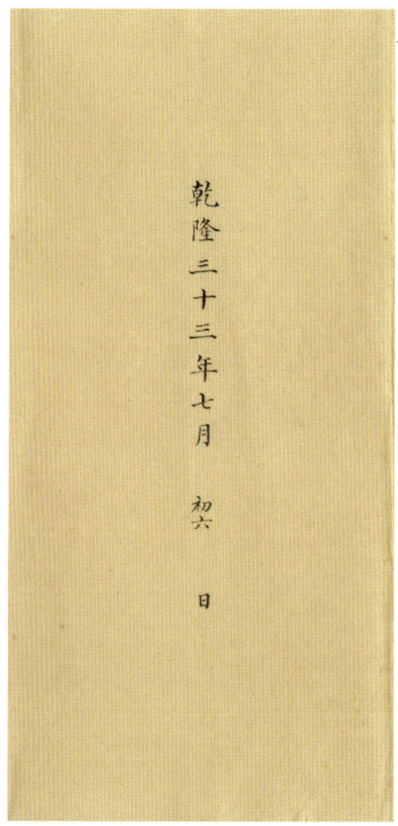
乾隆三十三年七月　初六　日

奏

江南河道總督臣李宏跪

奏爲奏

聞事竊照黄河水勢交秋後徐城誌椿長至一丈一尺八寸於六月二十九日開放唐家灣草壩毛城舖過水五六寸及一尺二寸不等旋於七月初二日消落斷流業經會摺奏蒙

聖鑒兹臣於清口工次據淮徐道吳嗣爵稟報徐城水誌初三四日又長至一丈一尺六寸水勢盛旺唐家灣草壩復經開放毛城舖滚壩初四五日過水深一尺四寸初六日河水消一尺三寸初八日徐城水誌又長至一丈一尺九寸其碭汛黄水初八日卯時起至申時止陡長三尺唐

家灣上下一帶河灘二十餘里普面漫水滙歸
毛城鋪下注洪溝河以達濉河滚壩上初八日
過水深七尺初九日過水深一丈一尺六寸較
三十一年計小四寸等情臣查本年秋汛内河
水疊次增長毛城鋪過水之後徐城水誌尚長
至一丈一尺九寸實爲盛漲工程在在險要幸
賴毛城鋪減洩分勢下游兩岸各工分投竭力
搶護得保平穩查上江洪濉二河春夏以來存
底水甚小今毛城鋪減下之水自可容納臣等
隨會咨安徽撫臣並飛檄宿靈虹各州縣一面
加意防範一面查明水勢星飛具報俟報到另
行奏
聞豐碭廳屬徐家莊放淤舊工下與王家莊埽工相
連今春水小時溜勢趨向靡定臣相度形勢大
汛黄水長發溜必下移查王家莊埽工後舊有
越堤一道本屬堅整可以一律放淤春間復將
越堤加幫高厚六月内河水加長溜勢直趨王
家莊埽工臣當委淮徐道及遊擊等住宿該工

督率廳營開挖倒溝乘時妥辦今據報於七月
初五日開放進淤甚屬平穩現在鑲做裹頭以
資挑護再外河清口前因交秋後黄水加長當
將東壩暫築三丈
奏明在案今黄水又長現在東壩接續鑲做務使
有益日來洪澤湖水已加長一尺高堰誌樁現
存水四尺八寸徐城水誌據報初十日落水七
寸清口黄水亦落五寸倒灌之勢漸減臣仍住
宿清口察看清黄水勢長落若何相機料理所
有秋汛内黄水疊次盛長毛城鋪過水分洩各
工平穩情形謹會同督臣高晉恭摺具
奏伏乞
皇上聖鑒謹
奏

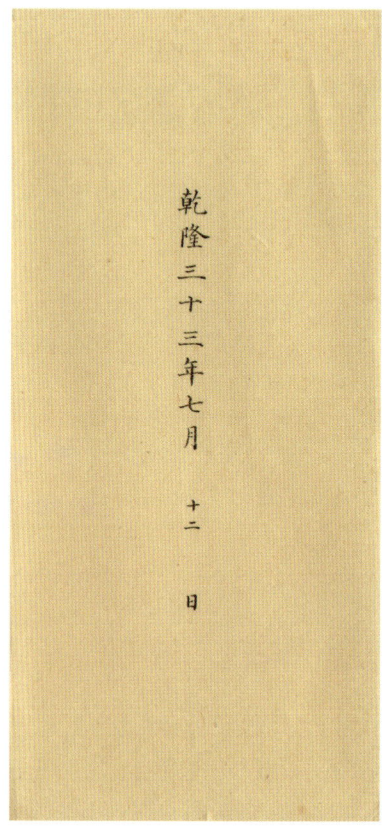

乾隆三十三年七月　十二　日

二九〇

奏

河東總河臣嵇璜謹

奏爲奏

聞事竊查豫東黃河入秋以後曾經長水七尺餘寸尚未全消茲復於七月初七八兩日河水驟長至九尺八寸普律漫灘兩岸堤根以外水深二尺至五尺餘寸不等浸沱堤身處處險要爲本年伏秋最大之水臨河埽工或埽面上水或水與埽平因各工料物先期貯備充盈人夫應手隨時相機搶鑲高出水面足資抵禦初八日下午至初九日即消水三尺餘堤根漫灘之水漸次歸入大河一切堤埽工程俱極平穩再蘭陽縣畢家寨引渠臣於春間查勘因渠頭上唇膠

淤阻過不過進溜二三分當飭廳營以時疏濬

今水長之際大溜直入引渠七八分衝刷寛深

已有成河之象耿家寨正河漸覺淤淺分溜無

多又曹縣三堡於此次長水時已將對面灘嘴

刷寛大溜順下堤角坍卸處所微有掛淤現在

毋庸下埽秋汛尚長河水長落靡定臣仍嚴飭

道廳營汛等員弁小心防範理合恭摺奏

聞伏祈

皇上聖鑒謹

奏

覽奏俱悉

乾隆三十三年七月 十三 日

奏

河東總河臣嵇璜謹

奏爲奏

聞事竊照豫東黄河立秋以後水勢長落情形經臣

恭摺具

奏在案七月十七八兩日河水又長至八尺二寸

旋即陸續消水四尺餘時届白露水勢已定一

切堤埽工程均極平穩臣現在查驗各廳存工

舊料酌核應辦新料以備來歲之用再據運河

道姚立德稟稱東省衛河於六月二十二日至

七月初八日共長水一丈四尺五寸渾流倒灌

入臨清閘内四五十里當將淤淺處所集夫疏

濬築壩束水并閉柳林閘板遏汶敵衛臣復委

員馳往查催隨據該道稟覆閘河内水勢已經
通利回空幫船遄行無滯查該處係汶衛交會
之區最關緊要未便稍有停淤又蜀山南旺等
諸湖水正當應行收蓄之時臣俟查竣黄河舊
料回濟即前赴南旺臨清一帶詳勘辦理爲此
恭摺奏
聞伏祈
皇上聖鑒謹
奏

知道了

乾隆三十三年七月　二十五　日

二九二

奏

河南布政使臣何煟跪

奏為恭報豫省霜降已過黃河汛水安瀾工程鞏

固仰慰

聖懷事竊豫省黃河自秋分以後並未加長茲霜降

已過底水循漕兩岸堤埽各工俱極穩固伏查

豫省臨黃要工共有九處近年來仰賴

聖主福庇河流效順直走中泓各工漸就於閑本年

秋汛內蘭陽縣屬北岸之銅瓦廂耿家寨一帶

又復化險為平現在北岸惟儀封縣屬之三家

店南岸惟中牟縣屬之楊橋大壩鄭州屬之十

八堡并商邱縣屬之辛家集四處溜走埽前查

辛家集埽尾向係東西大堤至該處八堡矩折

而南名曰揚堤頭對岸淤灘逼溜南趨埽嶆堤
根業已接埽保護又經河臣嵇璜到工指示加
帮裡戧以資後護足資穩固臣察看該工形勢
由於坐灣既長而灘身又復逼窄故屢年溜勢
所到之處無不報險而落水尤甚但查二十餘
年來自五堡至七堡日漸趨下挨至揚堤頭已
屬强弩之末若再下移一出揚堤則該工亦可
望其淤閉現飭廳營員弁加謹防守雖豫省土
性虚鬆水勢或南或北去來無定而向後水性
日緩工堅料足可保無虞其各廳應行籌備凌
汛事宜俱已詳悉指示各員弁遵守辦理至已
丑年應備南北各工歲修料物臣久經詳請撫
臣阿思哈河臣嵇璜核定實數遴委妥員領項
分頭照依市價公平採辦約十月中旬即可陸
續交工所有豫省黄河霜降已過三汛安瀾工
程鞏固各情形臣敬謹恭摺奏
聞仰慰
聖懷伏乞

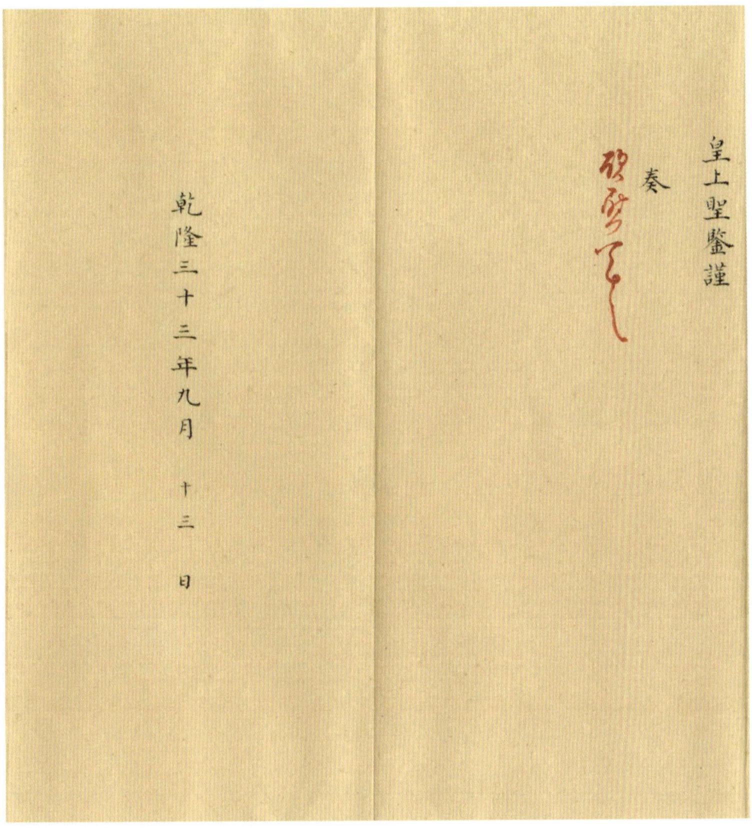

皇上聖鑒謹

奏

知道了

乾隆三十三年九月　十三　日

二九三

奏

臣高晉李宏跪

奏爲奏

聞事竊查十一月初旬清黄水勢及運河情形前經

欽差大學士臣劉統勲侍郎臣期成額會同臣等恭

摺奏蒙

聖鑒茲查半月以來黄水又消九寸外河老壩口誌樁連底水現存一丈三尺九寸洪澤湖水亦陸續消落七寸高堰誌樁現存水九尺抵出清口直至惠濟祠迤下會黄東注東西壩内外淤灘清水衝刷益加寛深其裡河一帶水流迅速刷沙有力加以兵丁堡夫隨時疏濬因勢利導淮安上下河身及兩岸逢灣灘嘴日見刷滌甚爲

暢順臣高晋自沭陽安東等處查勘城工回至
清口會同臣李宏乘舟按段測量目下運河中
泓河底水深七八九尺及一丈二三尺不等裡
河南岸堤工臣等復逐細履勘將卑薄處所量
爲加高培厚俾資鞏固再外河廳屬王營減壩
所留壩門十丈原經
奏明俟黃水再消一二尺相機堵閉今自奏報以
來黃水止消九寸校上年此時尚大五尺察看
情形該壩應俟黃水再消一尺餘寸即行動工
儹堵不致遲悞臣高晋現由淮揚一帶順勘運
河工程水勢就近回省辦事臣李宏亦即起身
前赴上游徐屬各廳將黃運河道工程細加察
看經理另行奏
聞所有日來水勢消落東壩内外及淮安運河加刷
寛深情形謹合詞恭摺具
奏伏乞
皇上聖鑒謹
奏

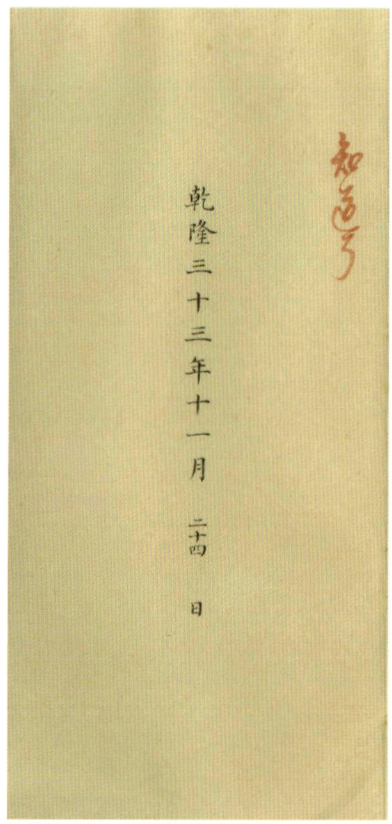

知道了

乾隆三十三年十一月二十四日

二九四

奏

署理河東總河臣吴嗣爵謹

奏爲奏

聞事竊查東省濟寧上下向有諸湖水櫃運河東岸爲馬踏蜀山馬塲獨山諸湖西岸爲南旺南陽昭陽微山諸湖收蓄於秋冬灌輸於春夏以資浮送糧船臣前於十月抵任查核各廳具報水誌内馬踏湖收水五尺六寸蜀山湖收水八尺二寸馬塲湖收水五尺八寸獨山湖收水五尺九寸南旺湖收水七尺二寸南陽昭陽二湖俱收水五尺六寸微山湖收水一丈三尺五寸兹

臣回任後復加確核内蜀山馬踏二湖因南旺煞壩汶水分注馬塲湖因泗水長流灌入俱增

長水數寸不等其餘各湖存水尺寸俱無長落
水勢甚爲充裕可備來春濟運之用至豫東黃
河據管河各道先後稟報工程平穩時當凌汛
臣已飛飭道廳營汛等員弁凡遇臨河埽工密
掛逼凌排樁卧柳小心防護免致劃削其河灘
溝槽及堤工獾洞鼠穴乘此冬令水落勤加查
看將溝槽多築土壩洞穴務搜除淨盡夯硪堅
實以備來年汛水各廳歲搶料物責令嚴催償
運務於年内全數交收如式堆貯工次臣俟運
河挑工辦有就緒即馳赴河南黃河勘工盤料
再山東於十九日得有瑞雪前經恭摺奏蒙
聖鑒玆據東省兗沂曹各府屬并河南沿河各府州
縣俱經先後具報連次得雪實爲麥收豐稔之
兆理合一并恭摺奏
聞伏祈
皇上睿鑒謹
奏

覽奏俱悉

乾隆三十三年十二月　初一　日

奏

河南布政使臣何煟跪

奏爲恭報凌汛工程平穩仰祈

睿鑒事竊查豫省臨黄各工仰賴

聖主福庇近年以來日漸化險爲平如南岸滎澤汛之十一堡鄭州汛之邵家寨中牟汛之九堡祥符汛之黑堽北岸祥陳汛之祥符十八堡蘭陽汛之耿家寨等工素稱險要今俱大溜開行埽外淤灘數百丈至數里不等卽北岸儀封汛之三家庄南岸鄭州汛之十八堡中牟汛之楊橋大壩并商邱汛之辛家集等四工霜降以後亦俱水落循漕溜緩沙輕工程甚爲鞏固臣以河勢去來無定兆卽會同開歸河北二道察看河

流形勢預籌凌汛事宜將一切迎溜埽灣處所
密掛逼凌樁板檔護防守機宜逐一指示廳營
員弁加謹防護茲查冬至後交入凌汛河流順
軌冰凌俱隨大溜遄注中泓並無壅阻旁嗌之
虞兩岸各工俱極穩固至乙丑年各廳應行預
備料物經撫臣阿思哈遴員分頭採辦現已全
運到工如式堆貯鱗次櫛比明歲三汛工程足
以備用充裕所有豫省黃河凌汛工程平穩情
形臣謹恭摺具
奏仰慰
聖懷伏乞
皇上聖鑒謹
奏
知道了

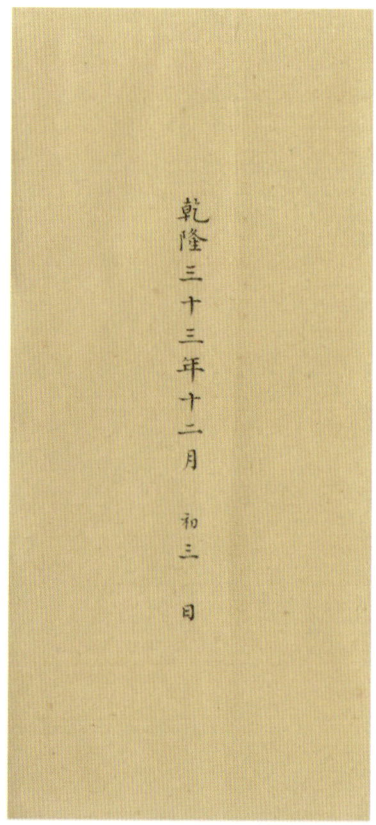
乾隆三十三年十二月　初三　日

二九六

奏

陝甘總督臣明山謹

奏為遵例彙

奏事案照乾隆二十八年四月准工部咨嗣後凡
係例限應修各項船隻各督撫每年委員逐一
查勘將實係朽壞不堪駕駛及船身尚屬堅固
堪以改修緩修各緣由於年底彙摺奏

聞等因遵照在案茲據甘肅布政使蔡鴻業詳稱查
蘭州府省城黃河浮橋一道額設巨船二十四
隻以通東西大路每當春融建搭嚴冬拆卸因
船隻終歲在河夏則漲水沖擊冬則氷凌推擦
易於損裂必須隨時補修以資濟渡乾隆三十
三年十一月十一日據護理蘭州河橋同知臯

蘭縣知縣蔣全廸呈報十一月初九日戌時黃河上流氷凌擁下衝斷鐵繩草索船分兩岸擊壞船二隻等情隨委署蘭州府經歷司曹夢箕會同護理同知查勘去後當據勘有乾隆二十六年分製造船二隻損壞過甚難以補修必須另造方可應用又乾隆二十七年製造船二隻二十八年製造船四隻二十九年製造船二隻三十年製造船二隻共船十隻因節年水沖浪激傷損較多應行大修又三十一年製造船八隻三十二年製造船二隻計船十隻稍有擦損應行小修惟乾隆三十三年製造船二隻尚屬完好毋庸修理以上應行製造及大修小修計船二十二隻分別確估需用工料並芨草犒賞祭品等項共需銀二百六十五兩七錢六分零應於蘭州府經收稅務並該同知抽收商木內撙節動用又據署大通縣知縣李巨源詳稱大通河渡船二隻于乾隆二十七年拆修至今已逾五年以上船身破爛不能擺渡應行估計拆

修隨委歸德縣丞閻元惇會同該縣查勘當據
勘明拆修渡船二隻共估需工料銀三十二兩
五錢二分又據歸德縣丞閻元惇詳稱黃河救
生船一隻于乾隆二十八年拆修扣至三十三
年已屆五年現在船身損壞必須拆修隨委署
西寧縣知縣周人傑會同該縣丞勘得前項船
隻板片鐵釘已朽應行拆修估需工料銀一十
三兩三錢四分零以上大通歸德二處船隻共
需用工料銀四十五兩八錢六分零遵照舊例
于乾隆三十三年公用銀內動支修補工竣咨
部核銷至肅州屬高臺縣毛目縣丞所管黑河
渡船寧夏府之靈州臨河堡太平哨船俱未屆
滿年限船隻尚屬完固應俟下年勘明有無損
壞應修之處在于次年
奏報案內聲請辦理等情前來臣覆核無異理合
遵例彙摺奏
聞伏乞
皇上睿鑒謹

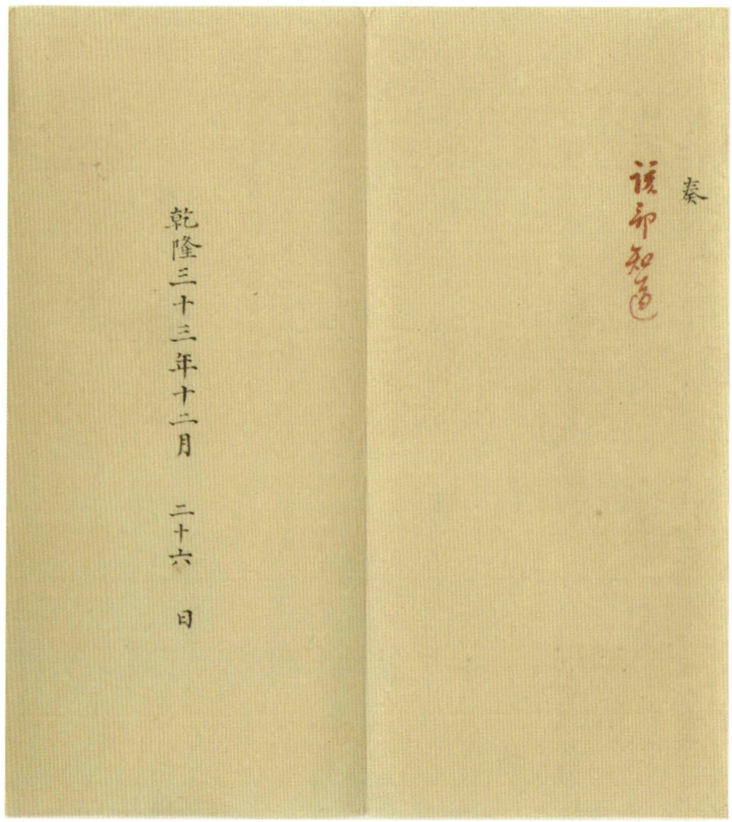
奏
該部知道
乾隆三十三年十二月　二十六　日

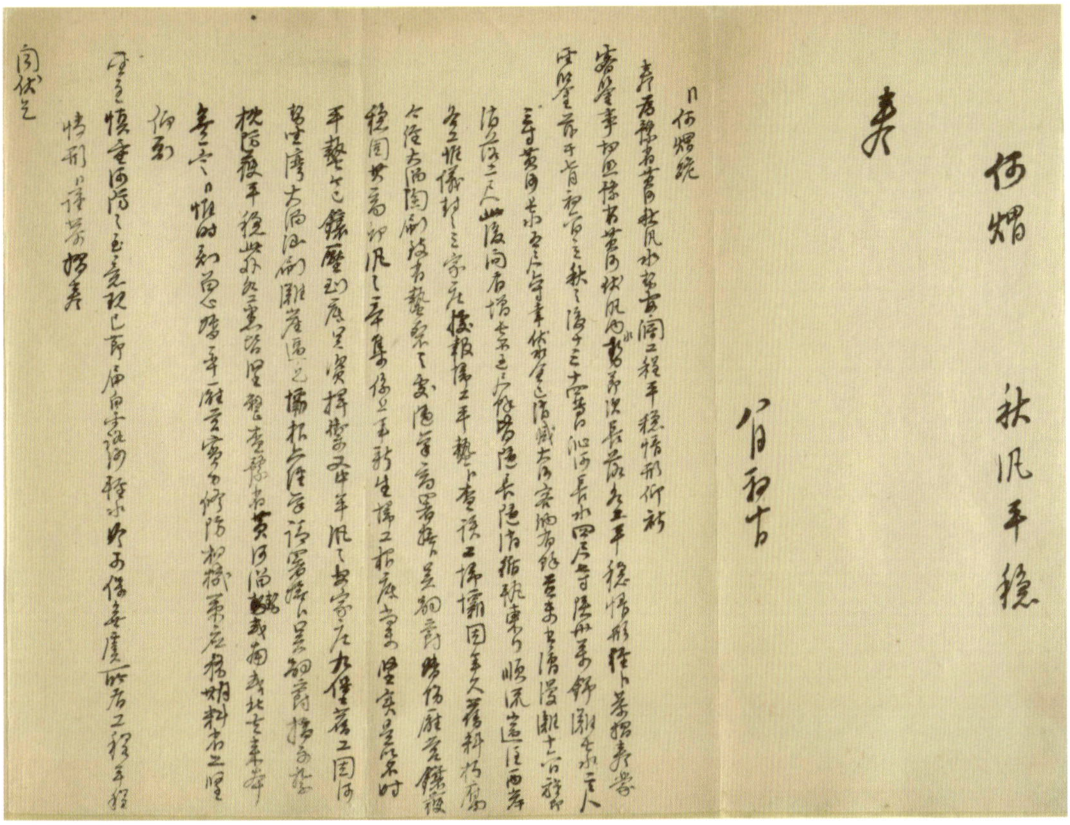
何熠 秋汛平穩
奏
旨知道

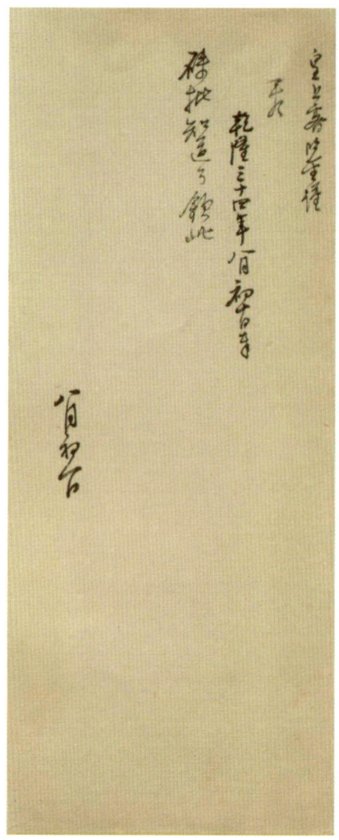
乾隆三十四年八月初四日

硃批知道了欽此

八月初四

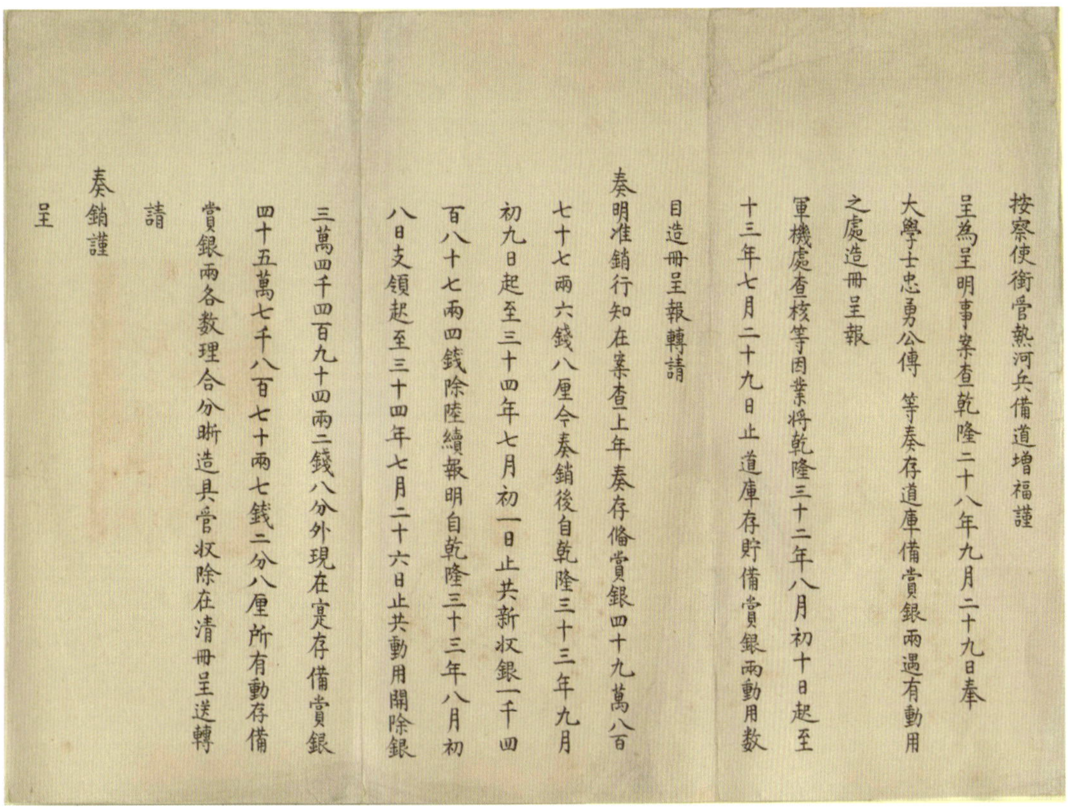

按察使銜管熱河兵備道增福謹
呈為呈明事案查乾隆二十八年九月二十九日奉
大學士忠勇公傅 等奏存道庫備賞銀兩遇有動用
之處造冊呈報
軍機處查核等因業將乾隆三十二年八月初十日起至
十三年七月二十九日止道庫存貯備賞銀兩動用数
目造冊呈報轉請
奏明准銷行知在案查上年奏存備賞銀四十九萬八百
七十七兩六錢八厘今奏銷後自乾隆三十三年九月
初九日起至三十四年七月初一日止共新收銀一千四
百八十七兩四錢除陸續報明自乾隆三十三年八月初
八日支領起至三十四年七月二十六日止共動用開除銀
三萬四千四百九十四兩二錢八分外現在寔存備賞銀
四十五萬七千八百七十兩七錢二分八厘所有動存備
賞銀兩各数理合分晰造具管收除在清冊呈送轉
請
奏銷謹
呈

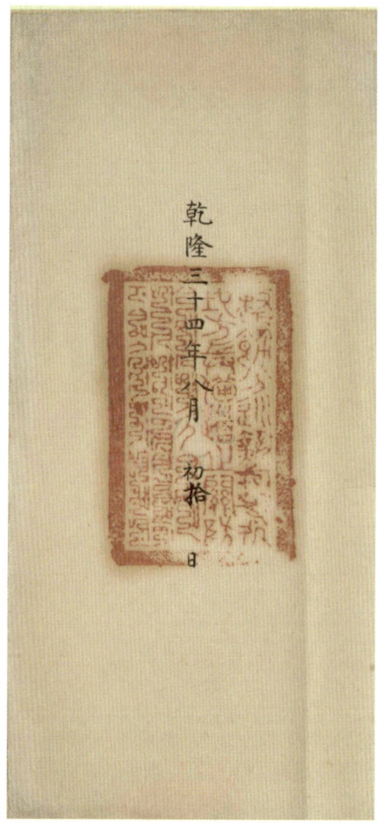
乾隆三十四年八月初拾日

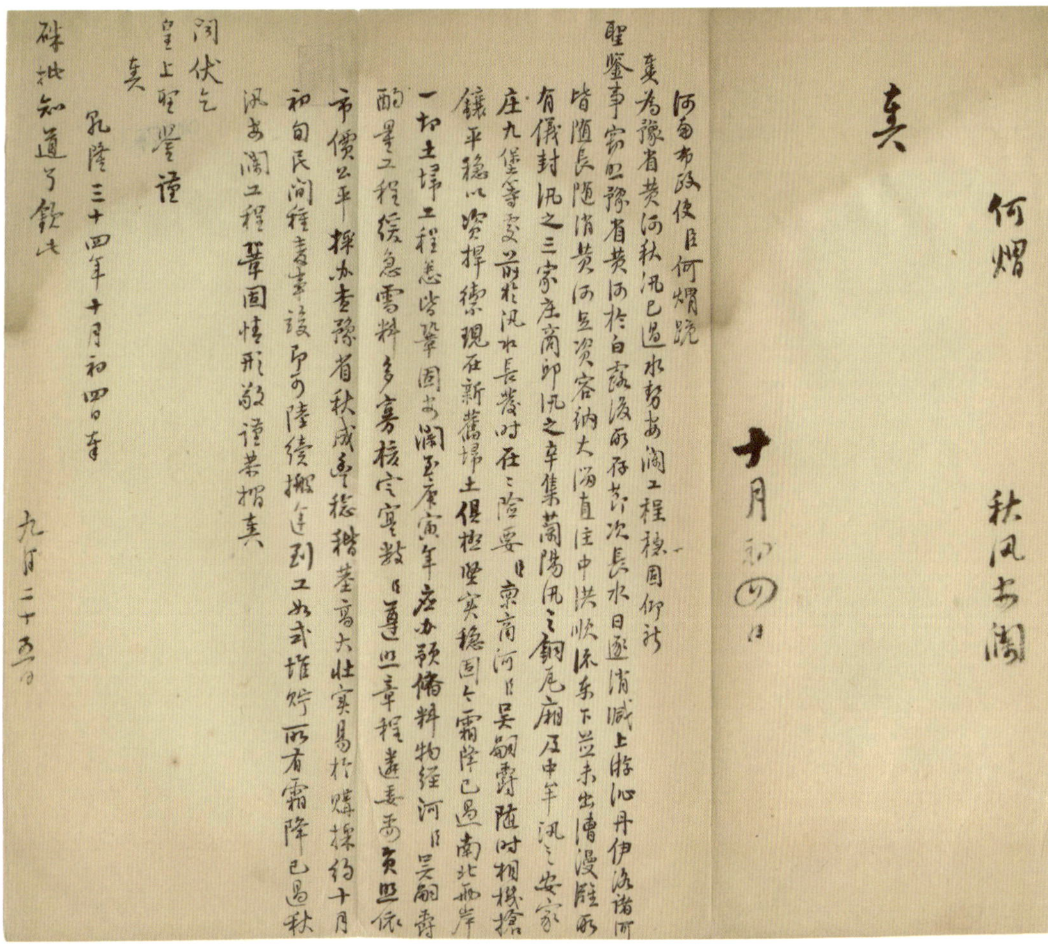
奏　何煟　十月初四日　秋汛安瀾

河南布政使臣何煟跪
奏，為豫省黄河秋汛已過，水勢安瀾，工程穩固，仰祈
聖鑒事。竊照豫省黄河於白露後所存長水日逐消减，上游沁、丹、伊、洛諸河
皆隨長隨消，黄河足資容納，大溜直注中泓，順流東下，並未出漕漫灘。所
有儀封汛之三家莊、商邱汛之辛集、蘭陽汛之銅瓦廂及中牟汛之安家
莊九堡等處，前於汛水長發時在在險要，臣同東河臣吴嗣爵隨時相機搶
鑲平穩，以資捍禦。現在新舊埽土俱極堅實穩固。今霜降已過，南北兩岸
一切土埽工程悉皆鞏固安瀾。至庚寅年應辦預備料物，經河臣吴嗣爵
酌量工程緩急需料多寡，核定實數，臣遵照章程，遴委妥員，照依
市價公平採辦。查豫省秋成豐稔，稭莖高大壯實，易於購採，約十月
初旬民間種麥竣，即可陸續搬運到工，如式堆貯。所有霜降已過，秋
汛安瀾工程鞏固情形，敬謹恭摺具
奏，伏乞
皇上聖鑒。謹
奏。
乾隆三十四年十月初四日奉
硃批：知道了。欽此。
九月二十五日

二九九

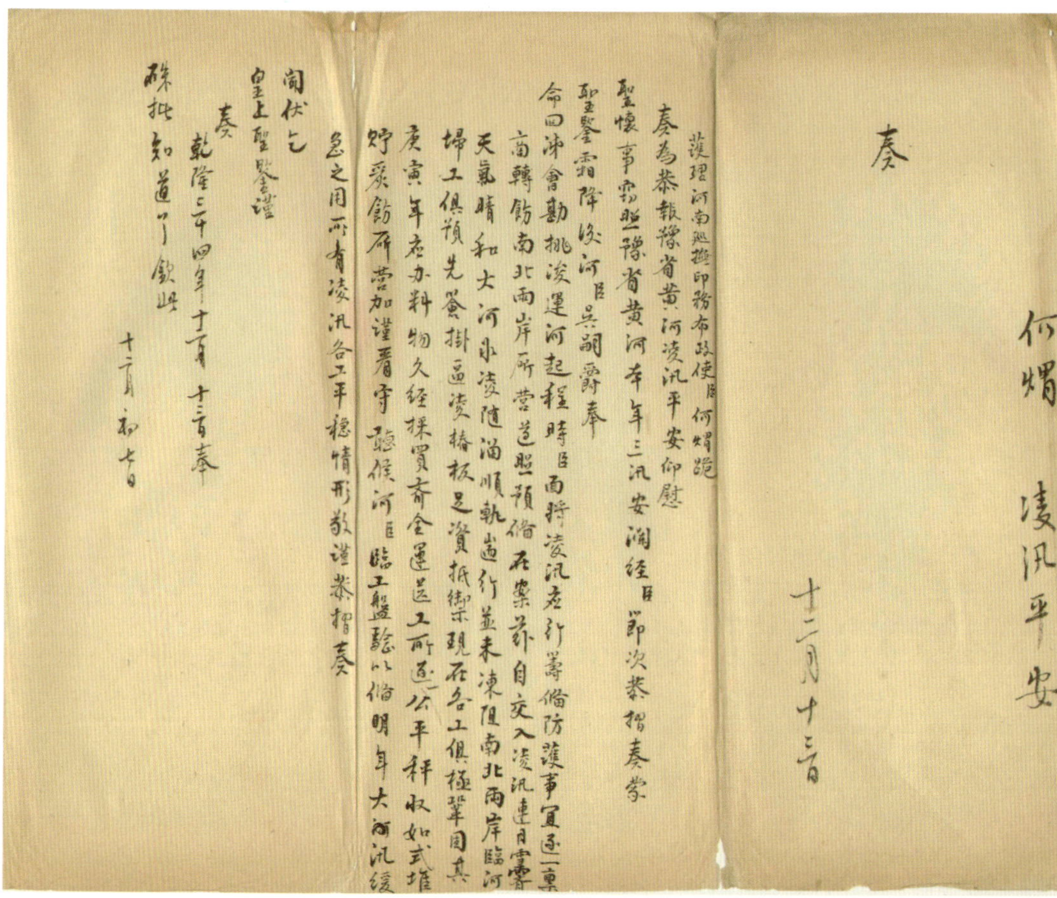

奏

何煟　凌汛平安

十二月十三日

護理河南巡撫印務布政使臣何煟跪
奏爲恭報豫省黄河凌汛平安仰慰
聖懷事。竊照豫省黄河本年三汛安瀾，經臣節次恭摺奏蒙
聖鑒。霜降後河臣吴嗣爵奉
命回浙會勘挑浚運河，起程時臣面將凌汛應行籌備防護事宜逐一稟
商，轉飭南北兩岸所營道照預備在案。茲自交入凌汛，連日雪霽
天氣晴和，大河冰凌隨溜順軌遄行，並未凍阻。南北兩岸臨河
埽工俱預先簽掛逼凌椿板，足資抵禦。現在各工俱極鞏固。其
庚寅年應辦料物，久經採買齊全，運送工所，逐一公平秤收，如式堆
貯，亦飭所營加謹看守，聽候河臣臨工盤驗，以備明年大河汛緩
急之用。所有凌汛各工平穩情形，敬謹恭摺奏
聞。伏乞
皇上聖鑒。謹
奏。
乾隆三十四年十二月　十三日奏
硃批：知道了。欽此。
十二月初七日

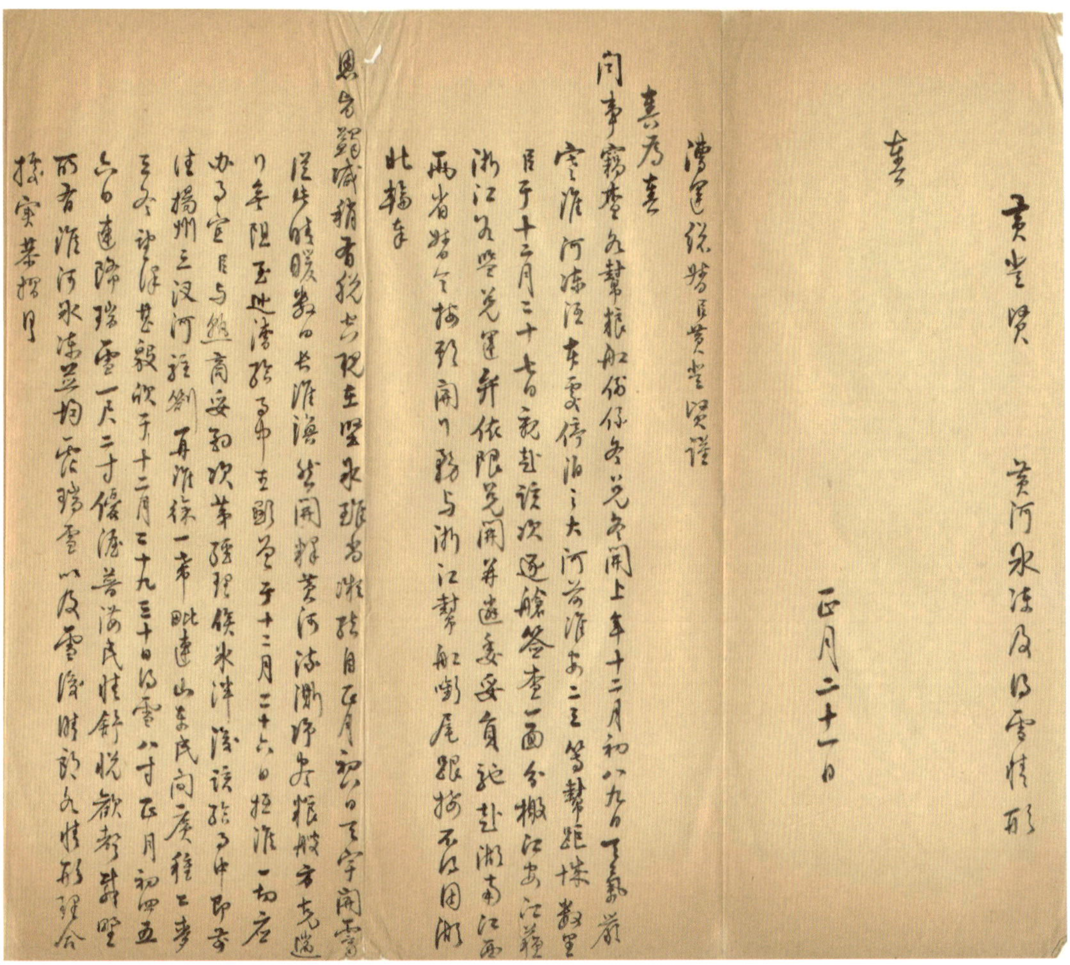

黄堂賢　黄河冰凍及得雪情形

奏

正月二十一日

漕運總督臣黄堂賢謹

奏為奏

聞事竊查各幫糧船俱係各先開行上年十二月初八九日天氣嚴
寒淮河凍結未克停泊三大河並淮安二三等幫距埭數里
臣於十二月二十七日親赴該處逐艘簽查一面分撥江安江蘇
浙江各艘先運并依限先開并遴委妥員親赴湖南江西
兩省督令按程開行務與浙江幫船銜尾跟接不得因[illegible]

此摺奏

恩免[illegible]減稍有稅出現在堅冰雖尚消融自正月初六日天氣開霽
從此晴暖數日來淮[illegible]業經開釋黃河凍澌亦將次消融糧艘亦克遄
行無阻並進漕程乃於十二月二十六日抵淮一切應
辦事宜臣與總商妥為次第經理俟冰泮後該艘即可
達揚州三汊河經劉再淮徐一帶毗連山東民間廣種二麥
至今冬得甚穀收於十二月二十九三十日得雪八寸正月初四五
兩日連降瑞雪一尺二寸優渥普沾民情舒悅欽惟聖
所有淮河冰凍並均霑瑞雪以及雪後晴霽情形理合
據實恭摺具

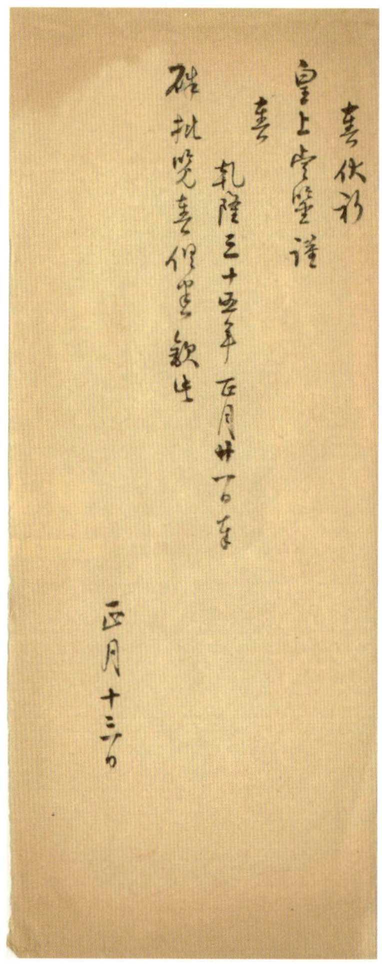

奏伏祈

皇上睿鑒謹

奏

乾隆三十五年正月廿一日奉

硃批覽奏俱悉欽此

正月十三日

三〇一

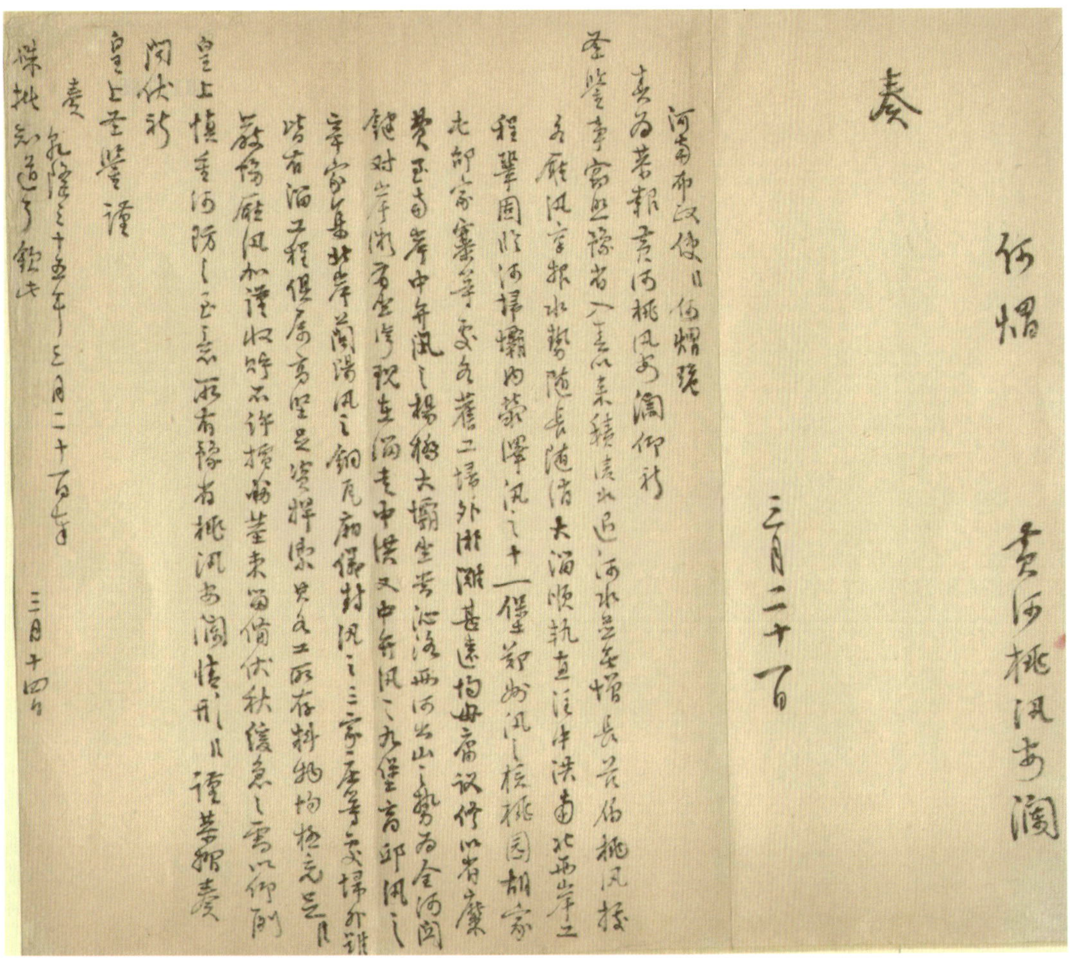

奏

何煟

三月二十日

黄河桃汛安瀾

河南布政使臣何煟跪

奏爲恭報黄河桃汛安瀾仰祈

聖鑒事。竊照豫省入春以來積凌化盡，河水並未增長。黄河桃汛於

本月初旬暨水勢隨長隨消，大溜順軌直注，中洪南北兩岸工

程鞏固。所有埽壩內滎澤汛之十一堡、鄭州汛之枝桃園、胡家

屯、郭家寨等處舊工埽外淤灘甚遠，均毋庸議。伏以省屬

黄河南岸中牟汛之楊橋大壩坐當沁、洛兩河出山之勢，爲全河關

鍵，對岸陽武汛秋生溜走中洪，又中牟汛之九堡、高郎汛之

辛家寨、北岸蘭陽汛之銅瓦廂、儀封汛之三家莊等處埽外

皆有溜，工程俱屬高堅，足資捍禦，其各工所存料物均極充足。臣

飭令廳汛加謹收守，不許稍有疏懈，俟秋後急之需，以仰副

皇上慎重河防之至意。所有豫省桃汛安瀾情形，臣謹恭摺奏

聞，伏祈

皇上聖鑒。謹

奏。

乾隆三十五年三月二十日

朱批：知道了。欽此。

三月十四日

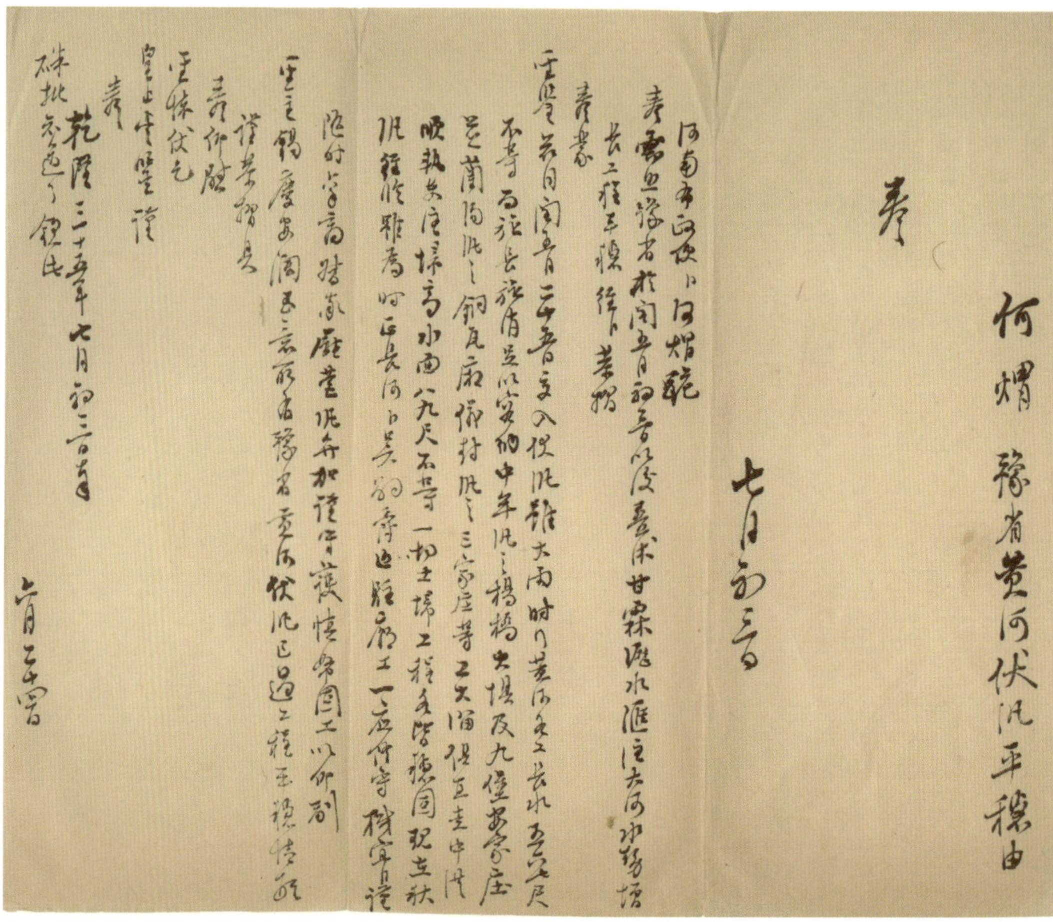

何煟　豫省黃河伏汛平穩由

七月初三日

奏

河南巡撫臣何煟跪

奏為豫省於閏五月初五日後疊沛甘霖沁水漲注大河[illegible]搶

護工程平穩緣由恭摺

奏聞事

竊照豫省自閏五月初五日後交入伏汛雖大雨時行黃河長水五六七尺

不等而祥符中牟儀封陽武中牟汛之楊橋大堤及九堡曹家莊

及蘭陽汛之銅瓦廂儀封汛之三家莊等工大溜往來頂沖汛

險執要埽高水面八九尺不等一切土埽工程多係搶護固現在秋

汛雖非要時而長河上下各廳工一應修守務宜謹

防行管河道蘇崑督率各廳汛倍加謹守[illegible]慎各工以仰副

聖主錫慶安瀾之至意所有豫省黃河伏汛已過工程平穩情形

謹恭摺具

奏伏乞

皇上睿鑒謹

奏

硃批知道了欽此

乾隆三十五年七月初三日奏

[illegible]

三〇三

奏

何熠　淩汛平穩

十二月廿三日

河南布政使臣何熠跪

奏為豫省黄河淩汛平安仰慰

聖懷事竊照豫省黄河本年三汛安瀾霜降後工程穩固情形

經臣恭摺

奏報在案時屆冬令臣當將淩汛應行防護事宜督飭河臣吳嗣爵面

嚴飭南北兩岸廳汛各員并加謹預備嗣于冬至前後天氣漸寒河

身合凍至十一月望間晴暖凍開冰淩俱隨大溜順軌遄行其上南

廳之鄭州十八堡商虞廳之辛家集下北河廳之銅瓦廂曹儀廳之

三家莊四工臨河埽壩均已先為簽掛逼淩樁板足資抵禦現在

淩汛已過各工俱極鞏固其辛卯年應備歲需物料因本年稍節

籌少不及往年三分之一而沿河州縣秋收豐稔稭料充足易於購辦

已據各委員買足于月內全數運工如式堆垛聽候河臣驗收貯

以備來年工用所有黄河淩汛已過各工平穩情形臣謹摺奏

聞仰慰

聖懷伏祈

皇上睿鑒謹

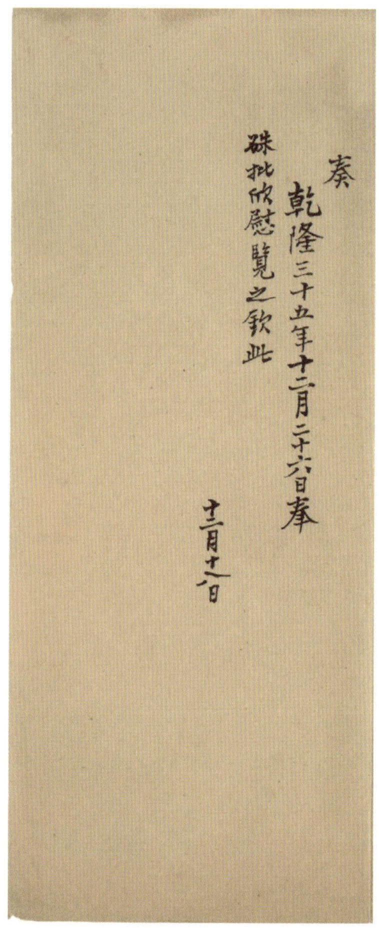

奏
乾隆三十五年十二月二十六日奉
硃批欣慰覽之欽此
十二月十八日

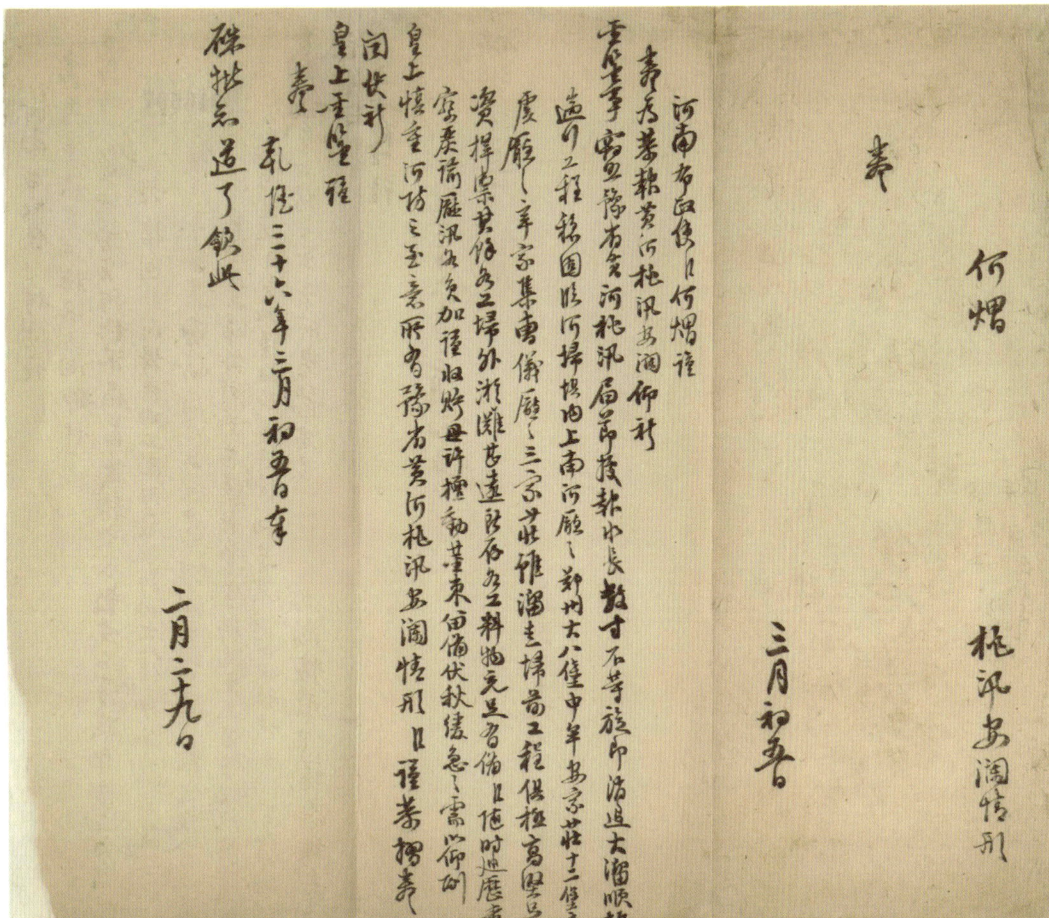

奏

何煟

桃汛安瀾情形

三月初五日

河南巡撫臣何煟謹
奏爲恭報黃河桃汛安瀾仰祈
睿鑒事。竊照豫省黃河桃汛屆節，接報水長數寸不等，旋即消退，大溜順軌，
沿河工程穩固。臣據河埽據由上南河廳之鄭州大八堡、中牟安家莊十二堡爲
最險，而祥符縣之辛家集、曹家廳之三家莊雖溜走埽前，工程俱極高堅，足
資捍禦。其餘各工埽外灘長遠，所存各工料物充足，省備。臣仍時巡歷查
察，處處嚴飭各員加謹防守，毋許撓動葦束，留備伏秋緩急之需，以仰副
皇上慎重河防之至意。所有豫省黃河桃汛安瀾情形，臣謹恭摺奏
聞，伏祈
皇上睿鑒。謹
奏。
乾隆三十六年三月初五日
硃批：知道了。欽此。

二月二十九日

三〇五

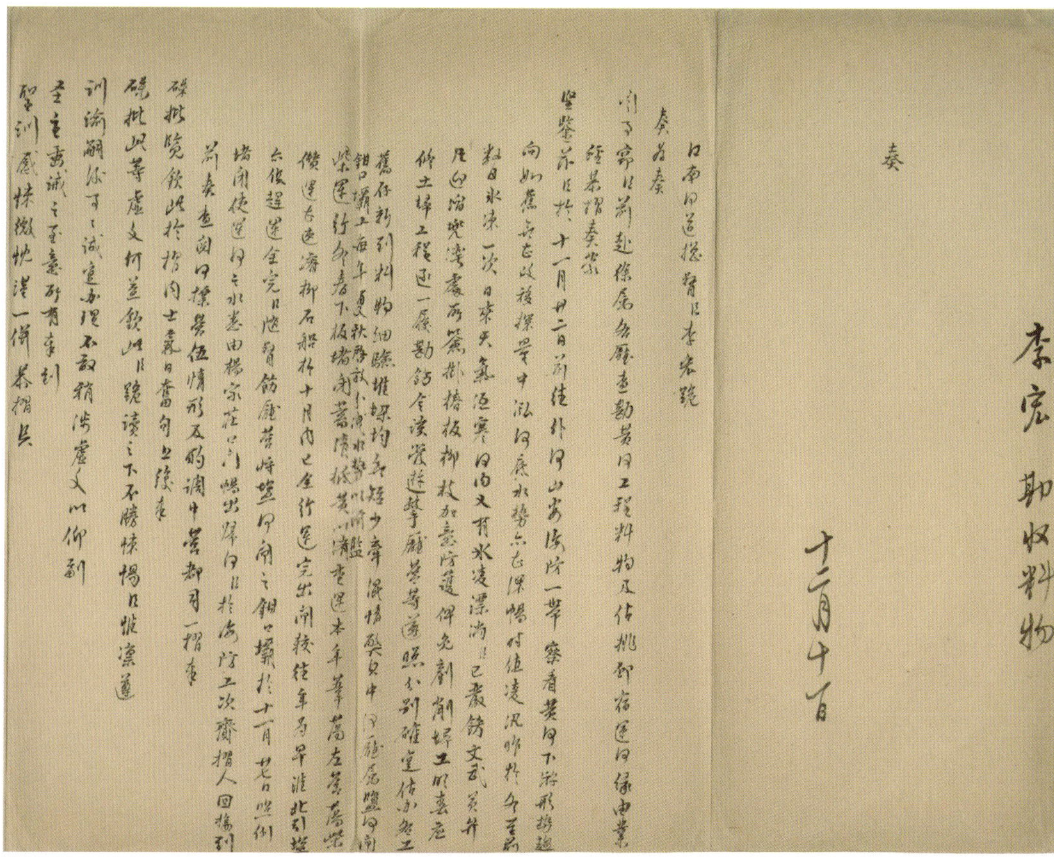
奏

李宏 勘收料物

十二月十日

奏伏乞
皇上聖鑒謹
奏　乾隆卅五年十二月十一日奏
硃批覽欽此

十二月初三日

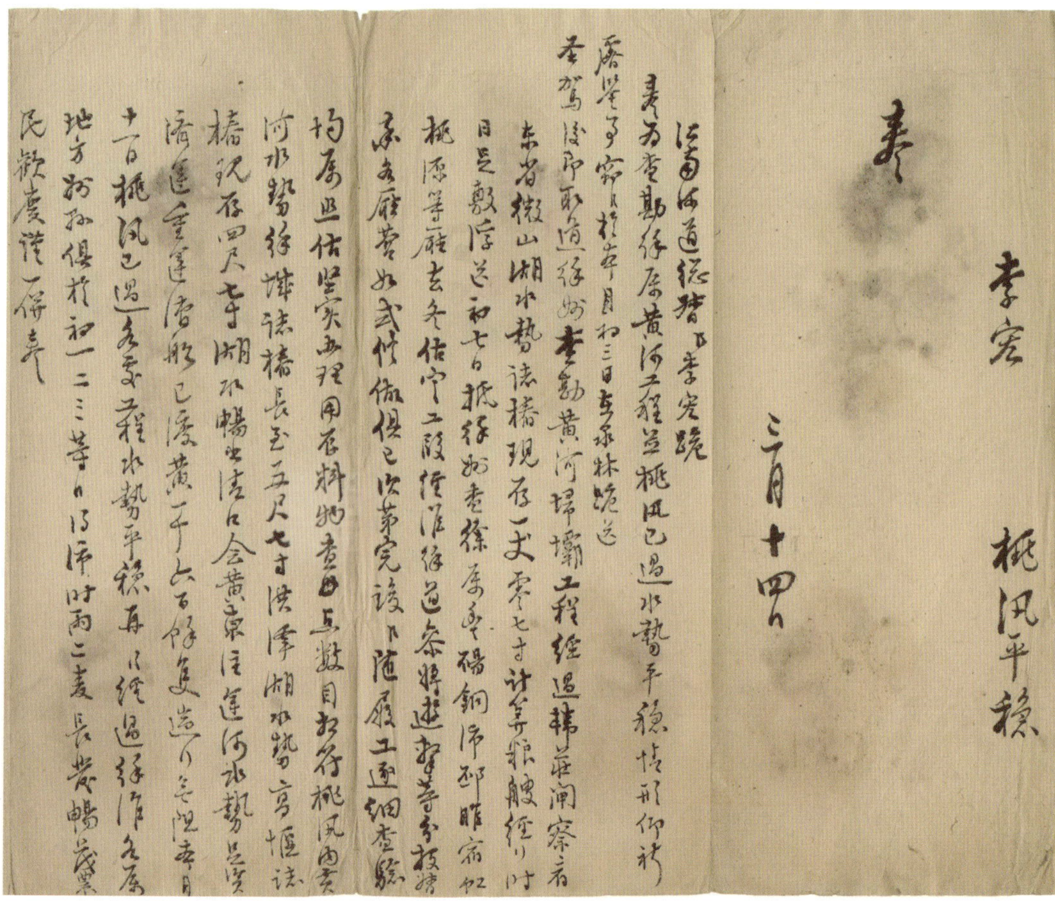

江南河道總督臣李宏跪
奏爲查勘徐屬黄河工程並桃汛已過水勢平穩情形仰祈
睿鑒事。竊臣於本年二月初三日自[illegible]起程，
乘駕[illegible]前進，經由[illegible]黄河埽壩工程，經過韓莊閘，察看
東省微山湖水勢，該樁現存一丈零七寸，計算糧艘經行時
日足敷浮送。初七日抵徐，查徐屬豐碭銅沛邳睢宿虹
桃源等廳去冬估定工段，經淮徐道[illegible]將述等分投
承各廳營如式修做，俱已次第完竣。臣隨履工逐細查驗，
均屬照估堅實，並無用存料物查[illegible]與數目相符。桃汛內黄
河水勢，徐城誌樁長至五尺七寸，洪澤湖水勢高堰誌
樁現存四尺七寸，湖水暢出清口，會黄[illegible]運河水勢足資
濟運。重運漕船已渡黄一千六百餘隻，遄行無阻。本月
十日桃汛已過，各處工程水勢平穩。再，臣經過徐淮各屬
地方，訪聞俱於初一二三等日得沛時雨，二麥長發暢茂，黎
民歡慶。謹一併奏

奏

李宏　桃汛平穩

三月十四

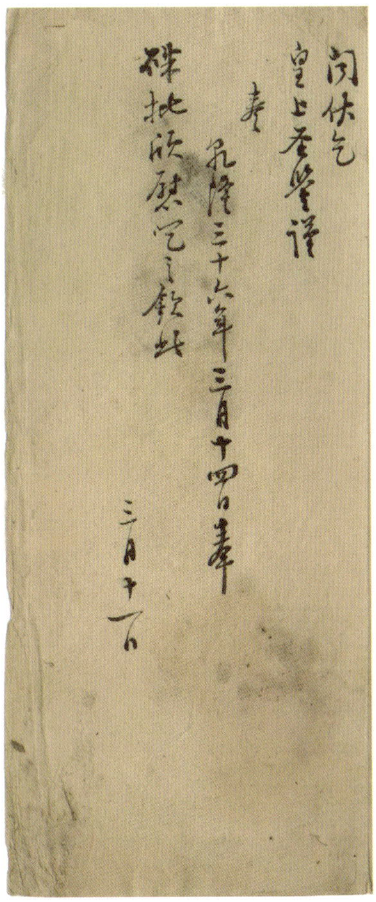

聞伏乞
皇上睿鑒謹
奏
乾隆三十六年三月十四日奉
硃批欣慰覽之欽此
三月十一日

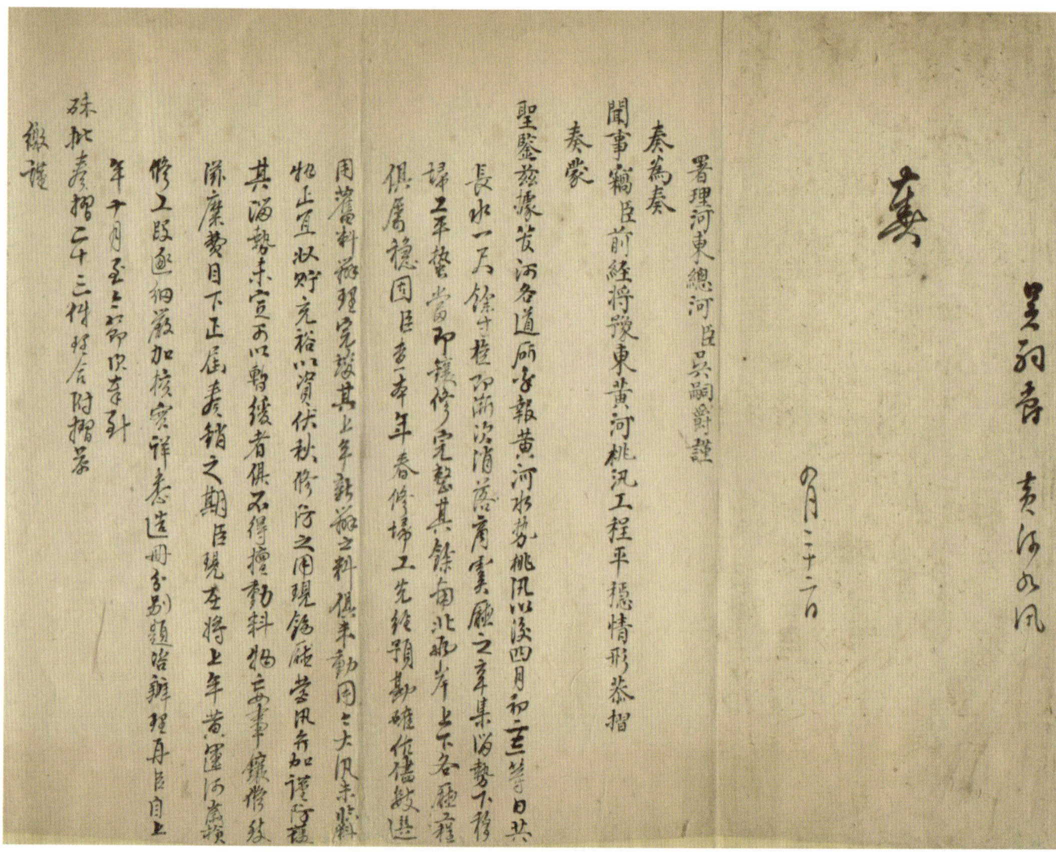

奏

吳嗣爵 黄河桃汛

月二十六日

署理河東總河臣吳嗣爵謹
奏為奏
聞事竊臣前經將豫東黄河桃汛工程平穩情形恭摺
奏蒙
聖鑒茲據豫東河各道所呈報黄河水勢桃汛以後四月初三等日共
長水一尺餘寸旋即漸次消落甫[illegible]之[illegible]溜勢不移
埽工平穩當即鑲修完整其餘南北兩岸上下各廳碎
俱屬穩固臣查本年春修埽工先經預勘確估[illegible]
用舊料辦理完竣其上年新辦之料俱未動用二大汛未辦料
物正宜收貯充裕以資伏秋修防之用現飭廳營汛弁加謹防護
其溜勢未定不可暫緩者俱不得擅動料物[illegible]事鑲修致
滋糜費目下正屆奏銷之期臣現在將上年黄運河歲搶
修工段逐細嚴加核實詳悉造冊分別題咨辦理再臣自上
年十月至今共節次奉到
硃批奏摺二十三件理合附摺恭
繳謹

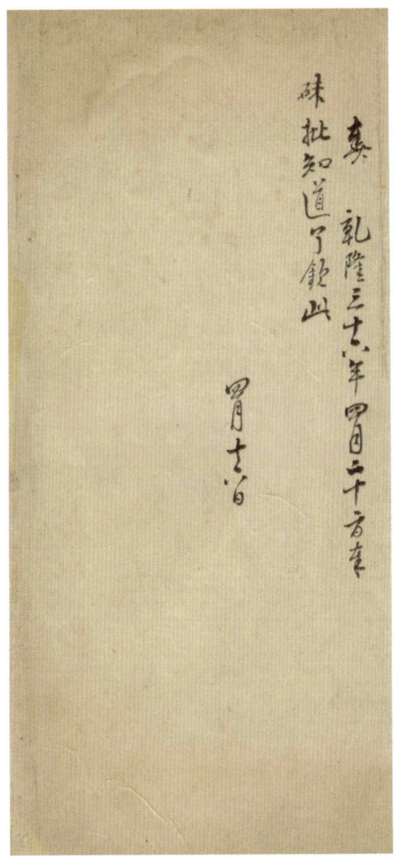
奏　乾隆三十六年四月二十六日奉
硃批知道了欽此
四月十六日

二〇八

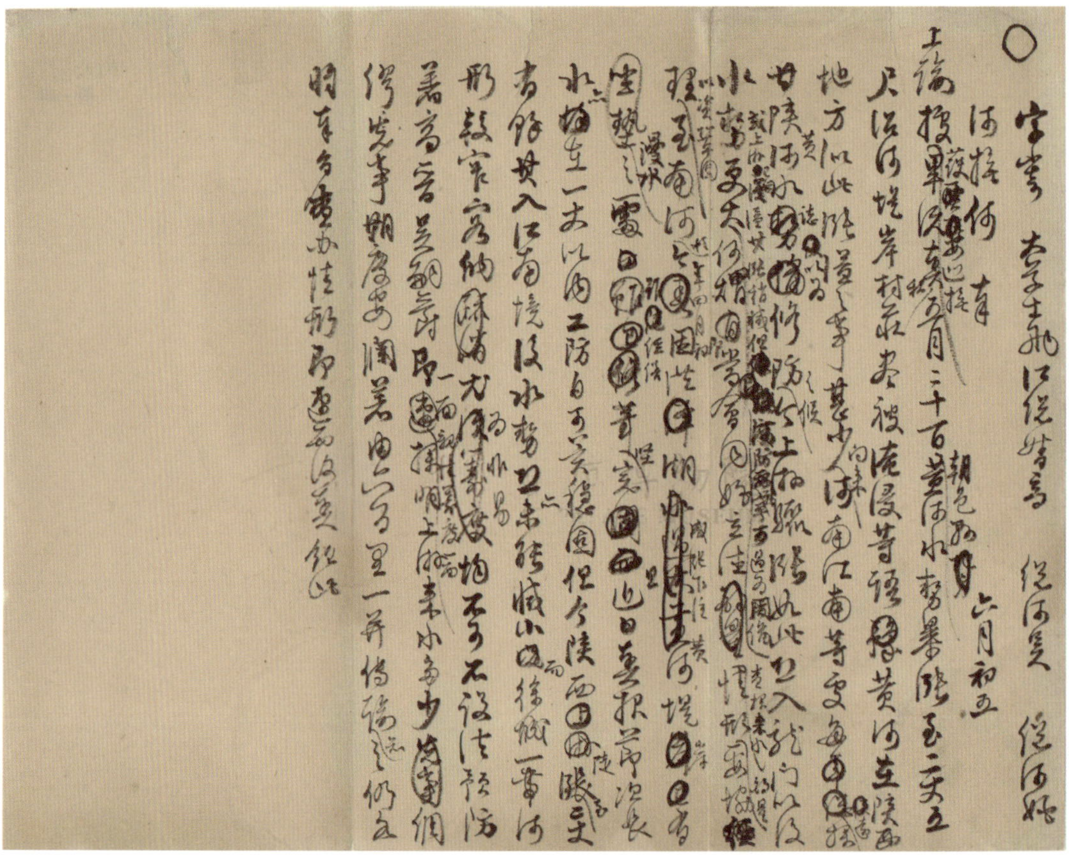

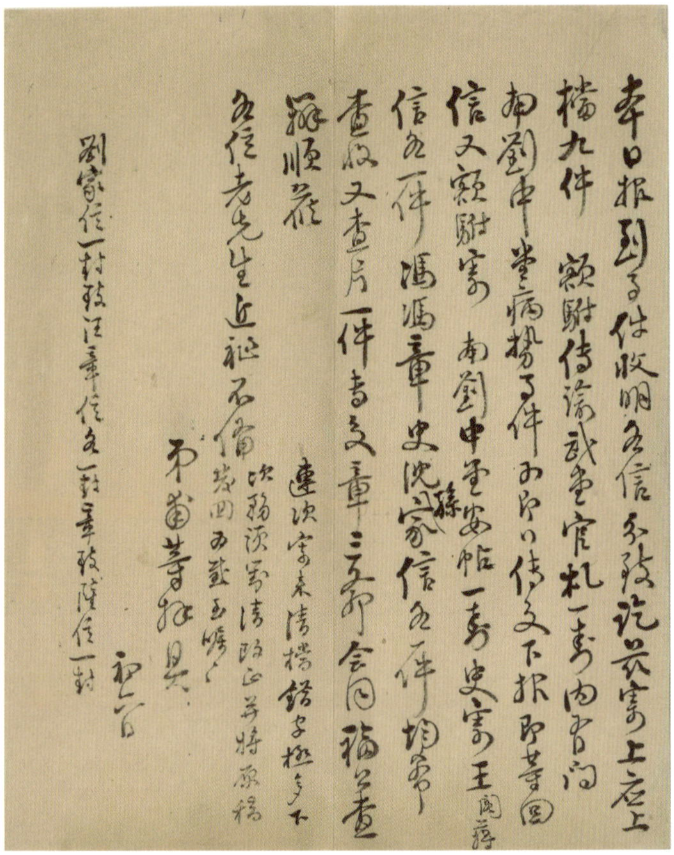

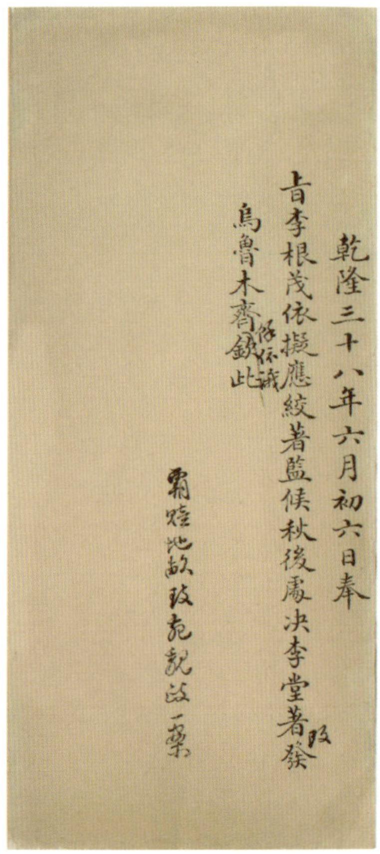

乾隆三十八年六月初六日奉

旨李根茂依擬應絞著監候秋後處決李堂著發（改）

烏魯木齊欽此

霸種地畝致斃親故一案

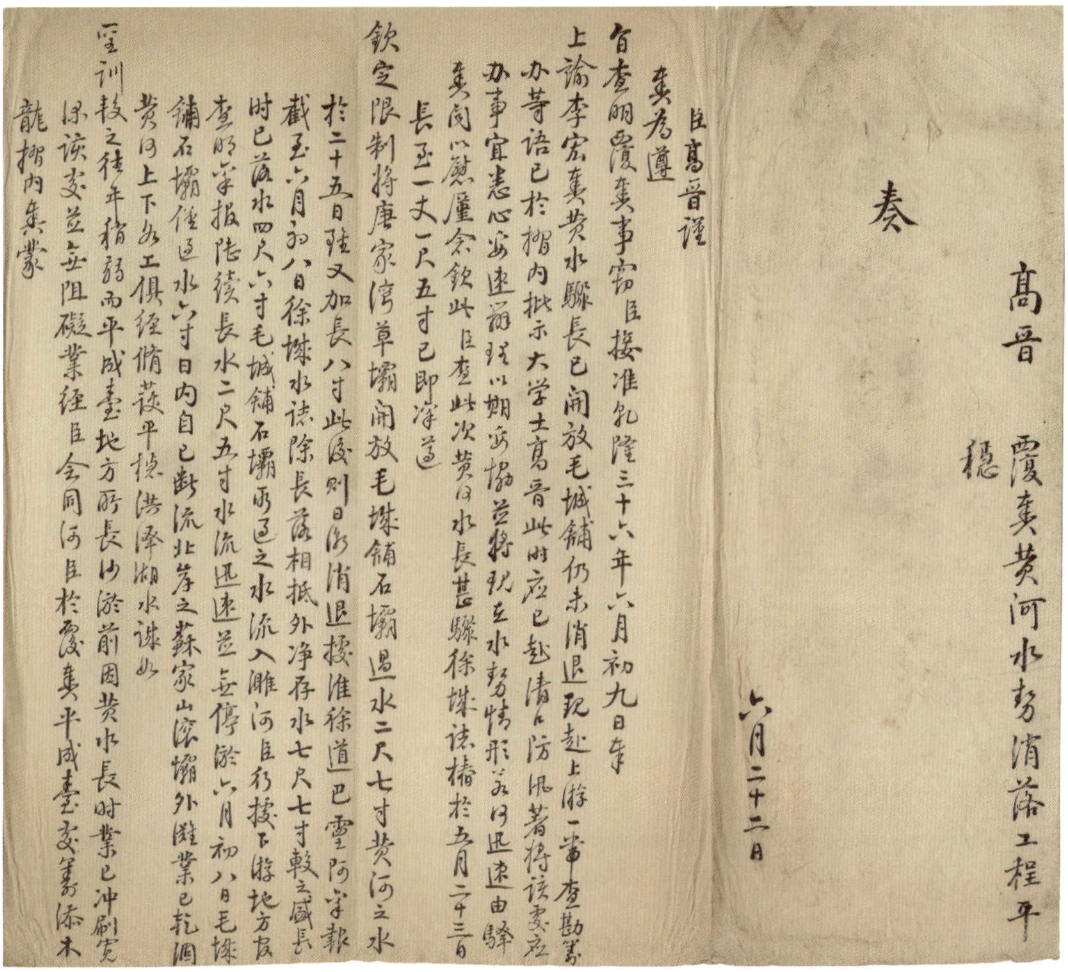
高晉

奏

霞蕖黄河水勢消落工程平穩

六月二十二日

臣高晉謹

奏爲遵

旨查明覆奏事竊臣接准乾隆三十六年六月初九日奉

上諭李宏奏黄水驟長已開放毛城鋪仍未消退現赴上游一帶查勘等

办等語已於摺内批示大學士高晉此時應已赴清口防汛著將該處應

办事宜悉心妥速籌辦以期妥協並將現在水勢情形若何迅速由驛

奏聞以慰廑念欽此臣查此次黄河水長甚驟徐城誌樁於五月二十三日

長至一丈一尺五寸已即遵

欽定限制將唐家灣草壩開放毛城鋪石壩過水二尺七寸黄河之水

於二十五日陸又加長八寸此後則日漸消退接准徐道巴靈阿稟報

截至六月初八日徐城水誌除長落相抵外淨存水七尺七寸較之盛長

時已落水四尺六寸毛城鋪石壩所過之水流入睢河臣行據下游地方官

查明穿披陸續長水二尺五寸水流迅速並無停淤六月初八日毛城

鋪石壩僅過水六寸日内自已斷流北岸之蘇家山滚壩外灘業已乾涸

黄河上下兩工俱經備蓆平穩洪澤湖水誌如

聖訓較之往年稍弱而平成臺地方所長沙淤前因黄水長時業已冲刷寬

深該處並無阻礙業經臣會同河臣於霞蕖平成臺妥籌添木

龍摺内奏蒙

聖鑒。嗣經河臣將西壩收束五丈，擱禦黃水，並可束清敵黃，實合機宜。
今洪澤湖水日漸增長，高堰誌樁現存水八尺一寸，黃水仍在倒漾，
若再消尺許，清水便可暢出清口抵黃。臣將奉
旨發交江西州
閣人犯申寧九一案，提齊犯證，趕緊審辦完竣，并將各營撥考預保人員
逐一考畢，於十五日起程赴工防汛，業於奏報通省得雨情形
摺內聲明專差賫
奏在案。茲臣現赴清口，仰蒙
聖訓周詳，臣當會同河臣將該處應辦事宜相度情形，悉心籌劃妥辦，
隨時恭摺奏
聞，以仰副我
聖主廑念河防至意。所有上游黃河水勢消落，工程平穩情形，理合遵
旨由驛先行繕摺奏
聞，仰慰
聖懷。伏乞
皇上睿鑒。謹
奏。

乾隆三十六年六月二十二日奉
硃批：知道了。欽此。

六月十六日

三一〇

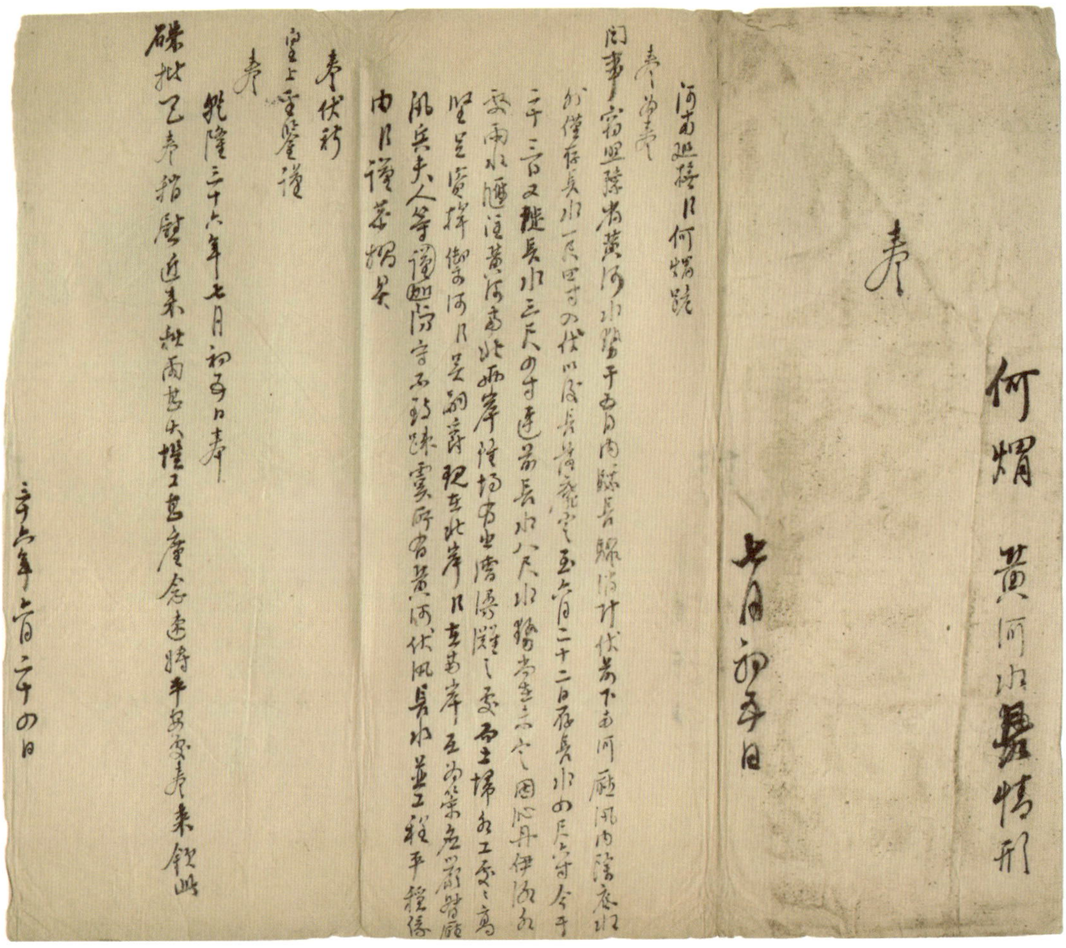
奏

何煟　黃河水勢情形

七月初五日

河南巡撫臣何煟跪

奏，爲奏

聞事。竊照豫省黃河水勢于六月內驟長，臣將伏汛下南河廳汛內溜衣攻

形，僅存長水一尺四寸。伏以後，長落靡定，至六月二十二日存長水四尺六寸，今于

二十三日又驟長水三尺四寸，連前長水八尺，水勢高至二丈六寸，因沁丹伊洛各

處雨水匯注黃河，南北兩岸陡增漲溜，險要而土埽各工處處高

堅，臣督率河臣吳嗣爵現在北岸，臣在南岸，至沁黃交匯各廳

風兵夫人等謹遵防守，不敢疏虞。所有黃河伏汛長水並工程平穩緣

由，臣謹恭摺具

奏，伏祈

皇上睿鑒。謹

奏。

乾隆三十六年七月初五日奏

硃批：已奏摺覽。近來雨甚大，堤工甚廑念，速將平安處奏來。欽此。

三十六年七月二十四日

三一一

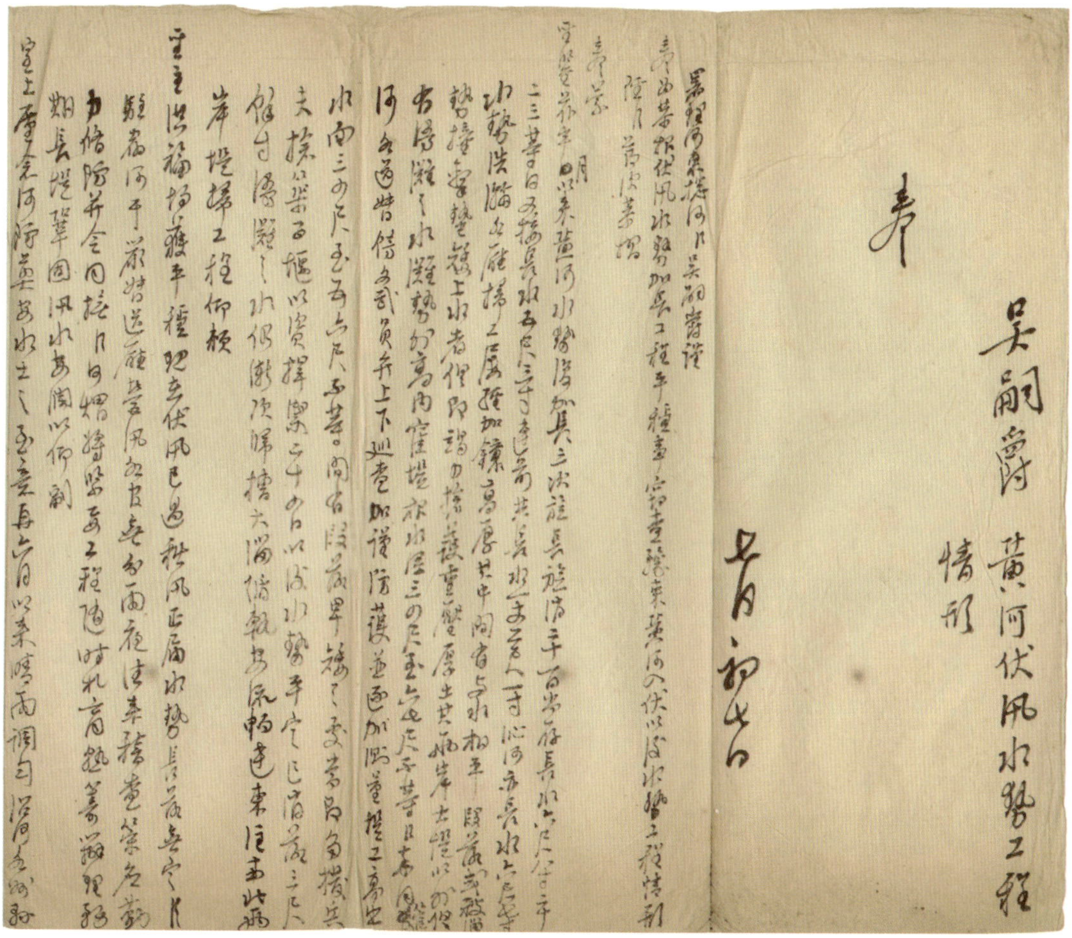

早秋既種齊全，目下晚秋亦經出幡發葉，相率從今俱慶豐[illegible]。所有豫東黃河伏汛水勢加長工程平穩情形，理合恭摺奏

聞，伏乞

皇上睿鑒。謹

奏。

乾隆三十六年七月初七日奏

硃批：已奉稍慰。欽此

三十六年六月二十六日

三一二

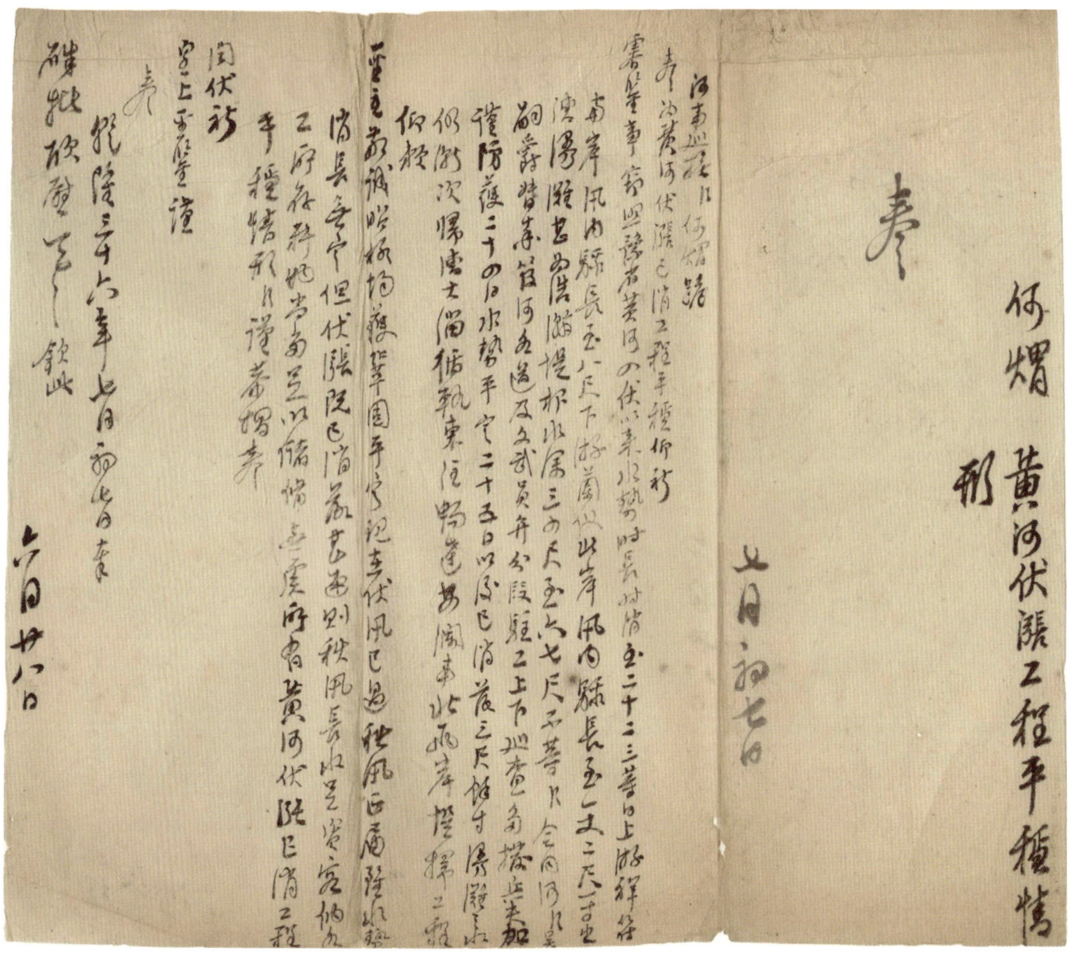

何熠 黃河伏汛已消工程平穩情形 摺

奏

七月初七日

河東巡撫臣何熠謹

奏為黃河伏汛已消工程平穩仰祈

睿鑒事。竊照豫省黃河入伏以來，水勢時長時消，至二十二三等日上游[illegible]

南岸陳留縣長至八尺，下游蘭陽北岸陽武縣長至一丈二尺一寸，中

牟、滎澤[illegible]堤[illegible]水長三四尺至六七尺不等，臣會同河臣

嵇曾筠督率管河各道及文武員弁分段駐工，上下巡查，多備料物，加

謹防護。二十四日水勢平穩，二十五日以後已消落三尺餘寸。所屬各

[illegible]次第[illegible]，循軌東注，兩岸堤埽工程

仰賴

聖主洪福，[illegible]均獲平穩。現在伏汛已過，秋汛正屆，雖水勢

消長無常，但伏汛既已消落，其中則秋汛長水不至盛漲，仍飭

工所各將料物等項豫為備辦，以資防守。所有黃河伏汛已消工程

平穩情形，理合謹恭摺奏

聞，伏祈

皇上睿鑒。謹

奏

乾隆三年七月初七日奉

硃批：欣慰覽之。欽此。

六月廿八日

三一三

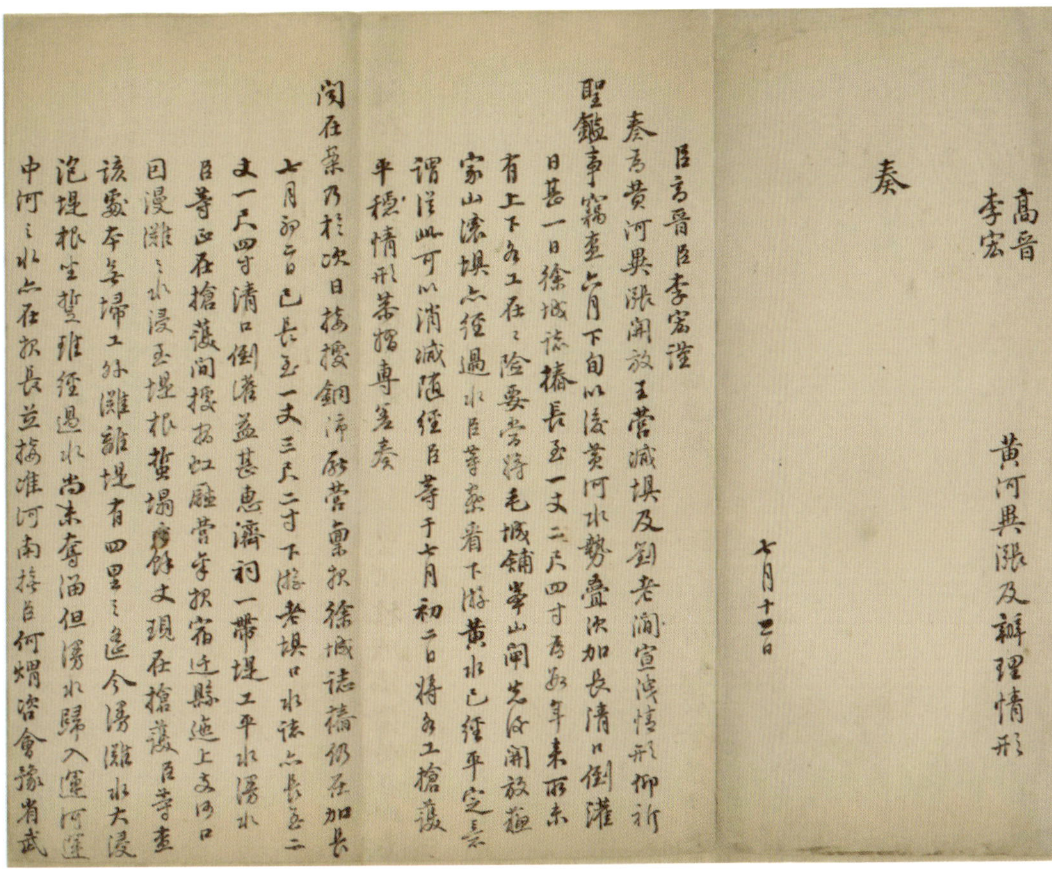

高晋
李宏

奏

黄河異漲及辦理情形

七月十四日

臣高晋臣李宏謹

奏爲黄河異漲開放王營減壩及劉老澗宣洩情形仰祈

聖鑒事竊查六月下旬以後黄河水勢疊次加長清口倒灌

日甚一日徐城誌樁長至一丈二尺四寸爲數年來所未

有上下各工在在險要當將毛城鋪峰山閘先後開放蘇

家山濠壩亦經過水臣等察看下游黄水已經平定意

謂從此可以消減隨經臣等于七月初二日將各工搶護

平穩情形恭摺專差奏

聞在案乃於次日接據銅沛廳營稟報徐城誌樁仍復加長

七月初二日已長至一丈三尺二寸下游老壩口水誌亦長至二

丈一尺四寸清口倒灌益甚惠濟祠一帶堤工平水湧水

臣等正在搶護間接據江壢營等報宿遷縣遥上支河口

因漫灘之水漫至堤根蟄塌百餘丈現在搶護臣等查

該處本無埽工外灘離堤有四里之遥今湧灘水大漫

泡堤根坐蟄雖經過水尚未奪溜但湧水歸入運河運

中河之水亦在報長並接准河南撫臣何煟咨會豫省武

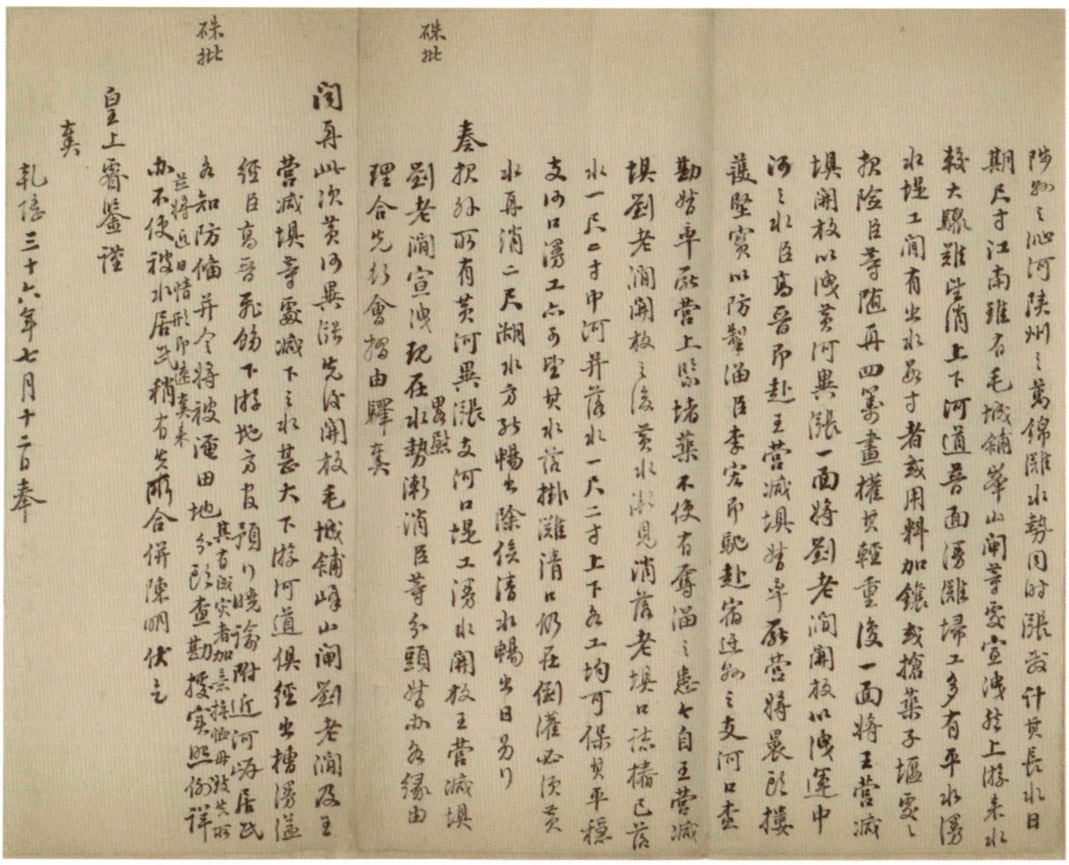

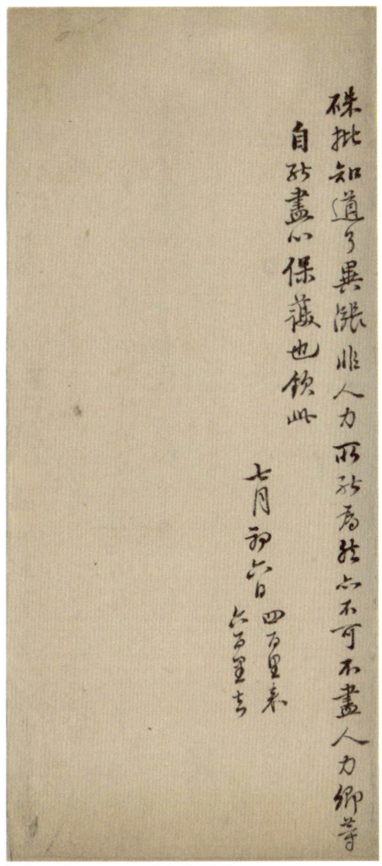

硃批知道了異漲非人力所能為然亦不可不盡人力卿等自能盡心保護也欽此

七月初六日 四百里來 六百里去

三一四

何煟

黄河消落工程平穩等由

奏

七月廿七日

河南巡撫臣何煟謹

奏爲恭報黄河秋汛漲水已消兩岸工程平穩穩情形仰慰

聖懷事竊臣于六月二十四日具

奏伏秋情形摺七月十二日欽奉

硃批覽奏稍慰近來秋雨甚大堤工甚屬念速將平安要奏來

欽此仰見

聖主軫念民依至意伏查豫省黄河伏汛平安業經臣于六月二

十六日

奏報在案立秋以來陰雨連綿沁黄並漲水勢甚大出漕漫

灘甚爲浩瀚較比二十六年盛漲之水尚大四五寸南北兩岸

堤埽工程甚爲險要臣會同河臣吴嗣爵督率道廳員

弁曉夜巡守相機防護堤工應加幫者加幫埽工應鑲修

者鑲修臣調撥沿河武弁分往各工協同兵丁互爲策應

仰賴我

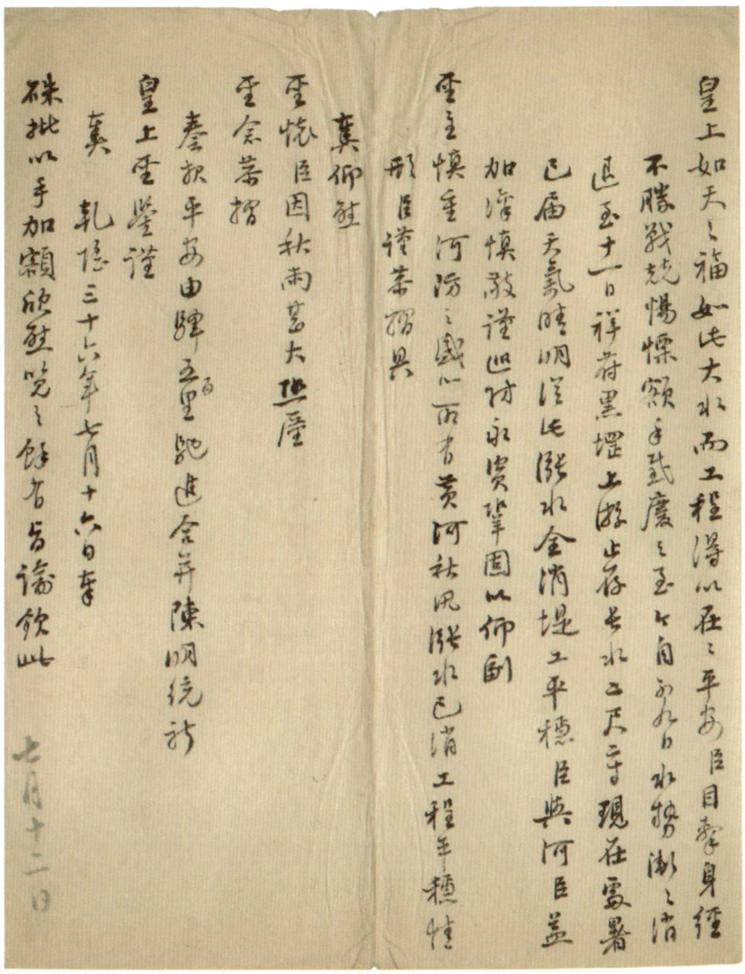
皇上如天之福，如此大水而工程得以在在平安，臣目擊身經，
不勝欣忭悚慄，額手慶慶之至。七月初九日水勢漸漸消
退，至十一日祥符黑堽上游止存長水二尺寸，現在處暑
已届，天氣晴明，從此漲水全消，堤工平穩，臣與河臣益
加謹慎，敬謹巡防，永資鞏固，以仰副
聖主慎重河防之盛心。所有黃河秋汛漲水已消工程平穩情
形，臣謹恭摺具
奏，仰慰
聖懷。臣因秋雨甚大，恐厪
聖念，謹摺
奏報平安，由驛五百里馳進，合并陳明，統祈
皇上聖鑒。謹
奏。
乾隆三十六年七月十六日奉
硃批：以手加額，欣慰覽之，餘有旨諭。欽此。
七月十二日

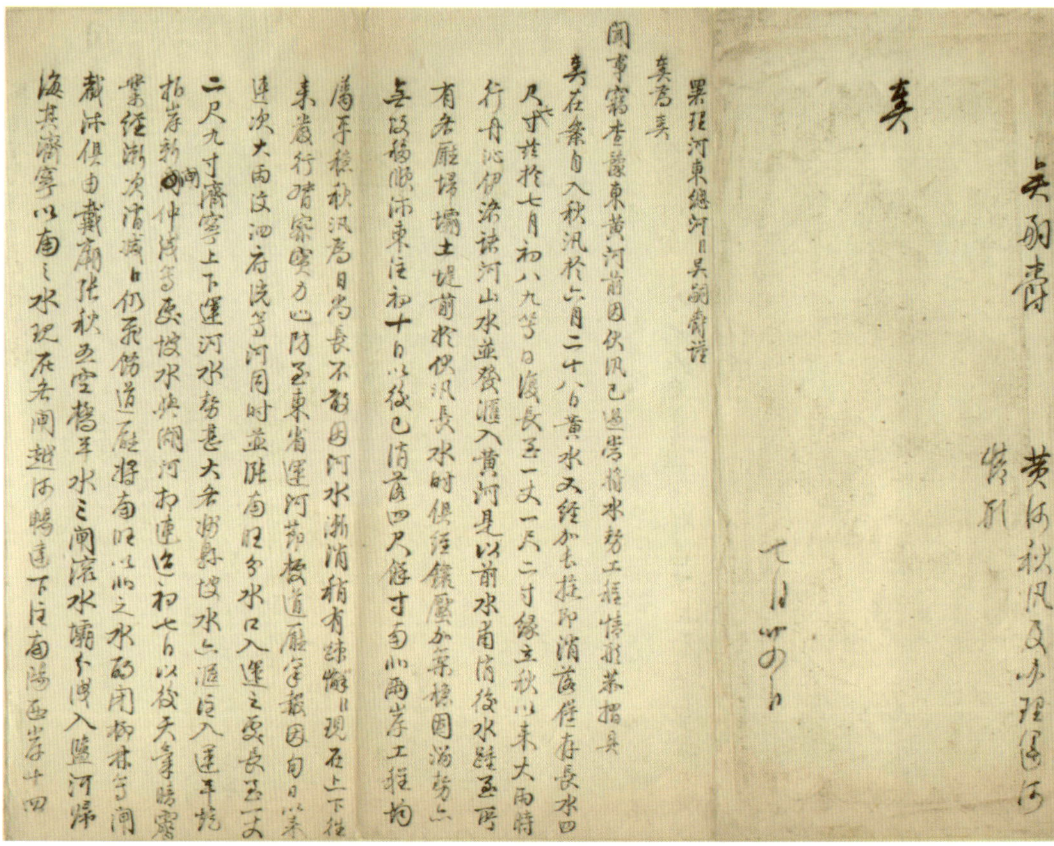
奏
吳嗣爵
黃河秋汛及辦理情形
七月廿四日

署理河東總河臣吳嗣爵謹
奏為奏
聞事。竊查豫東黃河前因伏汛已過，將搶水勢工程情形恭摺具
奏在案。自入秋汛，於六月二十八日黃水又經加長，旋即消落，僅存長水四
尺六寸。茲於七月初八九等日復長至一丈一尺二寸，緣立秋以來大雨時
行，丹沁伊洛諸河山水並發，匯入黃河，是以前水甫消，後水踵至。所
有各廳埽壩土堤，前於伏汛長水時俱經鑲壓加築，穩固滿防，茲
長後旋順流東注，初十日以後已消落四尺餘寸，南北兩岸工程均
屬平穩。秋汛為日尚長，不敢因河水漸消稍有疏懈，現在上下往
來，嚴行督察，實力心防。至東省運河，前據道廳稟報，因自入秋以
來連次大雨，汶泗府沂等河同時並漲，南旺分水口入運之處長至一丈
二尺九寸，濟寧上下運河水勢甚大，各湖亦收水亦匯注入運，其
枯岸新開閘仲淺等處收水俱開河。於連日初七日以後天氣晴霽，
業經漸次消減，仍飭道廳將南旺以北之水酌開柳林等閘
截洩，俱由戴廟、張秋五空橋等水三閘滾水壩分洩入鹽河歸
海。其濟寧以南之水，現在各閘越河暢達下注，南陽西岸十四

單閘東岸十八水口俱全開放，仍將下游之微山湖酌啓行渠[illegible]洩，壓河坡之水消退更為迅速。所有豫東黃河秋汛水勢及東省運河水長办理緣由，謹具摺奏

聞，伏乞

皇上聖鑒。謹

奏

乾隆二十六年七月廿四日奉

硃批：覽奏俱悉，此奏殊覺遲緩。欽此

七月十三日

三一六

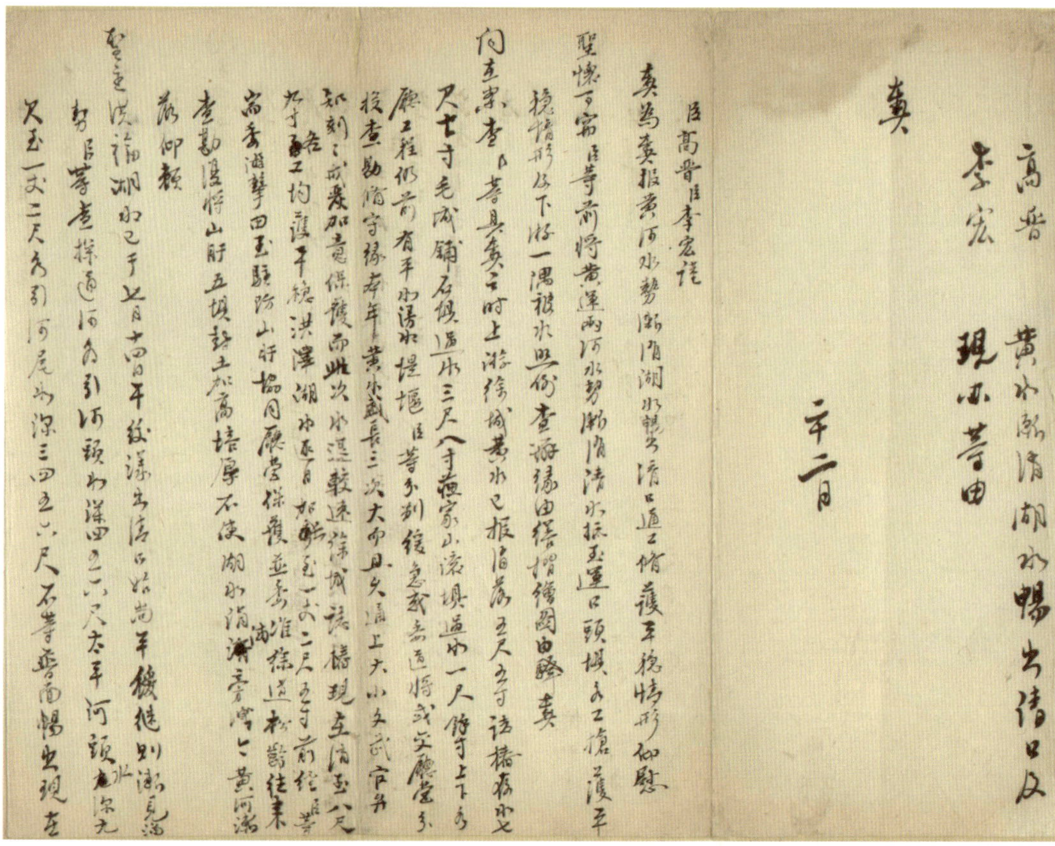

高晉
李宏
黃水漸消湖水暢出清口及現辦情由
奏

臣高晉、臣李宏謹
奏為奏報黃河水勢漸消湖水暢出清口通工修護平穩情形仰慰
聖懷事。竊臣等前將黃運兩河水勢漸消、清水抵至運口頭壩、各工搶護平穩情形，及下游一隅被水無多、查辦緣由，繕摺會銜馳奏，
內在案。查臣等具奏之時，上游徐城黃水已報消落五尺五寸，該樁存水七尺七寸，毛城鋪石壩過水三尺八寸，蕭家山滾壩過水一尺餘寸，上下各廳工程俱有平水漫堤堰，臣等分別緩急，飭令道將文武廳營分投查勘防守。緣本年黃水增長三次，大而且久，通上大小文武官弁刻刻戒懼，加意保護，而此次水退較速，徐城誌樁現在消至八尺九寸，其各工均護平穩。洪澤湖水長至一丈二尺五寸，前經臣等當(?)湖水攻擊，因玉斷防山圩協同廳營保護，並令淮徐道於斷往來查勘，隨將山圩五壩籌土加高培厚，不使湖水消漲，嗣後黃河漸消，
仰慰
聖懷。洪澤湖水已于七月十四日平穩，漸次消落，臣等查採通河各引河頭水深四五六尺，至平河頭水深九尺至一丈二尺，各引河底水深三四五六尺不等，齊而暢出現在

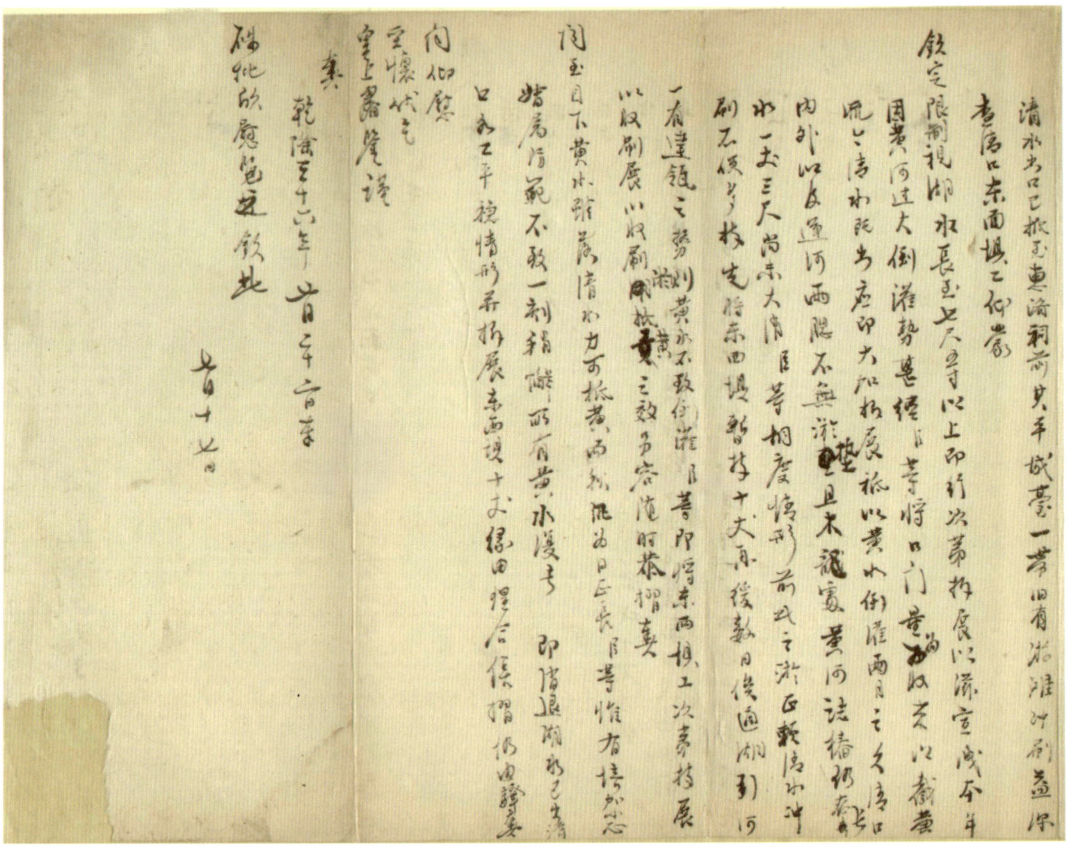

三一七

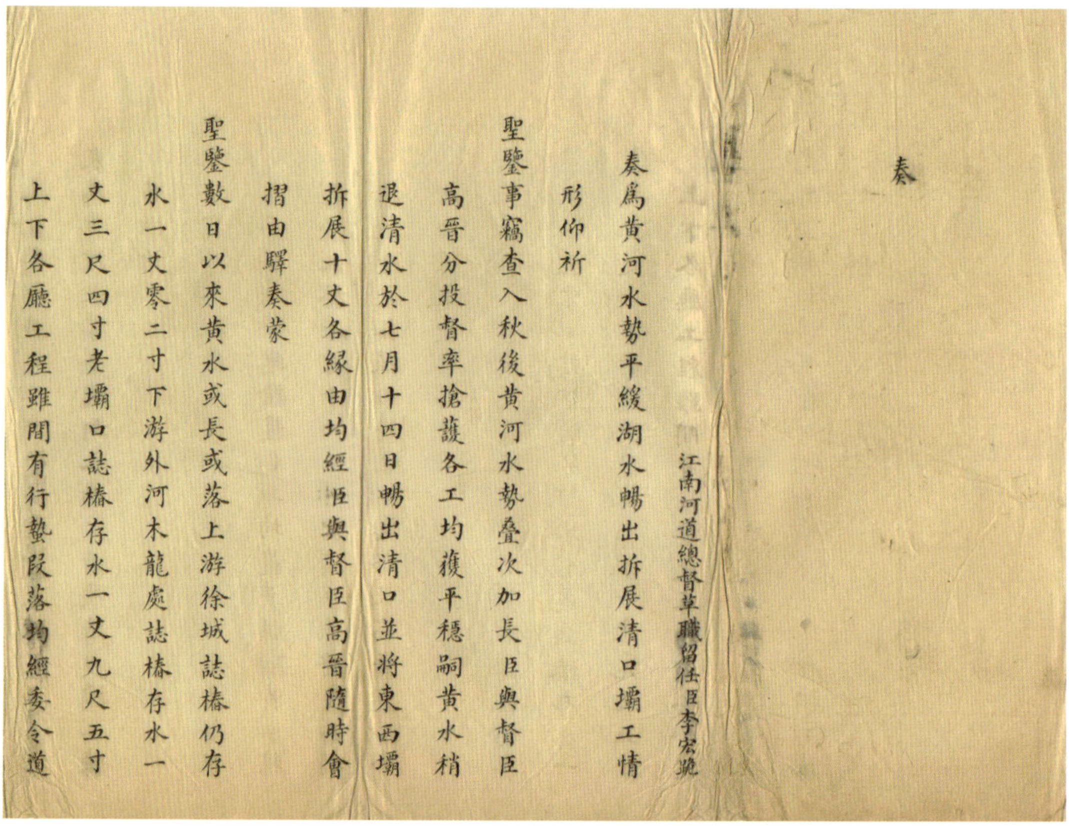

奏

江南河道總督革職留任臣李宏跪

奏爲黃河水勢平緩湖水暢出拆展清口壩工情

形仰祈

聖鑒事竊查入秋後黃河水勢叠次加長臣與督臣

高晉分投督率搶護各工均獲平穩嗣黃水稍

退清水於七月十四日暢出清口並將東西壩

拆展十丈各緣由均經臣與督臣高晉隨時會

摺由驛奏蒙

聖鑒數日以來黃水或長或落上游徐城誌樁仍存

水一丈零二寸下游外河木龍處誌樁存水一

丈三尺四寸老壩口誌樁存水一丈九尺五寸

上下各廳工程雖間有行蟄段落均經委令道

將廳營隨時鑲修穩固洪澤湖水逐日加長高
堰誌椿亦長至一丈三尺二寸清口東西壩工
前經拆展十丈近日清口出水較前益暢平成
臺一帶淤灘愈加刷深清口以內并裡河一帶
兩腮浮淤漸次滌刷查目下黃水雖未大消而
清水甚旺清口口門溜勢湍急已將黃水抵至
惠濟祠後當不致再有倒灌臣與督臣高晉相
度情形清口東壩應再拆展二十丈以暢水勢
現在督飭廳營趕緊起拆俟拆完後再看水勢
情形次第辦理隨時繕摺奏
聞至黃水尚未大消清水又在旺盛處處工程均關
緊要臣與督臣督率道將廳營分投加謹防護
不使稍有疏懈以仰副
皇上慎重河防之至意所有續拆清口壩工二十丈
緣由理合會同大學士仍管兩江總督臣高晉
繕摺具
奏伏乞
皇上睿鑒謹

奏

乾隆三十六年七月　二十二　日

奏

何煟

黄河秋汛各工平穩情形

八月初四日

河南巡撫臣何煟跪

奏爲白露節屆黄河水勢平穿仰祈

聖鑒事。竊照豫省黄河秋汛漲水甚大，仰賴

皇上福庇，各工平穩，經臣恭摺馳

奏。今處暑以後，水勢雖間有長落，而前此異漲漫灘盈堤

之水均已消退，大溜順軌，極爲安瀾，一切埽壩工程俱極鞏

固。現在白露節屆，水勢日漸消減，歸漕向後雖偶有長落，

而水冷沙輕，于工程可保無虞。所有前調防汛道員夫均經

硃

可惜李宏物故，因調用吳嗣爵，用姚立德

檄回安業。臣惟時刻留心，會同河臣吳嗣爵督飭汛員

仍令此道官一切應留心，彼係外新道，此不可推諉，遇事已有去論知矣

弁兵丁加謹巡防，不敢稍有懈忽。所有白露節屆黄河水勢

平穿工程穩固情形，臣謹恭摺奏

聞，伏祈

皇上聖鑒。謹

奏。

乾隆三十六年八月初四日奉

硃批：欣慰覽之。欽此。

七月二十四日

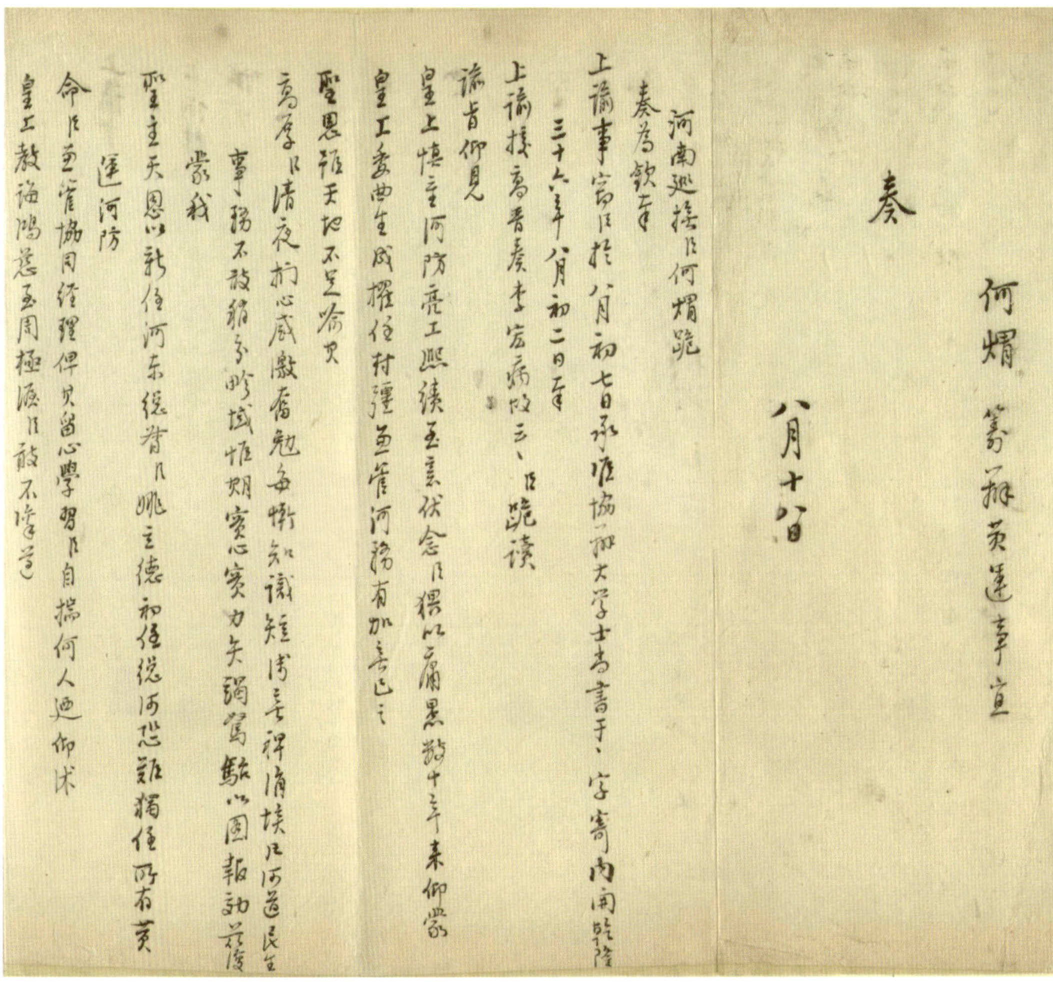

何煟 籌辦黄河事宜

奏

八月十四日

河南巡撫臣何煟跪

奏爲欽奉

上諭事竊臣於八月初七日承准協辦大學士尚書于　字寄内開乾隆

三十六年八月初二日奉

上諭據高晉奏李宏病故云云臣跪讀

諭旨仰見

皇上慎重河防亮工熙績至意伏念臣猥以庸愚數十年來仰蒙

皇上委曲生成擢任封疆並管河務有加無已

聖恩雖天地不足喻其

高厚臣清夜捫心感激奮勉無時不知識短才薄詳慎於河道民生

事事務不敢稍有貽誤惟期實心實力矢竭駑駘以圖報効茲復

蒙我

聖主天恩以新任河東總督臣姚立德初任總河恐難獨任所有黄

運河防

命臣並管協同經理俾其留心學習臣自揣何人迺仰沐

皇上教誨鴻慈至周極渥臣敢不倍益

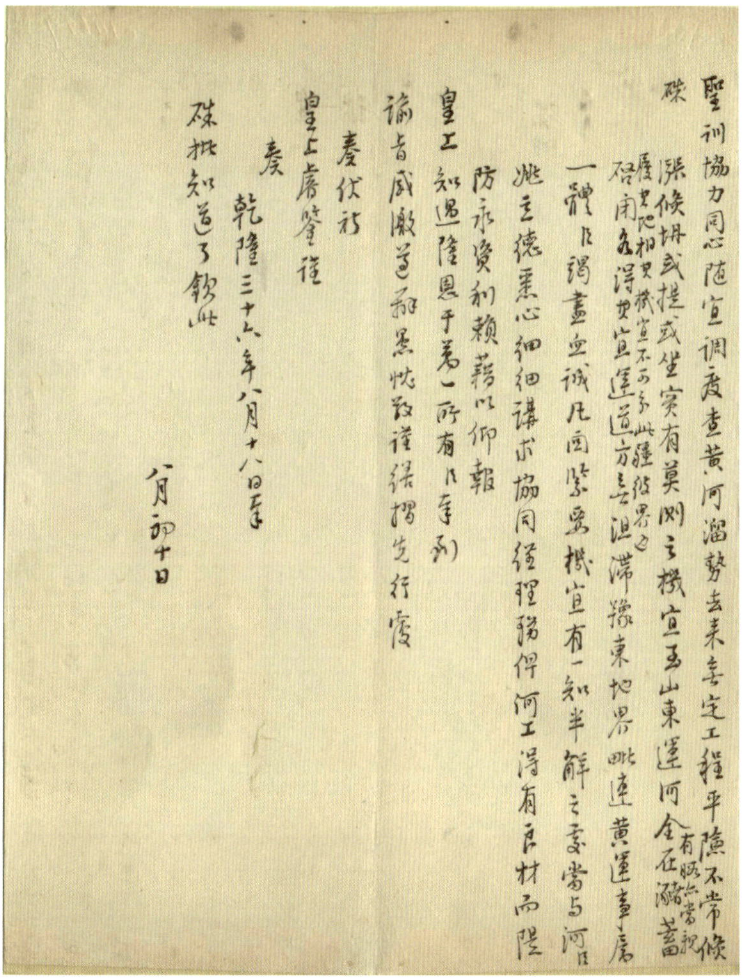
聖訓協力同心，隨宜調度。查黃河溜勢去來無定，工程平險不常，倏
硃 深倏淺，倏坍或隄，或坐實，有莫測之機宜。至山東運河全在瀦蓄，有賴各湖當閘，
屢患阻，相其機宜，不可不分此疆彼界之啓閉，亦須得其宜，運道方無阻滯。豫東地界毗連，黃運本屬
一體，臣竭盡血誠，凡有緊要機宜，有一知半解之處，當與河臣
姚立德秉心細細講求，協同經理，務俾河工得有良材，而隄
防永資利賴，藉以仰報
皇上知遇隆恩於萬一。所有臣等到
諭旨感激萬忱，敢致謹繕摺先行覆
奏伏祈
皇上睿鑒。謹
奏。
乾隆三十六年八月十八日奉
硃批：知道了。欽此。
八月初十日

三二〇

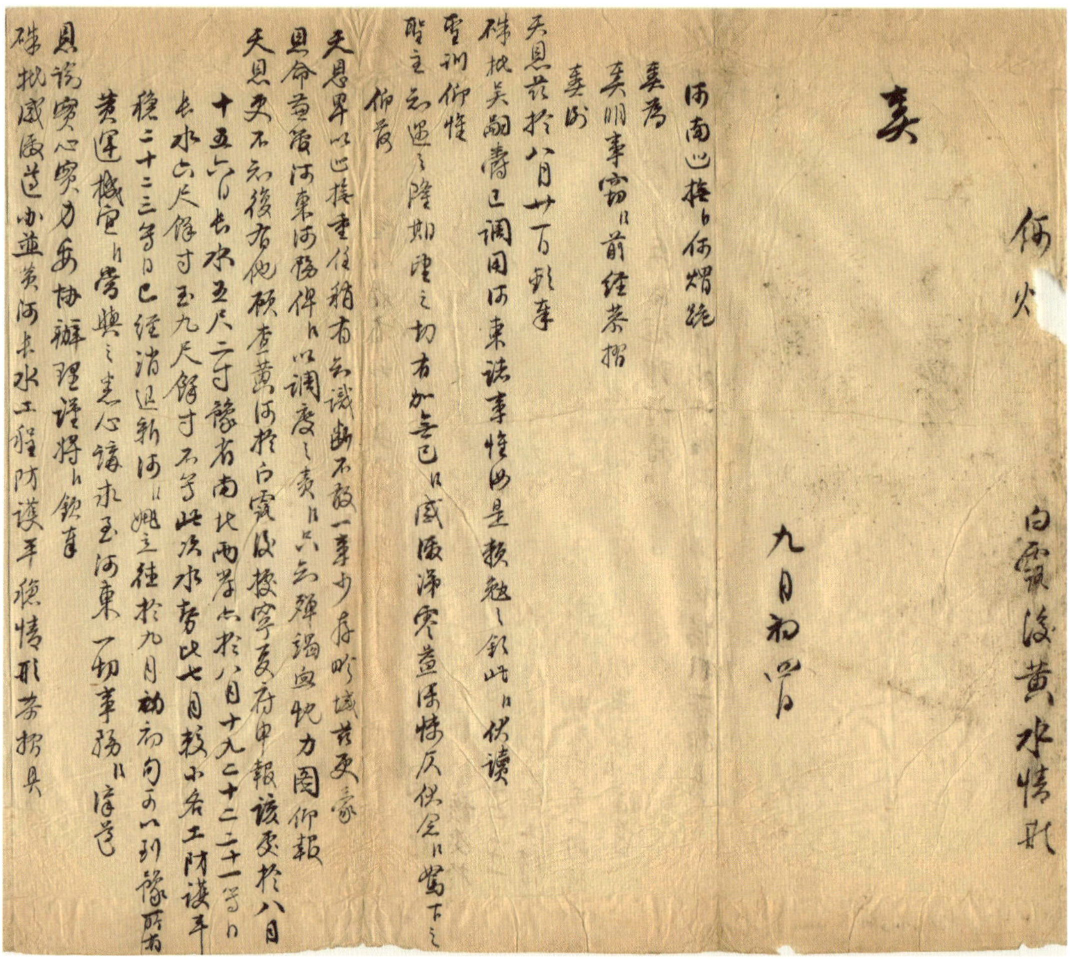

奏

何煟

白露後黄水情形

九月初四日

河南巡撫臣何煟跪

奏爲

奏明事竊臣前經恭摺

奏蒙

天恩於八月廿六日欽奉

硃批吳嗣爵已調回河東該事惟汝是賴勉之欽此臣伏讀

聖訓仰惟

聖主知遇之隆期望之切有加無已臣感激涕零益深悚仄伏念臣駑下之

仰荷

天恩畀以巡撫重任稍有知識斷不敢一事少存畛域茲更蒙

恩命兼管河東河務俾臣以調度之責臣亦知殫竭血忱力圖仰報

天恩更不知後有他顧查黄河於白露後據寧夏府申報該處於八月

十五六日長水五尺二寸豫省南北兩岸亦於八月十九二十二二十一等日

長水六尺餘寸至九尺餘寸不等此次水勢比七月較小各工防護平

穩二十二三等日已經消退河臣姚立德於九月初旬可至八卦豫所有

黄運機宜臣當與之悉心籌求至河東一切事務臣謹遵

旨謹實心實力妥協辦理謹將臣欽奉

硃批感激並黄河來水工程防護平穩情形恭摺具

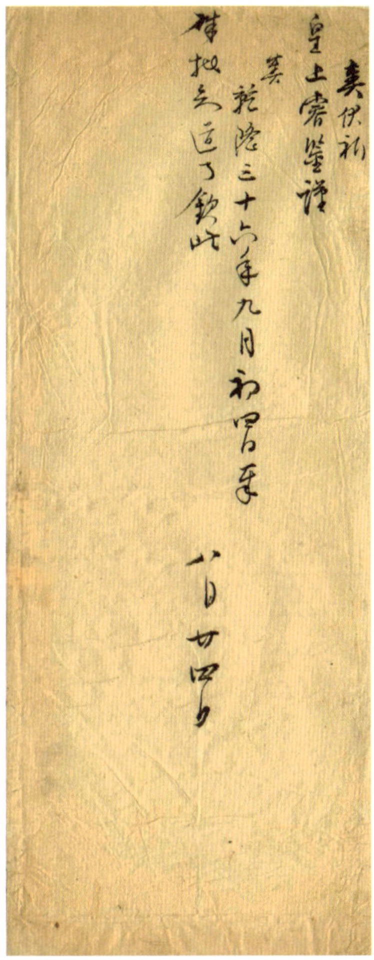

奏伏祈
皇上睿鑒謹
奏
乾隆三十六年九月初四日奉
硃批知道了欽此
八月廿四日

三三一

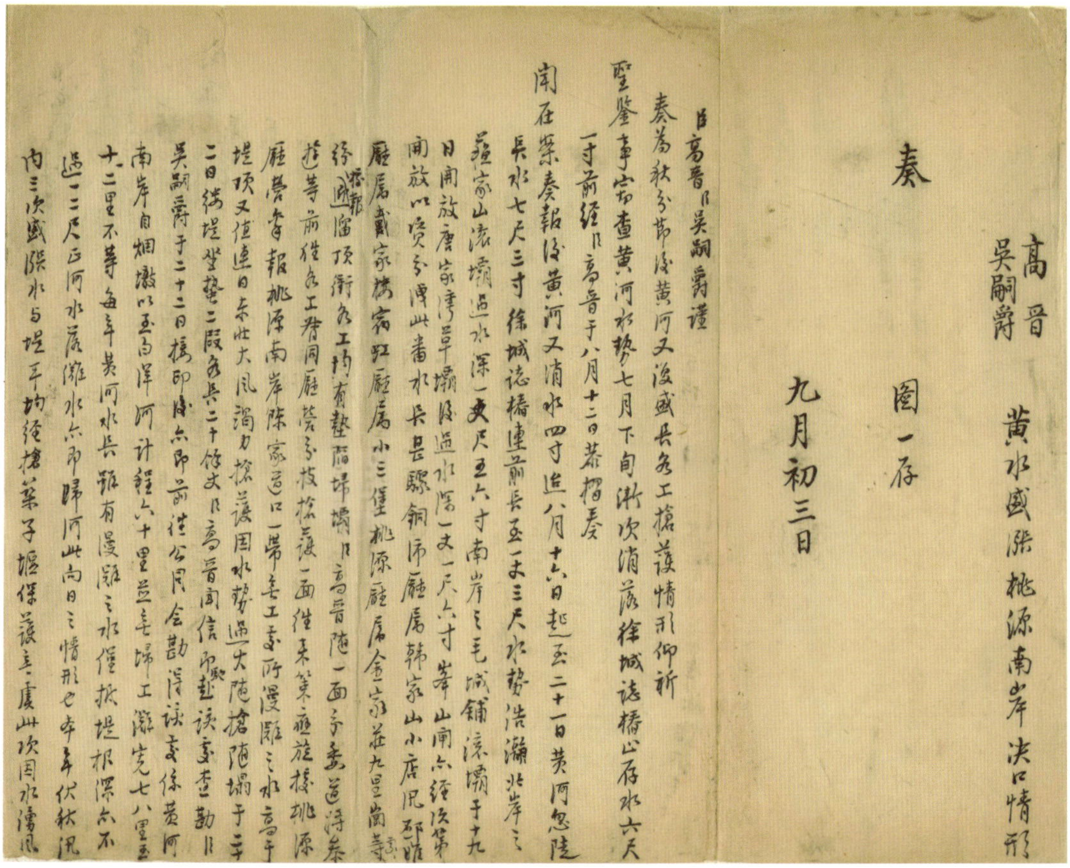
高晋
吴嗣爵 黄水盛涨桃源南岸决口情形

奏

图一存

九月初三日

臣高晋、臣吴嗣爵谨
奏为秋分节后黄河又复盛长各工抢护情形仰祈
圣鉴事。窃查黄河水势七月下旬渐次消落，徐城志桩止存水六尺
一寸，前经臣高晋于八月十二日恭折奏
闻在案。续据报，黄河又消水四寸，迨八月十六日起至二十一日，黄河忽陡
长水七尺三寸，徐城志桩连前长至一丈三尺，水势浩瀚，北岸之
苏家山滚坝过水深一丈五六寸，南岸之毛城铺滚坝于十九
日开放，唐家湾草坝后过水深一丈一尺六寸，峰山南六线次第
开放，以资分泄。此番水长，吕梁、铜沛厅属韩家山、小店、凤鄢睢
厅属戴家楼、宿虹厅属小三堡、桃源厅属金家庄、九里岗等
处往返溜顶冲各工，均有蛰陷埽坝。臣高晋随一面分委道将参
游等前往各工督同厅营分投抢护，一面催来料，兼施旋接桃源
厅营会报，桃源南岸陈家道口一带堤工素所漫滩之水高于
堤顶，又值连日东北大风，竭力抢护，因水势过大，随抢随塌，于二十
二日将堤坐蛰二段，各长二十余丈。臣高晋闻信，即驰赴该处查勘，臣
吴嗣爵于二十二日接印后亦即前往会勘。得该处系黄河
南岸，自烟墩以至白洋河计程六十里，并无埽工，滩宽七八里至
十二里不等。每年黄河水长，虽有漫滩之水，仅抵堤根，深亦不
过一二尺，且河水落，滩水亦即归河，此向日之情形也。本年伏秋汛
内三次盛涨，水与堤平，均经抢筑子堰保护。兹复此次因水涌风

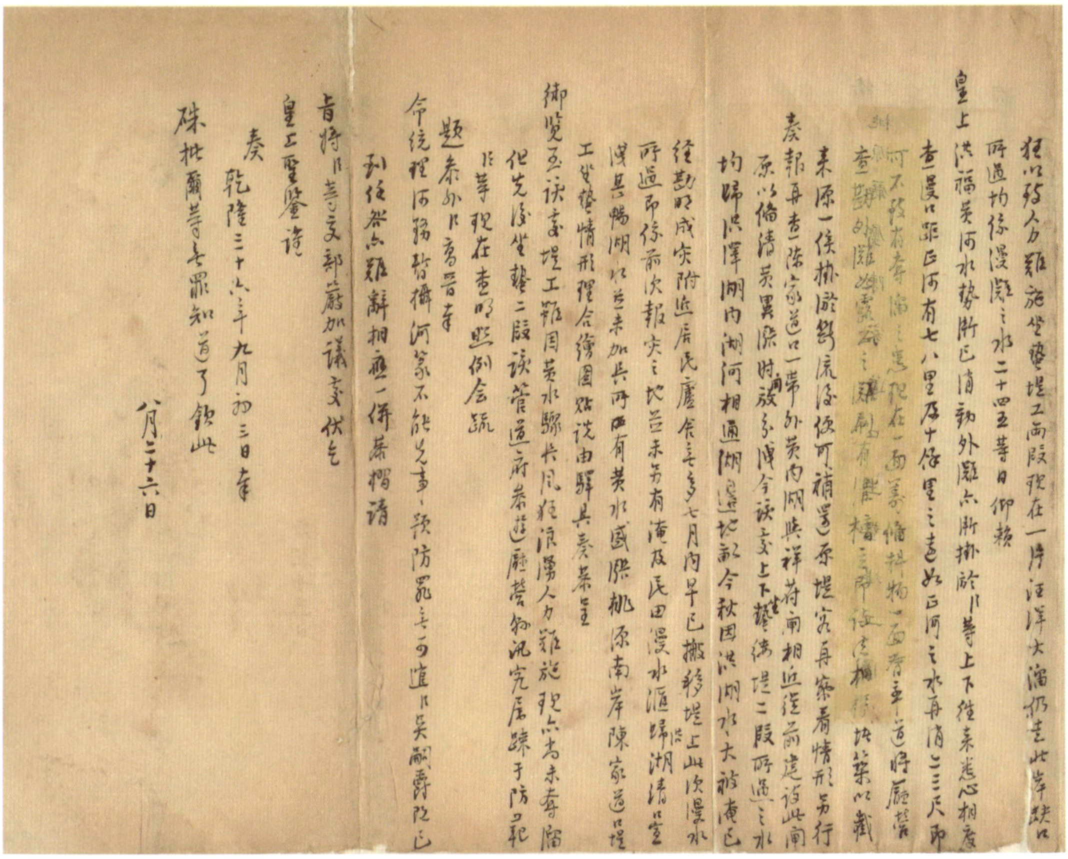
犹以人力难施，堤工两段现在一片汪洋，大溜仍走北岸缺口
所过均系漫滩之水。二十四五等日，仰赖
皇上洪福，黄河水势渐已消动，外滩亦渐渐涸，臣等上下往来悉心相度，
查漫口之下距正河有七八里及十余里之远，如正河之水再消二三尺，即
河不致有夺溜之患。现在一面筹备料物，一面督率道将厅营
查勘外滩……挑筑以截
来源，一俟挑浚疏流，便可补筑漫口原堤，容再察看情形，另行
奏报。再，查陈家道口一带，外黄内湖，与祥符南相近，从前建设此闸，
原以备清黄异涨时启放分泄。今该处上下护堤二段所过之水
均归洪泽湖内，湖河相通，湖水迅涨。今秋因洪湖水大，被淹已
经勘明成灾，附近居民庐舍多于七月内早已搬移堤上山次。漫水
所过即系前次报灾之地，并未另有淹及民田。漫水汇归洪湖，清口
畅出，湖水并未加长。两面有黄水盛涨，桃源南岸陈家道口堤
工出漫情形，理合绘图贴说，由驿具奏，恭呈
御览。至该处堤工，虽因黄水骤长，风狂浪涌，人力难施，现亦尚未夺溜，
但先后坐垫二段，该管道府参游厅营均难辞疏于防范之咎。
臣等现在查明，照例会疏
题参外，臣等身膺
命统理河务，督率河员不能先事预防，罪无可逭。臣吴嗣爵、臣萨载已
列任，咎亦难辞，相应一并恭折，请
旨将臣等交部严加议处。伏乞
皇上圣鉴。谨
奏。乾隆三十六年九月初三日奏
硃批：尔等无罪，知道了。钦此
八月二十六日

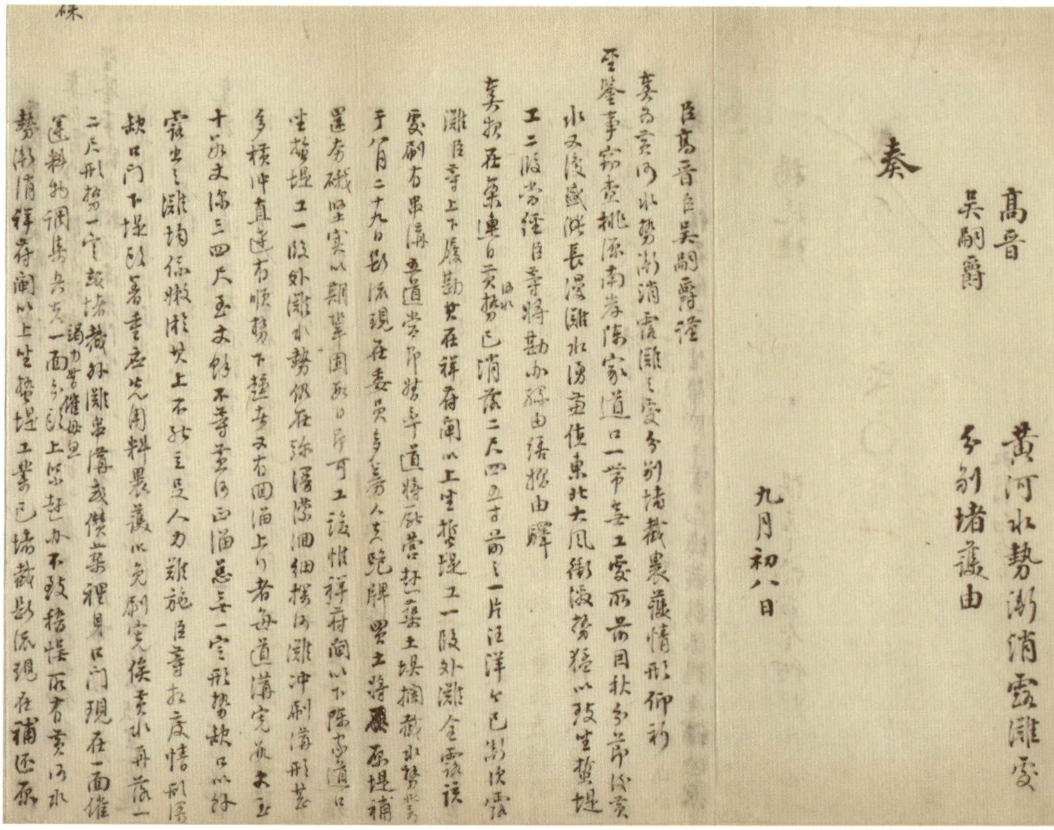
奏

高晋
吴嗣爵

黄河水勢漸消雲梯關下分别堵護由

九月初八日

臣高晋、臣吴嗣爵謹
奏爲黄河水勢漸消，雲梯關下分别堵截裹護情形，仰祈
聖鑒事。竊查桃源南岸陳家道口一帶埽工處所，前因秋分節後黄
水又復盛漲，長漫灘水湧，兼值東北大風衝激淘刷，以致生險堤
工二段，當經臣等將勘辦緣由繕摺具
奏。兹（旧水）勢已消落二尺四五寸，前之一片汪洋，今已漸次露
灘。臣等上下履勘，其在祥符閘以上生險堤工一段，外灘全露，該
處刷有串溝，要道當即將各溝道擇要啓築土壩攔截，水勢
于八月二十九日勘估，現在委員多募人夫，跐牌買土，將原堤補
還旁，一律堅實，以期鞏固，刻日可以工竣。惟祥符閘以下陳家道口
生險堤工一段，外灘水勢仍在淤澄，惟細探，該灘衝刷溝形甚
多，横衝直達，有順勢下趨者，又有回溜上行者，每道溝寬數丈至
十數丈，深三四尺至丈餘不等，其河南溜急，每一處形勢缺口，以致
露出之灘，均係嫩淤，此時上不能立足，人力難施。臣等揆度情形，須
缺口門下埽，酌籌，應先用料裹護，以免刷寬，俟黄水再落一
二尺，形勢一定，然後堵截外灘串溝，裹身口門，現在一面催
選料物，調集兵夫，一面分段上緊趕辦，不致稽誤。所有黄河水
勢漸消，祥符閘以上生險堤工業已堵截，勘估現在補還原

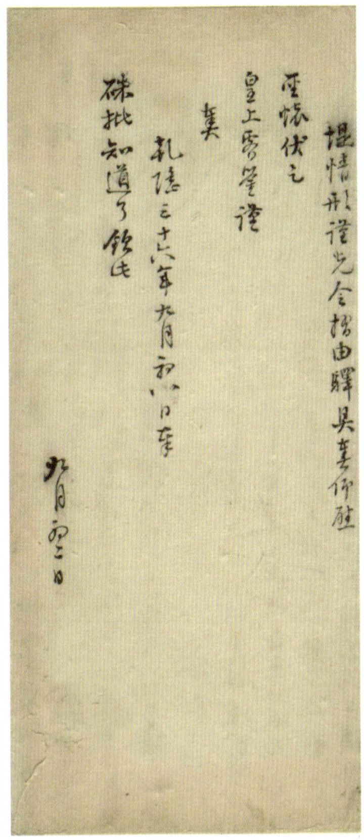
緣情形謹先令摺由驛具奏仰慰
聖懷伏乞
皇上睿鑒謹
奏
乾隆三十六年九月初八日奏
硃批知道了欽此
九月廿二日

三二三

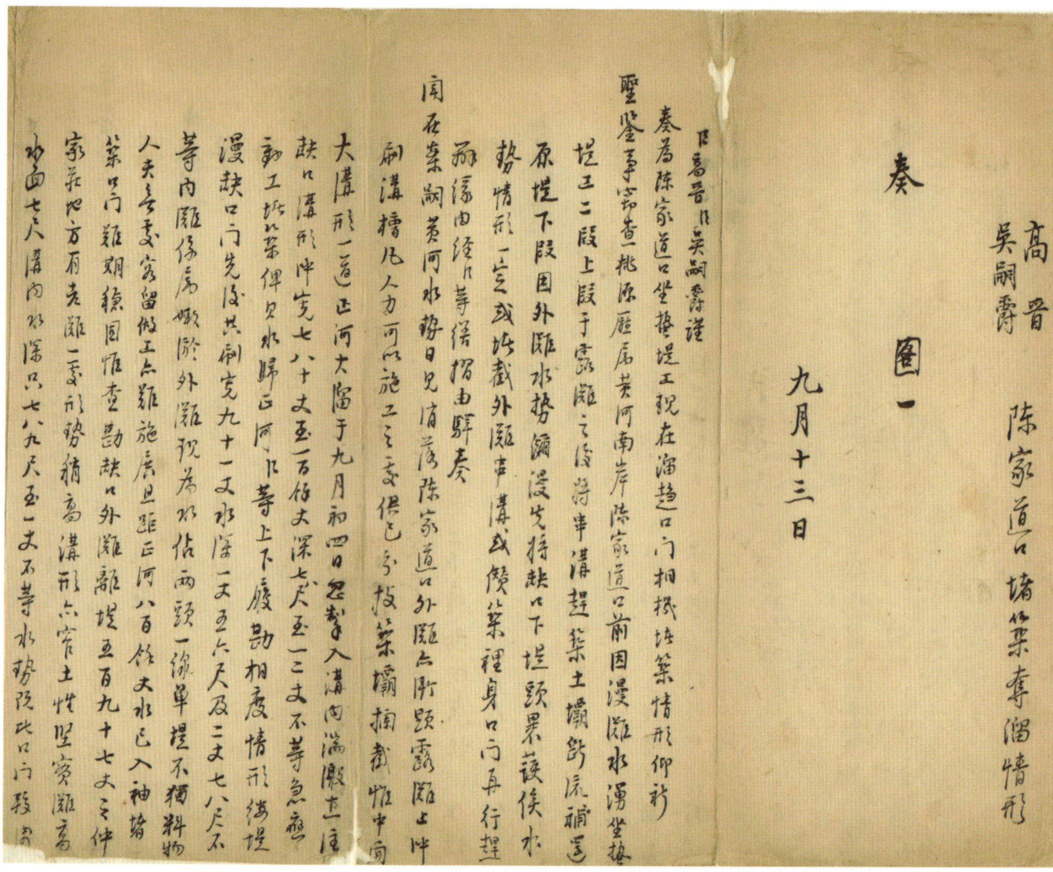

高晋　吴嗣爵　陈家道口堵筑奪溜情形

奏

图一

九月十三日

臣高晋、臣吴嗣爵谨

奏为陈家道口坐挡堤工现在溜趋口门相机堵筑情形仰祈

圣鉴事。窃查批原历届黄河南岸陈家道口前因漫滩水涌坐挡

堤工二段，上段于露滩之后将串沟赶筑土坝，截流补还

原堤；下段因外滩水势弥漫，先将缺口下堤头裹护，俟水

势情形一定，或于截外滩串沟，或堵筑堤身口门，再行提

奏。前经臣等恭摺由驿奏

闻在案。嗣黄河水势日见消落，陈家道口外滩亦渐次显露，滩上冲

刷沟槽，凡人力可以施工之处，俱已分投筑坝堵截，惟中间

大沟形一道，正河大溜于九月初四日忽掣入沟内，满滩直注

缺口，沟形冲宽七八十丈至一百余丈，深七尺至一二丈不等，急应

动工堵筑，俾其水归正河。臣等上下履勘，相度情形，缘堤

漫缺口门先后共刷宽九十一丈，水深一丈五六尺及二丈七八尺不

等，内滩系属嫩淤，外滩现为水占，两头一线单堤，不独料物

人夫无处容留，做工亦难施展，且距正河八百余丈，水已入袖，堵

筑口门，难期稳固。惟查勘缺口外滩离堤五百九十七丈之仲

家庄地方，有老滩一段，形势稍高，沟形亦窄，土性坚实，滩高

于水面七八尺，沟内水深只七八九尺至一丈不等，水势既比口门较

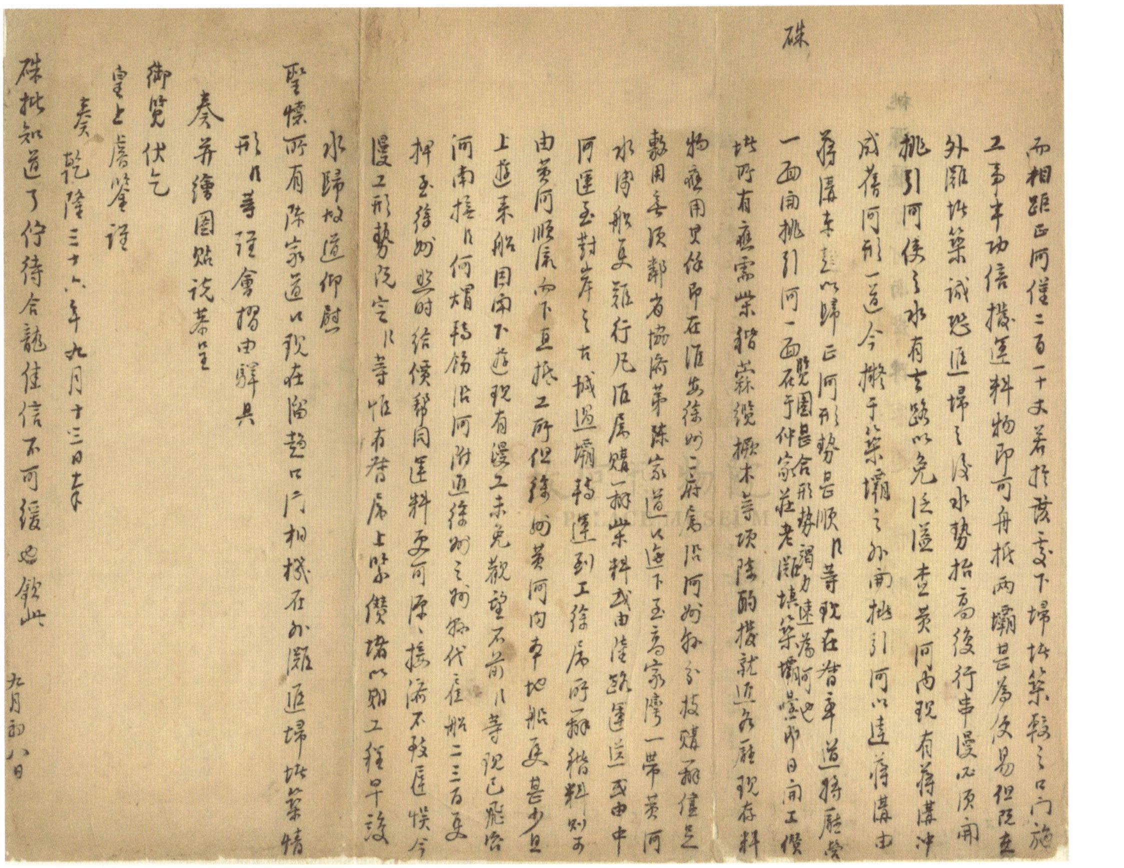

硃

而相距正河僅二百一十丈若於該處下埽挑築較之口門施
工事半功倍搶運料物即可舟抵兩壩甚屬便易但既在
外灘挑築誠恐追埽之後水勢抬高後行串漫必須開
挑引河使之水有去路以免泛溢查黃河南現有舊溝沖
成舊河形一道今擬于築壩之外開挑引河以達舊溝由
舊溝去道以歸正河形勢甚順臣等現在督率道將廳營
一面開挑引河一面於覽圖甚合形勢竭力速為之可也仲家莊老灘填築壩基擇日開工併
堵所有應需柴秸蘇纜椿木等項除酌撥就近各廳現存料
物應用外仍即在淮安徐州二府屬沿河州縣分投購辦僅足
數用並須鄰省協濟第陳家道口迤下至高家灣一帶黃河
水淺船隻難行凡淮屬購辦柴料或由陸路運送或由中
河運至封岸之古城過壩轉運到工徐屬所辦秸料則可
由黃河順流而下直抵工所但徐州黃河內本地船隻甚少且
上游來船因聞下游現有漫工未免觀望不前臣等現已飛咨
河南撫臣何煟轉飭沿河州縣迅速將船隻代雇船二三百隻
押至徐州按時給價幫同運料更可源源接濟不致遲誤今
漫工形勢既定臣等惟有督率上緊儹堵以期工程早竣
水歸故道仰慰
聖懷所有陳家道口現在漫溢口門相機在外灘追埽挑築情
形臣等謹會摺由驛具
奏並繪圖貼說恭呈
御覽伏乞
皇上睿鑒謹
奏 乾隆三十六年九月十三日奉
硃批知道了仍待合龍佳信不可緩也欽此
九月初八日

三二四

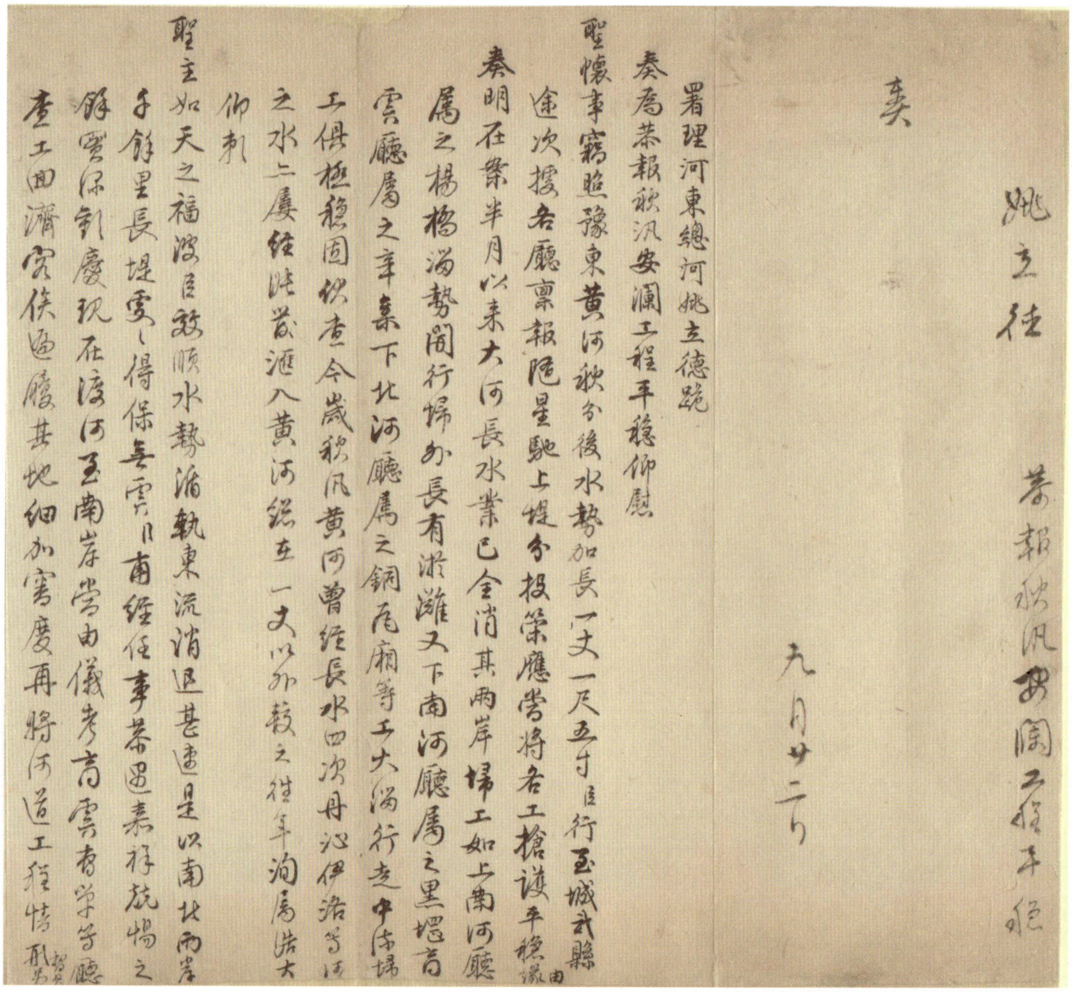
署理河東總河姚立德跪
奏爲恭報秋汛安瀾工程平穩仰慰
聖懷事竊照豫東黄河秋分後水勢加長一丈一尺五寸臣行至城武縣由
途次接各廳禀報隨星馳上堤分投策應當將各工搶護平穩緣
奏明在案半月以來大河長水業已全消其兩岸埽工如上南河廳
屬之楊橋溜勢閃行埽加長有淤灘又下南河廳屬之黑堽首
雲廳屬之辛集下北河廳屬之銅瓦廂等工大溜行走中泓埽
工俱極穩固伏查今歲秋汛黄河曾經長水四次丹沁伊洛等河
之水亦屢經漲發匯入黄河總在一丈以外較之往年洵屬浩大
仰賴
聖主如天之福澄臣敬順水勢循軌東流消退甚速是以南北兩岸
千餘里長堤處處得保無虞臣甫經任事恭遇素移杭協之
餘實保釗慶現在渡河至南岸當由儀考青雲曹考等廳
查工回濟實係逐段甚地細加審度再將何處工程情形據實

姚立德
恭報秋汛安瀾工程平穩
九月廿二日
奏

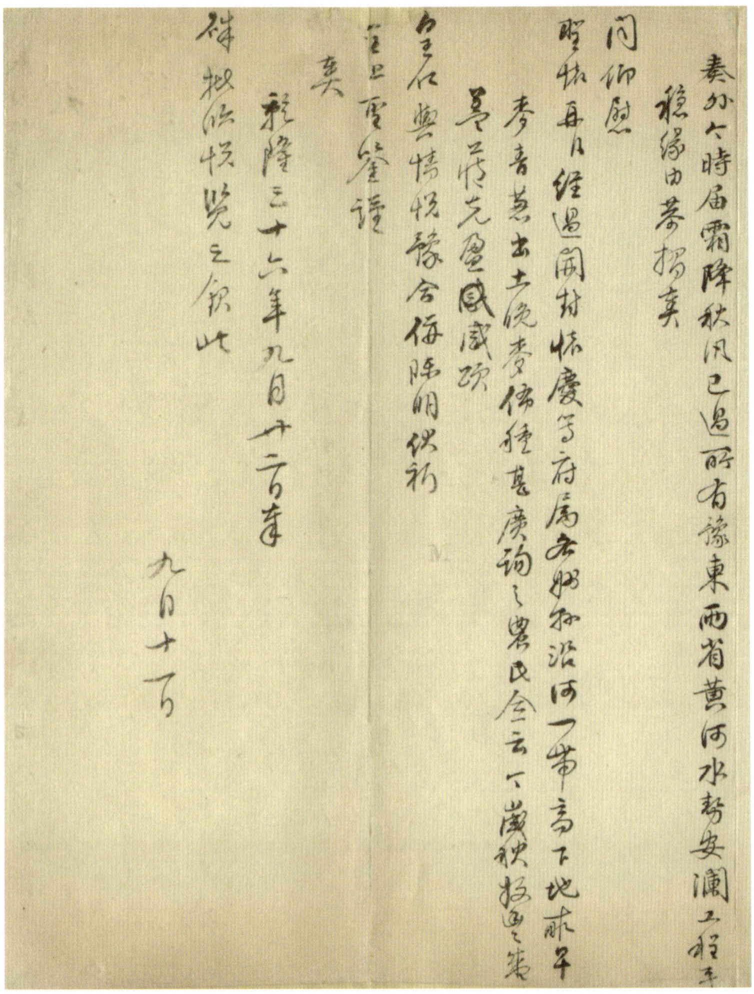

奏。本月六時届霜降，秋汛已過，所有豫東兩省黃河水勢安瀾工程平穩緣由，恭摺奏
聞，仰慰
聖懷。再，月經過開封、歸德等府屬各州縣沿河一帶，高下地畝早麥青葱出土，晚麥俱種甚廣。詢之農民，僉云今歲秋[illegible][illegible]，
莫不歡忭感頌
皇仁，輿情悅豫。合併陳明，伏祈
皇上聖鑒。謹
奏。
乾隆三十六年九月廿二日奏
硃批：欣悅覽之。欽此。
九月十一日

三二五

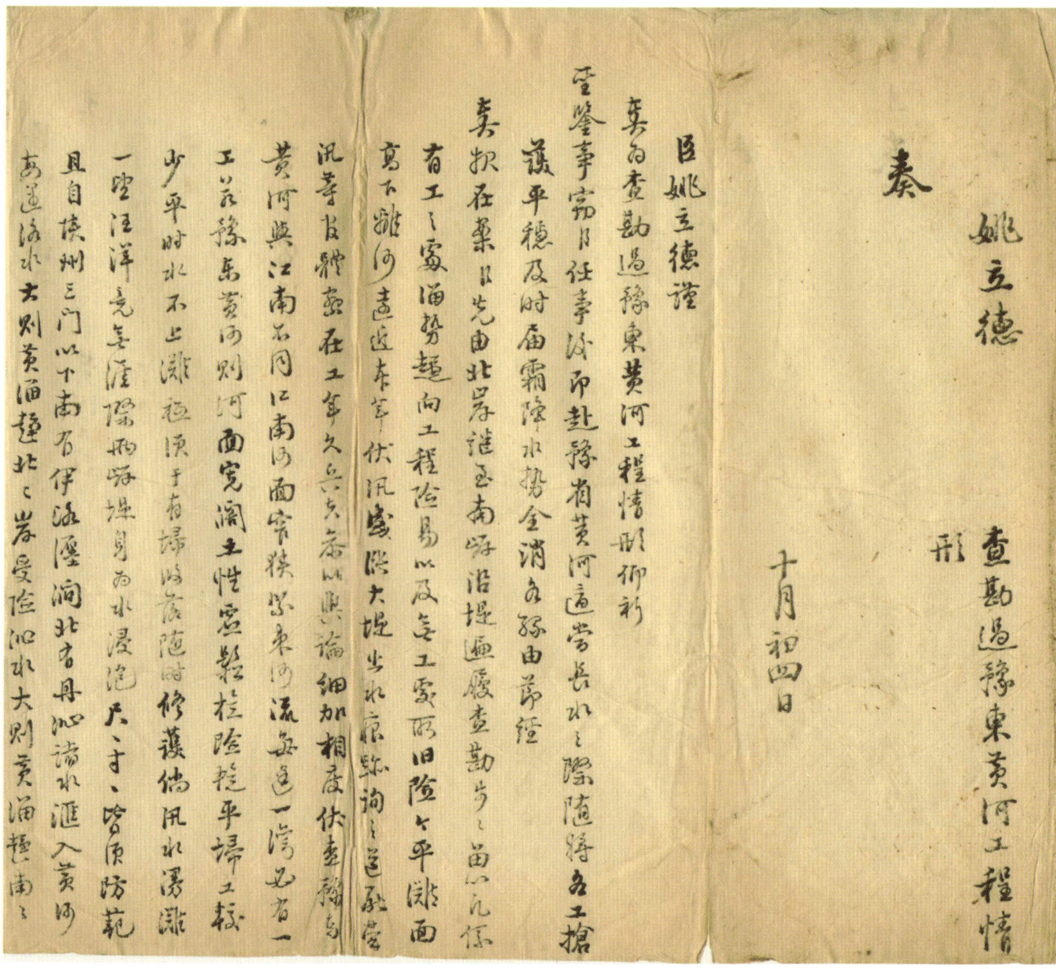
姚立德
奏
查勘過豫東黄河工程情形
十月初四日

臣姚立德謹
奏爲查勘過豫東黄河工程情形仰祈
聖鑒事。竊臣任事後即赴豫省黄河，適當長水之際，隨將各工搶
護平穩。及時屆霜降，水勢全消，臣隨由蘭經
奏報在案。臣先由北岸繞至南岸，沿堤逐處查勘，步步留心，凡係
有工之處，溜勢趨向，工程險易，以及各工處所，舊險今平，漲面
高下，離河遠近，本年伏汛盛漲大堤出水痕跡，詢之道廳營
汛等官，體察在工年久兵夫等以與論，細加相度。伏查豫省
黄河與江南不同，江南河面窄狹，緊束河流，每遇一漲，必有一
工之險。豫東黄河則河面寬闊，土性虛鬆，在險趕平，埽工較
少。平時水不上灘，極須於有埽的處隨時修護，備風水湧漲，
一望汪洋，竟無涯際，兩岸堤身爲水浸泡尺寸，皆須防範。
且自陝州三門以下，南有伊洛瀍澗，北有丹沁諸水匯入黄河，
而遇洛水大則黄溜趨北，北岸受險；沁水大則黄溜趨南，南

岸受險溜勢變遷無定工程平險靡常鑲埽以禦衝擊
堤以防漫漫者相為表裏因緣有無加高土工銀兩歷任河
臣俱節省可緩之埽工而加幫緊要之土堤是以歲伏秋水
勢屢次盛漲而各廳大堤並資捍禦得以保護平安已有明效
此臨東黃河之大要也至各廳現有之埽工如楊橋黑堽等
處統計不過十餘段此其間溜勢上提下坐忽去忽來而工
程已定可以循照江南修做之法隨時相機修防以考驗汛弁
兵夫尚能領會惟儀封八堡至十三堡一帶河分三股首河
之吳劉齊各莊近堤一段築埽攔截未經閉氣受淤甚當
水落之時宜加築草土夾填俾大溜全歸西河合流東注唐
近堤一段河身可期受淤又曹考之六堡上下緣南岸胡家灣坐
灣逼溜北趲陸續刷塌所灘僅存二十餘丈切近大堤形勢兇
灣迎溜亦應豫貯料物幫築堤臺預為防備如將來河灘
不再刷卸大溜未至堤根似不妨少下埽以免引溜入袖生工不
已此外兵夫挑積類土栽種柳株以及拔捕獾鼠查填洞穴等
事俱已飭令照章程示以懲勸責令乘時實力辦理杜其曠工怠
廢以收河務之益臣於九月初七日至開封省城將以上工程事
宜與河南撫臣何煟反覆講求互相考證據各工現在之情
形詳籌將來之修守俱經飭令道廳等照辦理臣惟有謹遵
聖訓事事留心學習處處足履身親凡遇緊要機宜隨時與何煟
虛衷商辦務求至當總期帑不虛糜工歸實在以仰副我

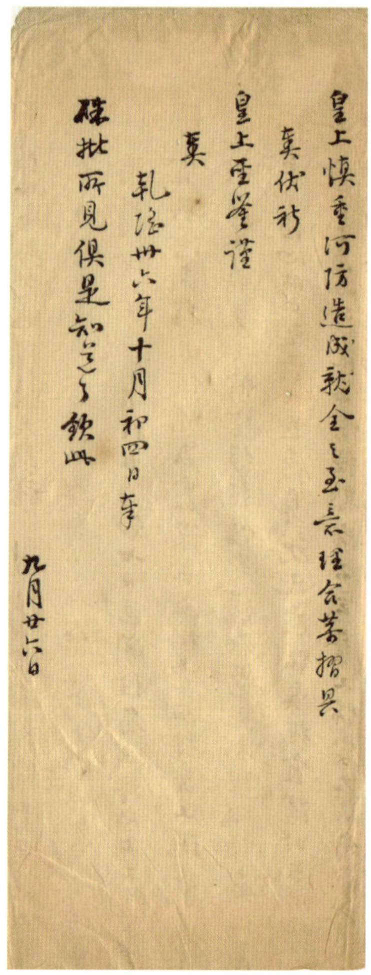

皇上慎重河防造成萬全之至意理合恭摺具

奏伏祈

皇上聖鑒謹

奏

乾隆卅六年十月初四日奉

硃批所見俱是知道了欽此

九月廿六日

三二六

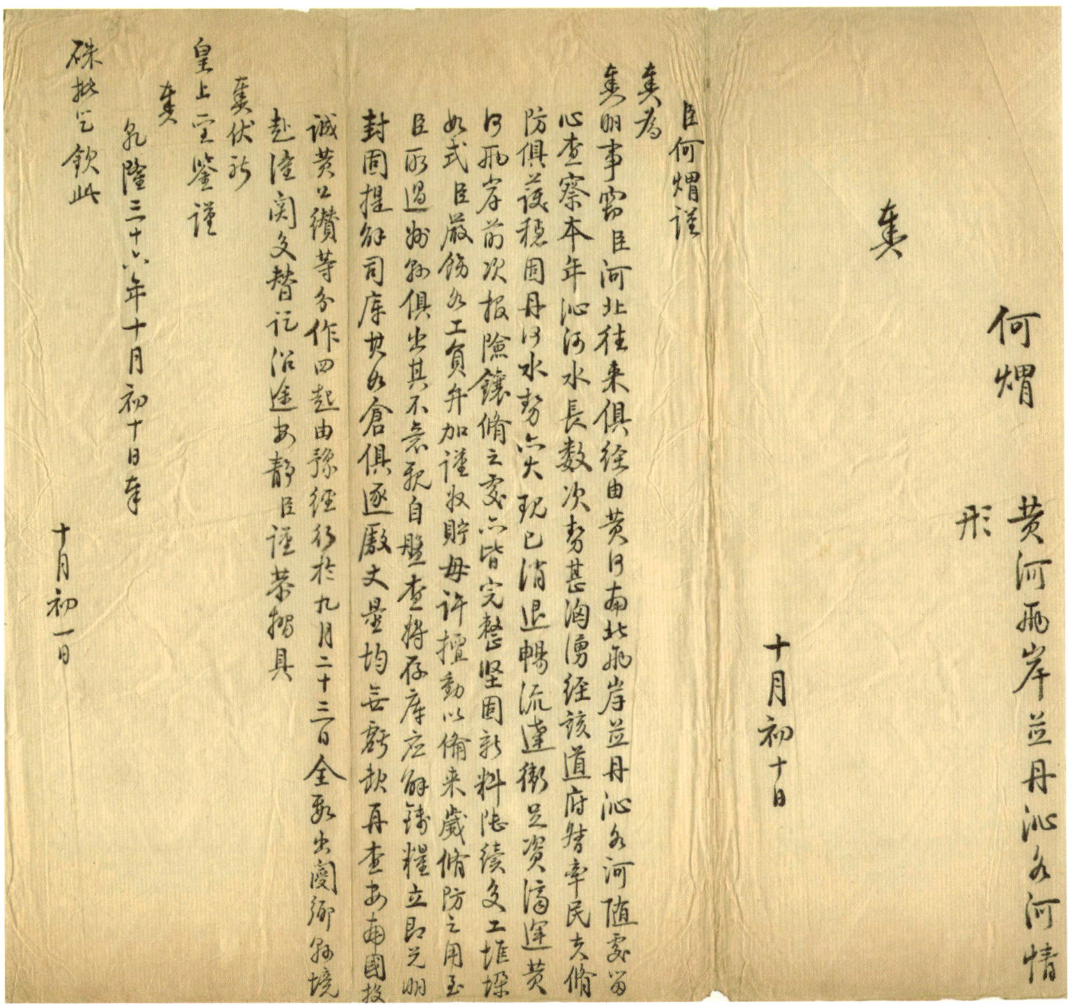
何煟

奏　黄河兩岸並丹沁各河情形

十月初十日

臣何煟謹

奏為

奏明事竊臣河北往來俱經由黄河南北兩岸並丹沁各河隨處留
心查察本年沁河水長數次勢甚洶湧經該道府督率民夫修
防俱獲穩固丹河水勢亦大現已消退暢流衛足資濟運黄
河兩岸前次報險鑲修之處亦皆完整堅固新料陸續各工堆垛
如式臣嚴飭各工員弁加謹收貯毋許擅動以備來歲修防之用至
臣所過州縣俱出其不意親自盤查將存庫應解錢糧立即先行
封固提縣司庫並各倉俱逐廒丈量均無虧缺再查安南國投
誠黄以贇等分作四起由豫經行於九月二十三日全數出豫境
赴陝閱文替記沿途安靜臣謹恭摺具

奏伏祈

皇上聖鑒謹

奏

乾隆三十六年十月初十日奉

硃批知道了欽此

十月初一日

三三七

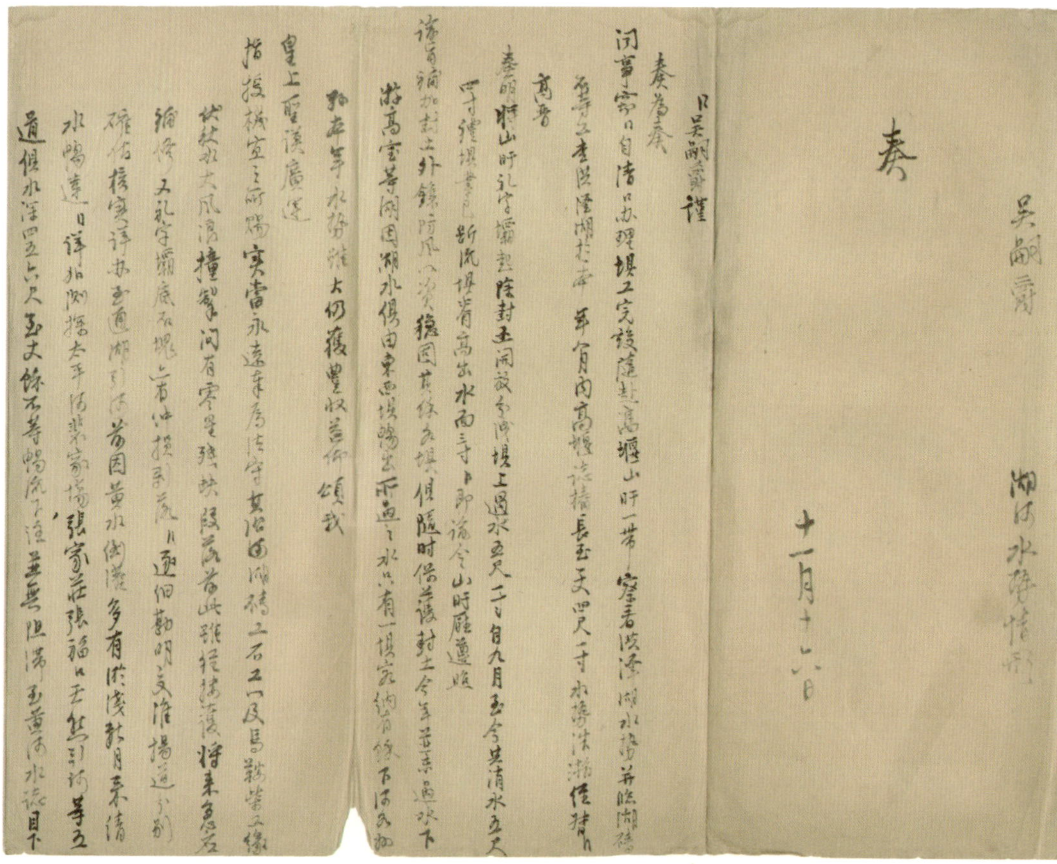
奏

吴嗣爵

湖河水势情形

十一月十六日

臣吴嗣爵谨

奏为奏

闻事。窃臣自清口办理堰工完竣，随赴高堰山盱一带，察看洪泽湖水势，并临湖砖

石工程。查洪泽湖本年宵内高堰志桩长至丈四尺一寸，水势浩瀚，经臣

奏明将山盱礼字坝拆除封土开放，令湖水从坝上过水五尺二寸。自九月至今，共消水五尺

四寸。礼坝业已断流，坝脊高出水面三寸，即谕令山盱厅道赶

请旨补加封土外，经防风八浪猛围其余各坝，俱随时修筑，封土今年并未过水。下

游高宝等湖，因湖水俱由东西坝归出而通，又水只有一坝宣泄，下游亦加

钦奉等水势虽大，仍获丰收，益仰颂我

皇上圣谟广运

指授机宜之所。实当永远奉为法守。其山盱湖砖工石工一段，前紧工缘

伏秋水大风浪撞击，间有零星残缺，段落前此既经抢修，将来尚应

补修。又礼字坝底石埽之有冲损，现已逐细勘明，交该厅道分别

确估，核实详办。至通湖引河，前因黄水倒灌，多有淤浅，数月来清

水畅达，臣详加测探，太平河、张家塘、张家庄、张福口、王然引河等五

道，俱水深四五六尺至丈余不等，畅流下注，并无阻滞。至黄河水落，目下

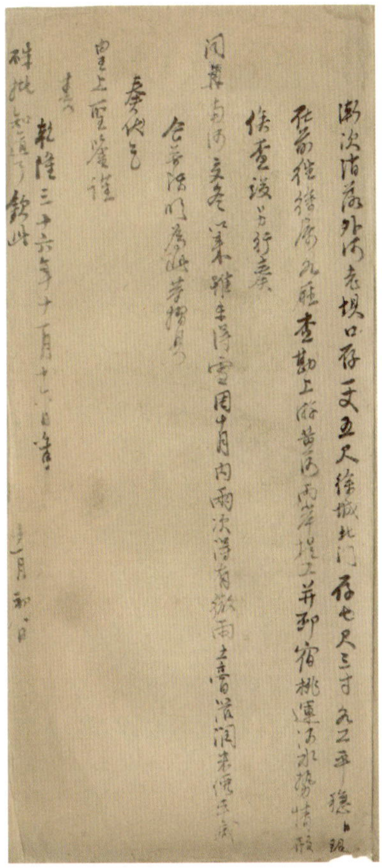

漸次消落，外河老壩口存一丈五尺，徐城北門存七尺三寸，各工平穩。臣[illegible]

在前往[illegible]各廳，查勘上游黄河兩岸堤工，並邳、宿、桃源河水勢情形，

俟查竣另行具奏。

再，聞蘇省南河交冬以來，雖未得雪，因十月內兩次得有微雨，土膏滋潤，來年[illegible]

合并陳明，附片具奏。

奏伏乞

皇上聖鑒。謹

奏

乾隆三十六年十一月十八日

硃批：知道了。欽此。

十二月初八日

三二八

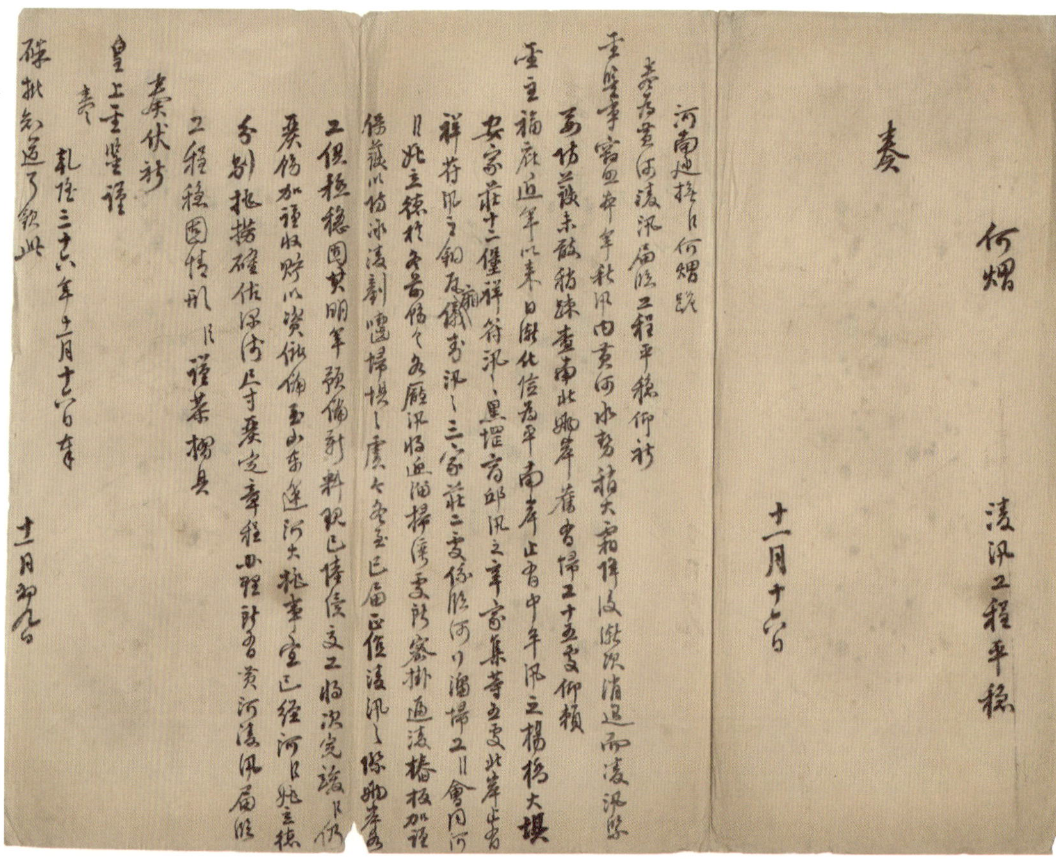

奏

何煟

凌汛工程平穩

十一月十六日

河南巡撫臣何煟跪

奏爲豫省河道凌汛兩岸工程平穩仰祈

聖鑒事。竊照本年秋汛內黄河水勢稍大，霜降後漸次消退，而凌汛緊

要，防護未敢稍疏。查南北兩岸舊有埽工十五處，仰賴

聖主福庇，近年以來日漸化險爲平。南岸止有中牟汛之楊橋大堤、

安家莊十二堡、祥符汛之黑堽、商邱汛之辛家集等五處；北岸止有

祥符汛之銅瓦廂、儀封汛之三家莊二處，係臨河之埽工。臣會同河

臣姚立德於冬至前後各飭廳汛將通河埽段察勘，通凌椿板加謹

保護，以防冰凌衝刷、淘掃埽根。處處委員，臣亦巡查凌汛之際，兩岸各

工俱極穩固。其明年預備新料現已陸續交工，將次完竣。臣仍

飭令加謹收貯，以資儲備。至山東運河大挑一事，臣已經河臣姚立德

分別挑挖，確估深寬尺寸，奏定章程辦理。所有黄河凌汛兩岸

工程穩固情形，臣謹恭摺具

奏伏祈

皇上聖鑒。謹

奏。

乾隆三十六年十一月十六日

硃批：知道了。欽此。

十二月初九日

三二九

姚立德　豫河工程穩固並呈儹預備搶料物等由

十二月初四日

奏

署理河東河道總督臣姚立德謹

奏為奏

聞事。竊查豫東黄河每當冬令嚴寒，河水即將結成冰凌，削

堤埽。次年加倍危險，多費錢糧。臣與河南撫臣何煟於立

冬後即檄飭管河道廳，督率查勘，多備柳秸，在於臨河首

埽之處安掛攔凌，現據各道廳禀報，俱經督率廳營汛

各員照辦理，時刻在工小心防範。目下天氣晴煖，河中尚無冰

凌凍結，工程俱極穩固。至預備來年歲搶料物，乃時要之

正，在陸續收買，臣已嚴行該管道嚴行催賫，務令早

速儹運，必拜收於年內全完，近驗收清楚，臣仍於來年

動工之便，親自盤查，以杜弊端。臣謹恭摺奏

聞，伏祈

皇上睿鑒。謹

奏。

乾隆三十六年十二月初四日奏

硃批：知道了。欽此。

十二月廿八日

三三〇

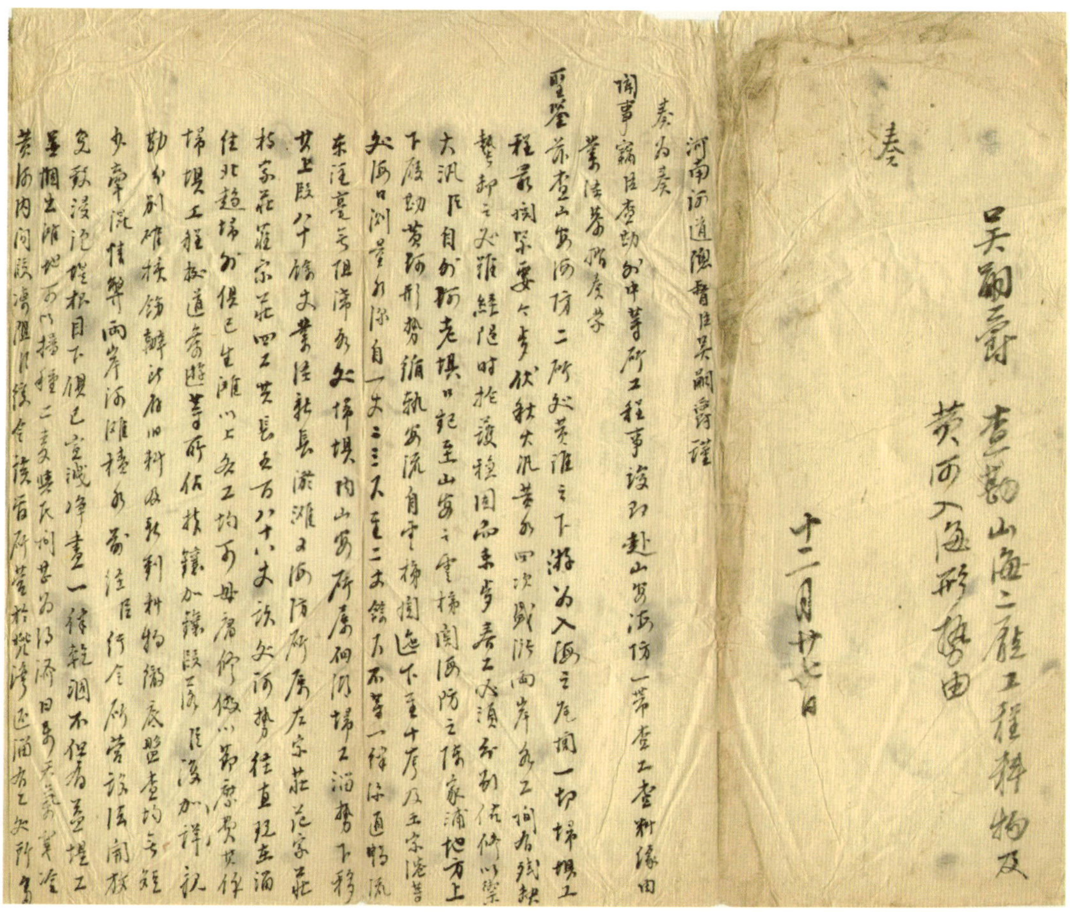
吴嗣爵　查勘山海二廳工程料物及黄河入海形勢由

十二月廿七日

奏

河南河道總督臣吴嗣爵謹

奏為奏

聞事。竊臣查勘中牟等所工程事竣，即赴山安海防一帶查工查料緣由

業經恭摺奏

聞在案。

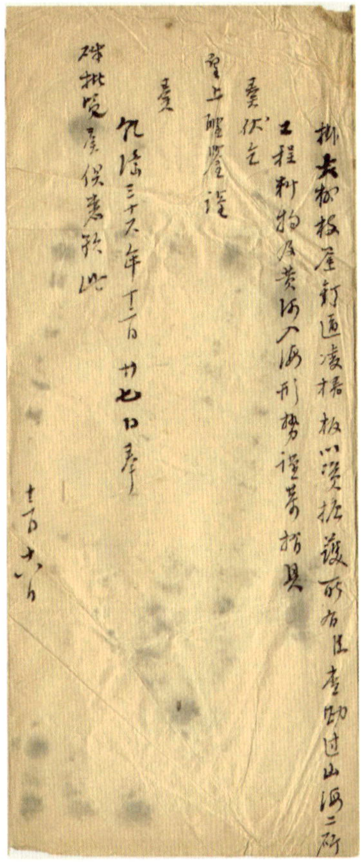

挑大柳板崖新通凌搭板以資抵護所有臣查勘過山海二廳
工程料物及黃河入海形勢謹恭摺具
奏伏乞
皇上睿鑒謹
奏
乾隆三十六年十一月廿七日奉
硃批覽奏俱悉欽此
十二月十八日

三三一

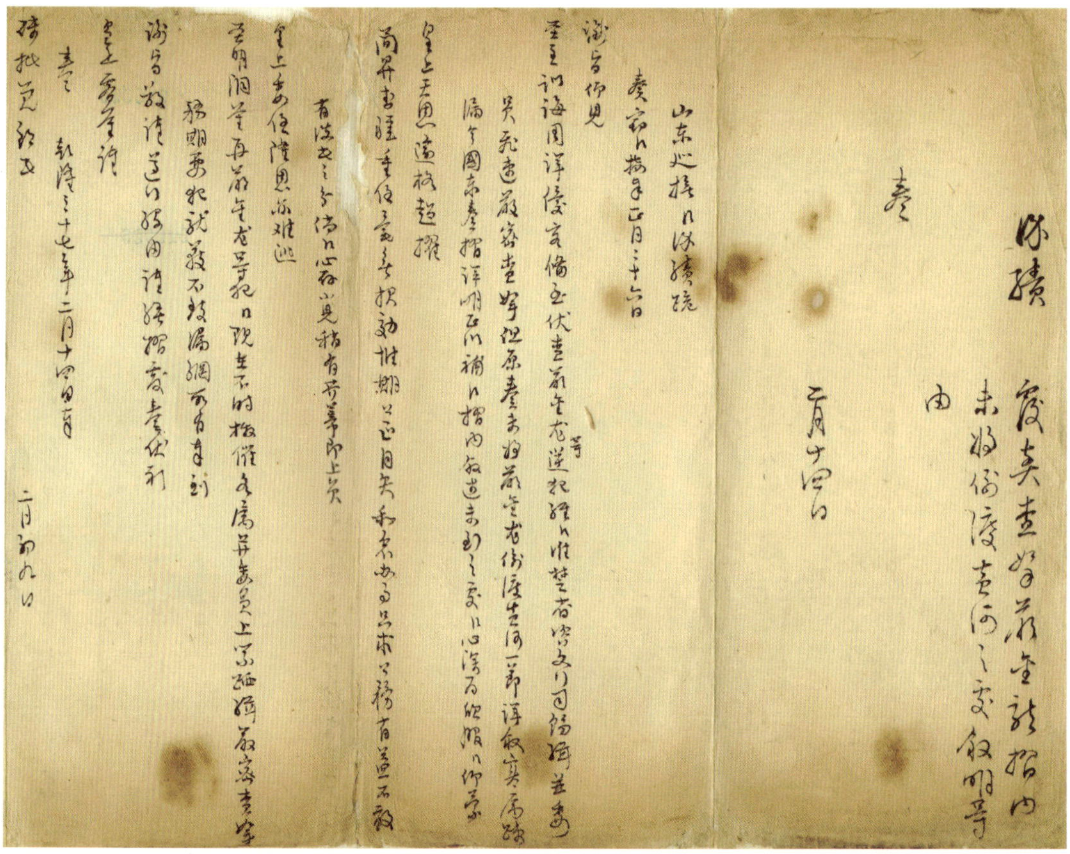

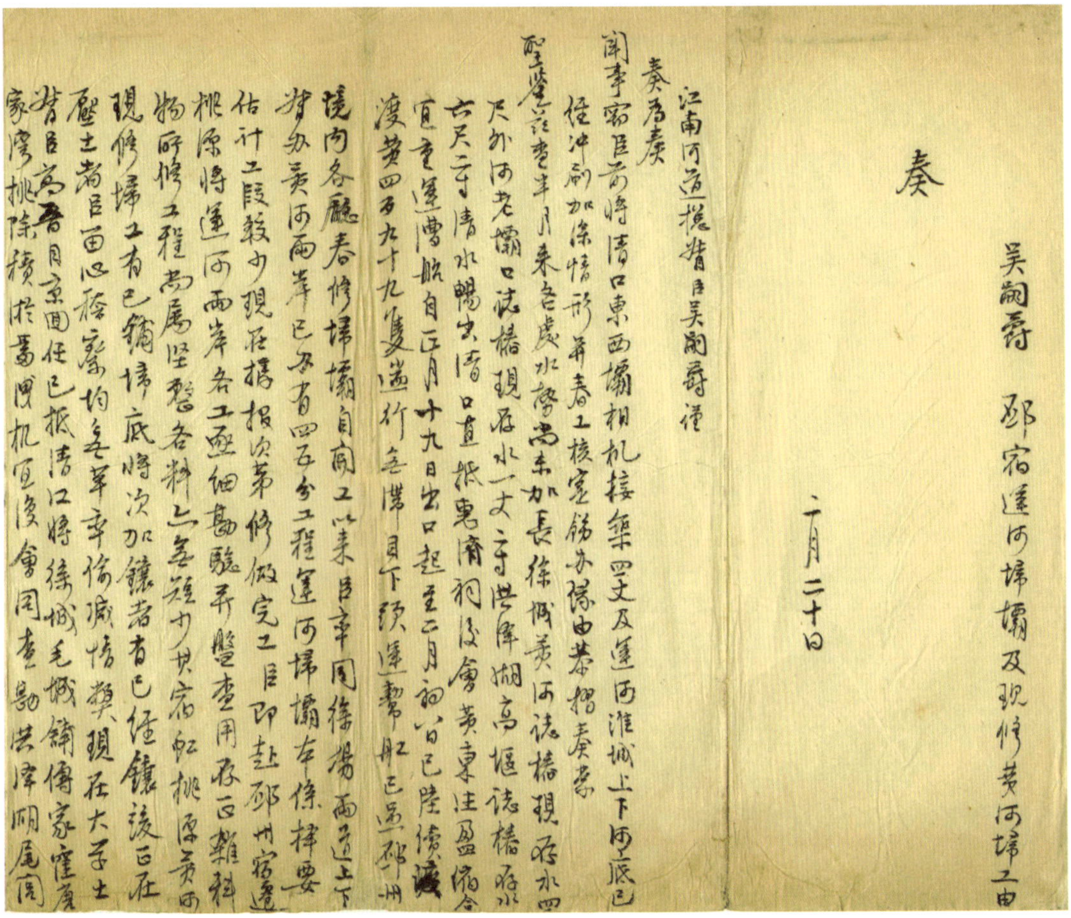
吴嗣爵　邳宿運河埽壩及現修黄河埽工由

奏

二月二十日

江南河道總督臣吴嗣爵謹

奏爲奏

聞事。竊臣前將清口東西壩相机接築四丈及運河淮城上下河工底已

經沖刷加深情形並春工核實飭办緣由恭摺奏

聖鑒在案。半月來各處水勢尚未加長，條減黄河志樁現存水四

尺，外河老壩口志樁現存水一丈一寸，洪澤湖高堰志樁存水

六尺二寸，清水暢出清口，直抵惠濟祠，後會黄東注，盈縮合

宜。重運漕船自正月十九日出口起，至二月初八日已陸續渡

渡黄四百九十九隻，遄行無滯。目下頭運幫船已過邳州

境內。各廳春修埽壩自開工以來，臣率同徐揚兩道上下

游，黄河兩岸已成者四五分工程。運河埽壩本係擇要

估計，工段較少，現在據報次第修做完工。臣即赴邳州宿遷

桃源將運河兩岸各工逐細驗看，豎查用存正雜料

物，所修工程尚屬堅整，各料亦無短少。其宿虹桃源黄河

現修埽工，有已鑲埽底將次加鑲者，有已經鑲後正在

壓土者，臣留心稽察，均無草率偷減情弊。現在大汛土

背臣蒙恩回任，已抵清江，將徐城毛城鋪傅家窪

家灣挑除積於舊[illegible]機宜，後會同查勘洪澤湖尾閭

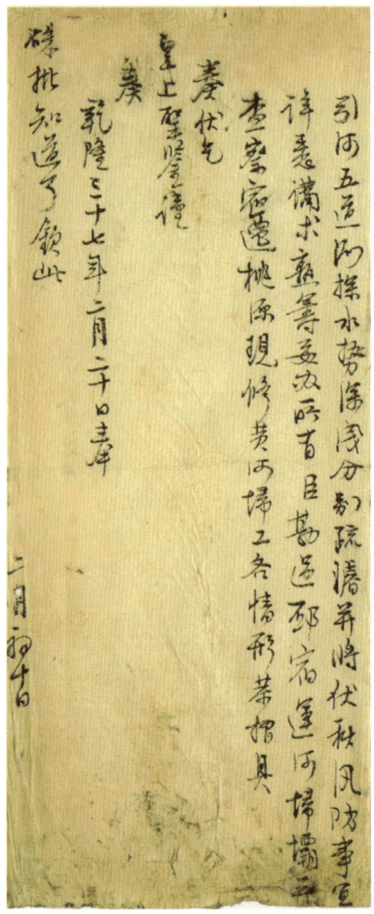
引河五道一切揆水勢深淺分別疏濬并將伏秋汛防事宜
詳悉講求籌畫妥協所有目下邳宿運河埽壩工
查察宿遷桃源現修黃河埽工各情形恭摺具
奏伏乞
皇上聖鑒謹
奏
乾隆三十七年二月二十日奏
三月初十日
硃批知道了欽此

三二三

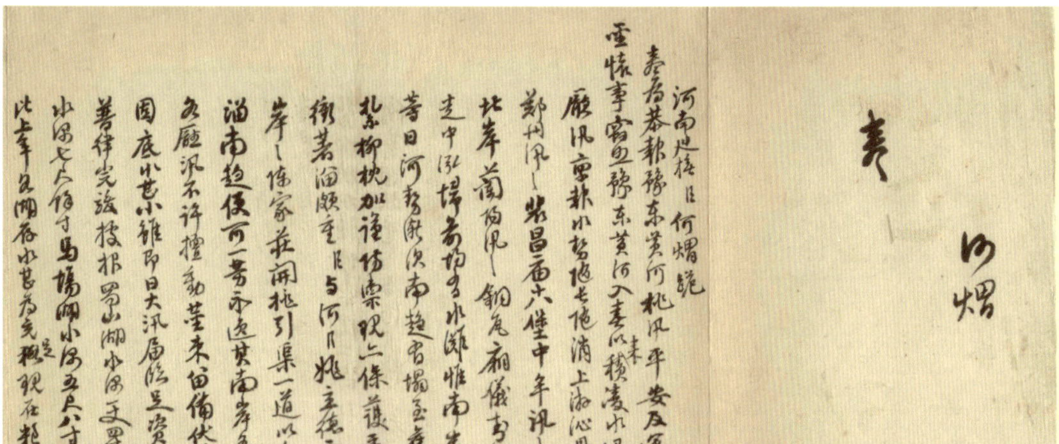

河南巡撫臣何煟跪

奏為恭報豫東黃河桃汛平安及運河水勢充足仰慰

聖懷事竊照豫東黃河入春以來積凌水退茲屆增長桃汛届臨接各

廳汛稟報水勢陸續長[illegible]清上游沁丹伊洛諸河均未長水黃河南岸

鄭州汛之張昌廟十八堡中牟汛之楊橋十堡商郎汛之辛家集

北岸蘭陽汛之銅瓦廂儀考汛之三家莊埽壩各工大溜俱

走中泓埽前均有水灘惟南岸祥符汛之黑堈於二月十四五

等日河勢微向南趨刷塌灘坡埽根之處隨令該廳汛捆

紮柳枕加謹防護現亡條護平穩又山東曹考汛六堡河勢直

衝舊灘頗重臣與河臣姚立德商酌于該處水未長發之時於六堡對

岸之陳家莊開挑引渠一道以分溜勢按款現已挑竣業能奪

溜南趨使河一勢亦逸其南岸各工所貯料物均屬充裕臣嚴飭

各廳汛不許擅動並來留備伏秋搶急之用現在各處工程節年

固底水勢小雖即日大汛届臨足資穩再查山東運河大挑工程俱已

普律完竣按報郭山湖水深丈四馬踏南旺二湖水深六尺八寸蜀山湖

水深七尺八寸馬場湖水深五尺八寸微山湖二口閘水深一丈二尺五寸按

比上年各湖存水甚為充足現在糧艘經臨河臣姚立德督率道廳

奏

何煟

桃汛平穩

二月十五日

汛间各闸俱已启闭，足资宣泄，遥行无阻。河南卫河水势亦较
上年得遇。豫省漕船于开冻之后早经催挽赴通无误。所有
豫省黄河桃汛平安及运河水势充足缘由，理合恭折
奏伏祈
皇上圣鉴。谨
奏。
乾隆三十七年二月十五日奉
硃批：览奏俱悉。钦此。
三月初十日

三三四

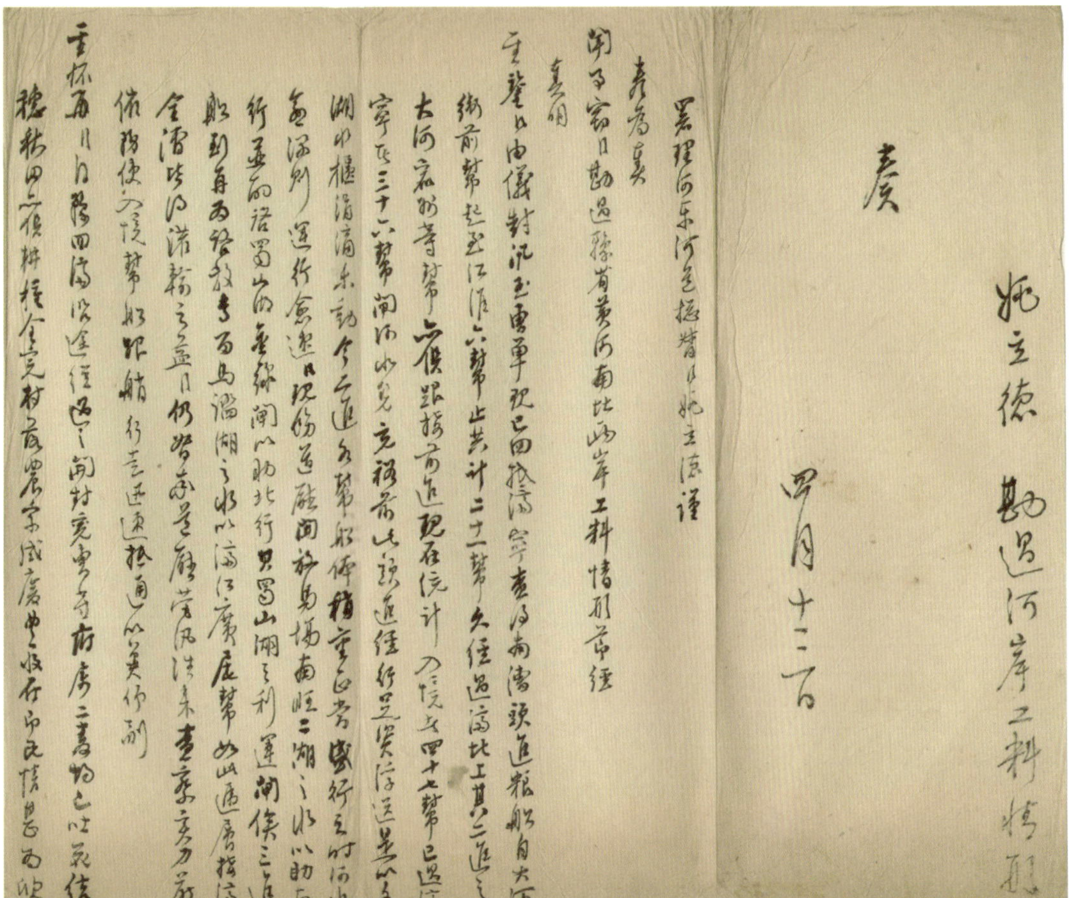

奏

姚立德 勘過河岸工料情形

四月十二日

署理河東河道總督臣姚立德謹

奏爲奏

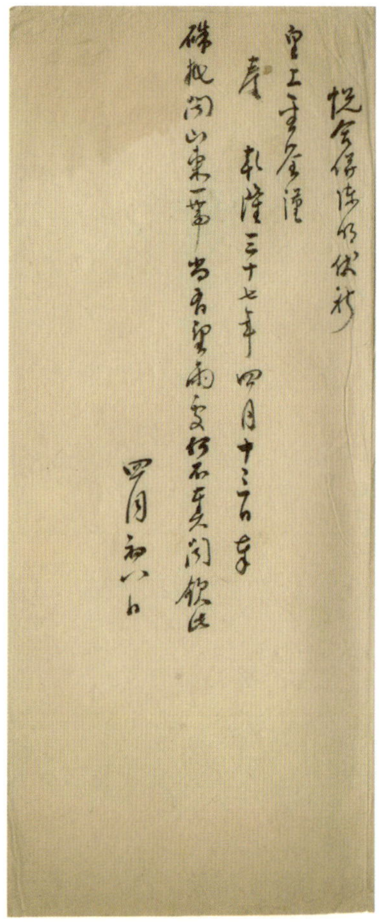

[illegible]

[illegible]

奏　乾隆三十七年四月十三日奉

硃批閱山東一帶尚有望雨[illegible]欽此

四月初八日

三三五

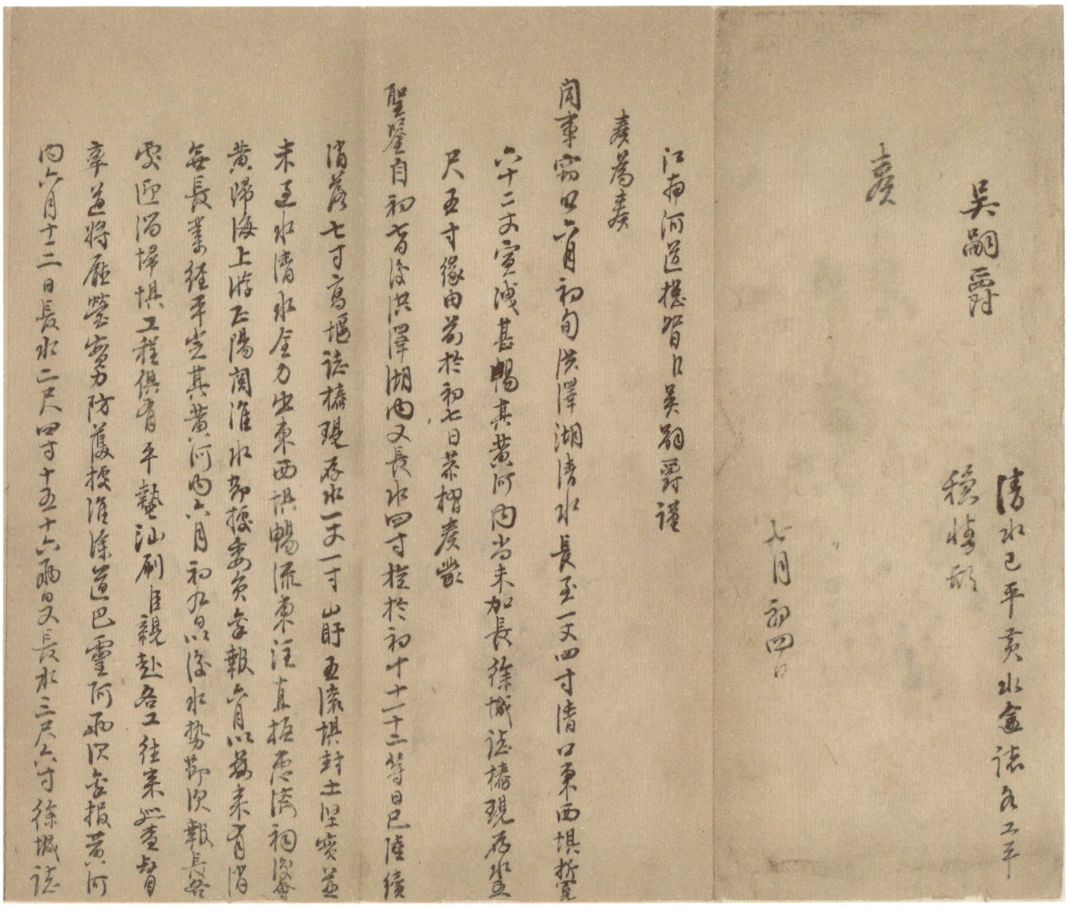
吳嗣爵

奏

清水已平黃水盛漲該處工平
穩情形

七月初四日

江南河道總督臣吳嗣爵謹
奏為奏
聞事。竊照六月初旬洪澤湖清水長至一丈四寸，清口東西壩寬
六十二丈，宣洩甚暢，其黃河內尚未加長，徐城誌樁現存丈
尺五寸。緣由前於初七日恭摺奏聞
聖鑒。自初旬後洪澤湖內又長水四寸，經於初十、十一、十二等日已陸續
消落七寸，高堰誌樁現存水一丈一寸，山盱五壩俱封土堅實，並
未過水，清水全力出東西壩暢流東注，直抵惠濟祠，會
黃歸海。上游正陽關淮水節據委員等報，自以前來有消
無長，業經平定。其黃河內六月初九日以後水勢節次報長，各
處堤埽埧工程俱屬平穩。臣刷自親赴各工往來巡查，督
率道將廳營實力防護，攔洩清道已靈。而次查報黃河
內六月十二日長水二尺四寸，十五、十六兩日又長水三尺六寸，徐城誌

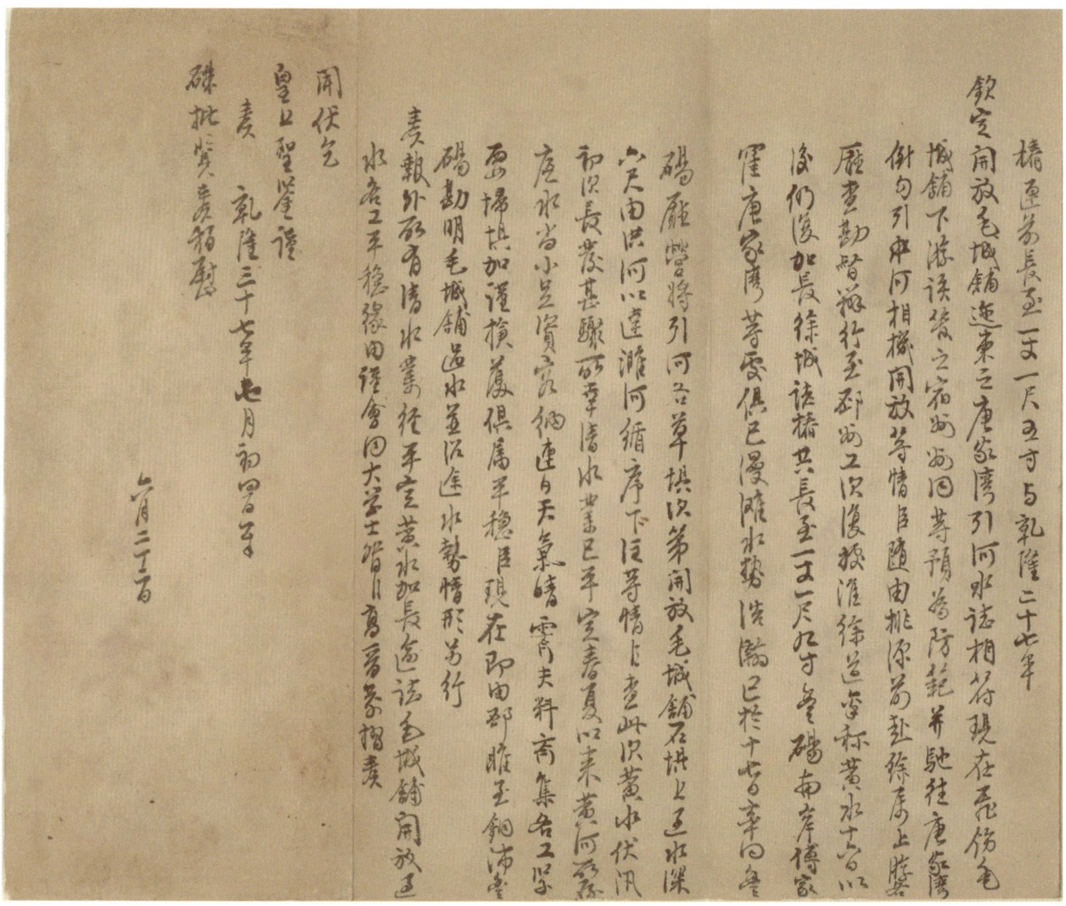
橋迎溜長至一丈一尺五寸，與乾隆二十七年
欽定開放毛城鋪迎東之唐家灣引河水誌相符。現在飛飭毛
城鋪下游該管之宿州、靈璧等預爲防範，并馳往唐家灣
街口引水河相機開放等情。臣隨由桃源前赴徐州上游
歷查勘，督飭行至邳州工次，復據淮徐道李称黄水十二日以
後仍復加長，徐城誌椿共長至一丈一尺九寸，邊碭南岸傅家
窪、唐家灣等處俱已漫灘，水勢浩瀚，已於十四日卯刻先將
碭靈營將引河各草壩次第開放，毛城鋪石壩上過水深
六尺，由洪河以達濉河循序下注等情。臣查此次黄水伏汛
初次長發甚驟，所幸清水業已平定，春夏以來黄河各
廳水留小至資[illegible]，連日天氣晴霽，夫料齊集，各工堅
要埽段加謹捆廂，俱屬平穩。臣現在即由邳睢至銅沛豐
碭勘明毛城鋪過水並沿途水勢情形另行
奏報外，所有清水業經平定、黄水加長過誌、毛城鋪開放過
水各工平穩緣由，謹會同大學士管河道臣高晉恭摺奏
聞。伏乞
皇上聖鑒。謹
奏。 乾隆三十七年七月初四日
硃批：覽奏稍慰。
六月二十三日

三三六

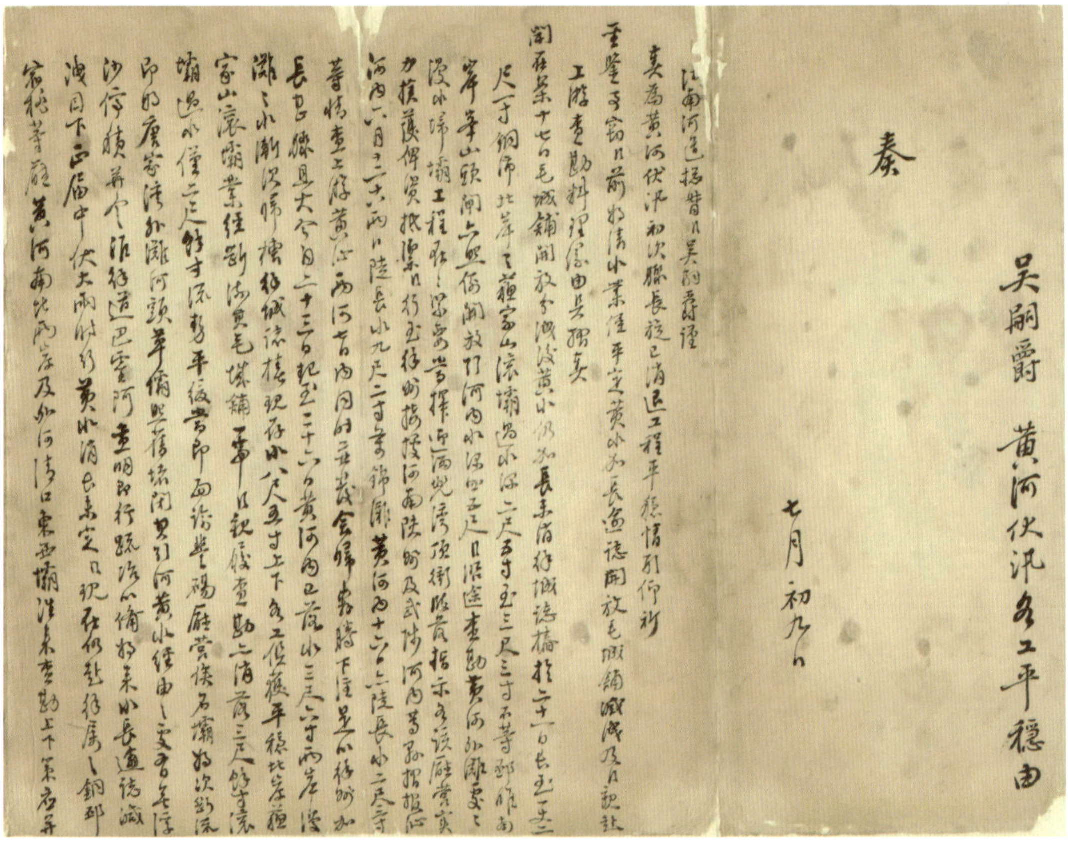

奏

吳嗣爵　黃河伏汛各工平穩由

七月初九日

江南河道總督臣吳嗣爵謹

奏為黃河伏汛初次驟長旋已消退工程平穩情形仰祈

聖鑒事……

[illegible]

[illegible]

奏聞恭摺具

奏伏乞

皇上睿鑒謹

奏 乾隆三十七年七月初九日奏

硃批覽奏俱悉欽此

六月二十七日

三三七

姚之洼　稟　豫東黃河水勢工程

祥　吉言

稟

七月十七

署理河東河道總督臣姚之洼謹

奏爲豫東黃河工程平穩情形，仰祈

聖鑒事。竊照豫東黃河水勢自入伏以來，上游先漲，有

陡漲至四尺餘寸及五尺七八寸不等，下游先漲，有

增長至六尺五六寸及七尺不等，俱係首經長發，旋即

消落，掃壩工程均屬穩固。上北河廳屬偶出汛三十

七堡等處土性鬆浮，爲豫省堤工第一喫險，歷年已培

築土戧，以致成效。去年即後於該處剝築半截圍

堤，本年往來本工，正值大雨時行，衝激淋漓，洞底埋

實。是潰擬漂儀考廳屬儀考汛河面趨上年

秋汛之文，隨即於七堡迤下築箝壩二個，挑溜已深，

水長甚爲得力。惟是豫河勢情形總見偏趨，側注北岸，

其易於生工之處，親加相度，應於對岸抽溝切嘴以分

溜勢。已經逐漸辦竟，於灘面搭草窩鋪，住募民夫

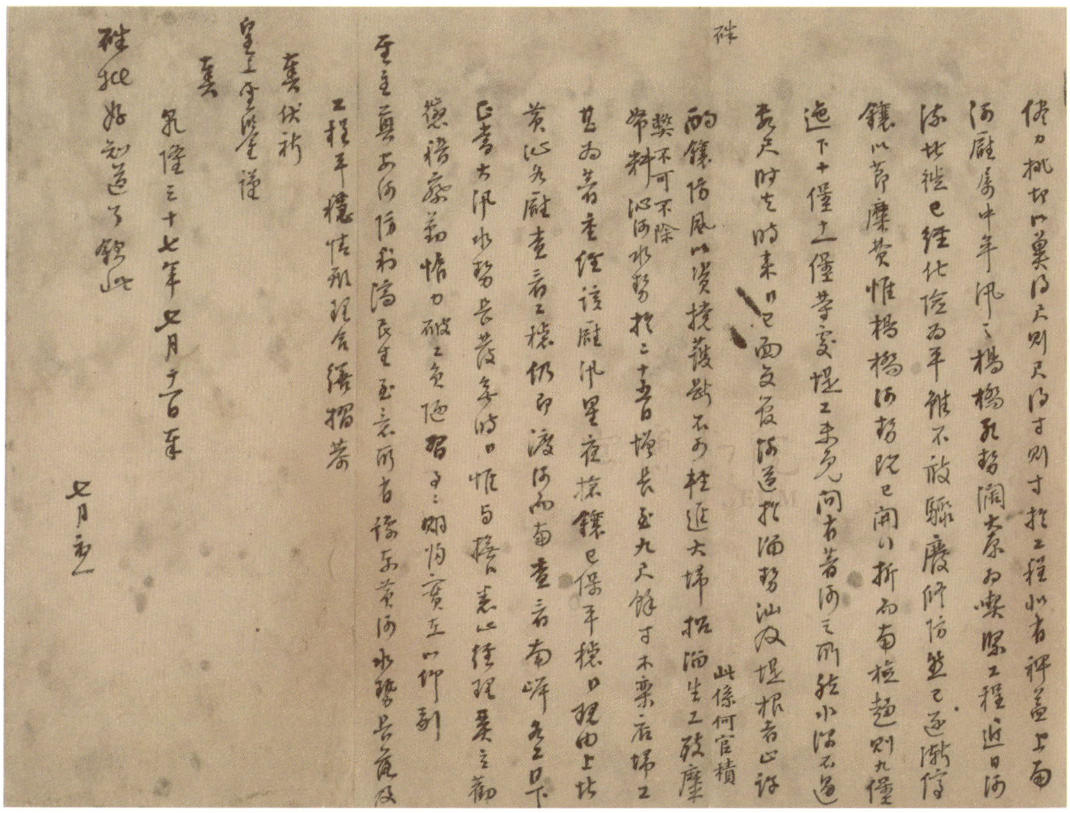

[illegible]

工程平穩情形理合繕摺恭

奏伏祈

皇上睿鑒謹

奏

乾隆三十七年七月十四日

硃批：好，知道了。欽此

七月廿一

三三八

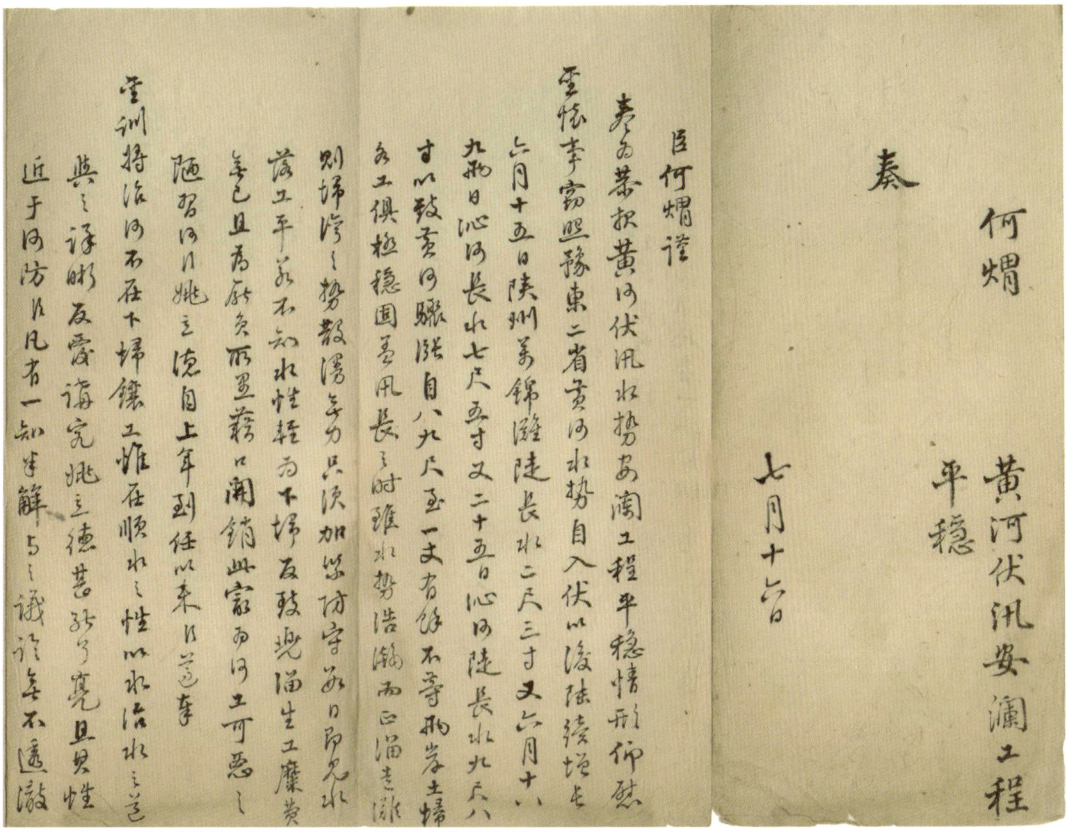

何熤

奏

黄河伏汛安瀾工程
平穩

七月十六日

臣何熤謹
奏爲恭報黄河伏汛水勢安瀾工程平穩情形仰慰
聖懷事竊照豫東二省黄河水勢自入伏以後陸續增長
六月十五日陝州萬錦灘陸長水二尺三寸又六月十八
九兩日沁河長水七尺五寸又二十五日沁河陸長水九尺八
寸以致黄河驟漲自八九尺至一丈有餘不等兩岸土埽
各工俱極穩固查汛長之時雖水勢浩瀚而正溜走漲
則埽灣之勢散漫無力只須加緊防守數日即見水
落工平若不知水性輕而下埽反致逆溜生工糜費
無已且爲啟人所置藉口開銷此竊爲河工可惡之
陋習而姚立德自上年到任以來以道奉
聖訓指治河不在下埽鑲工惟在順水之性以水治水之道
與之詳晰反覆講究姚立德甚能了亮且其性
近于河防又凡有一知半解亦之識諳無不遠澈

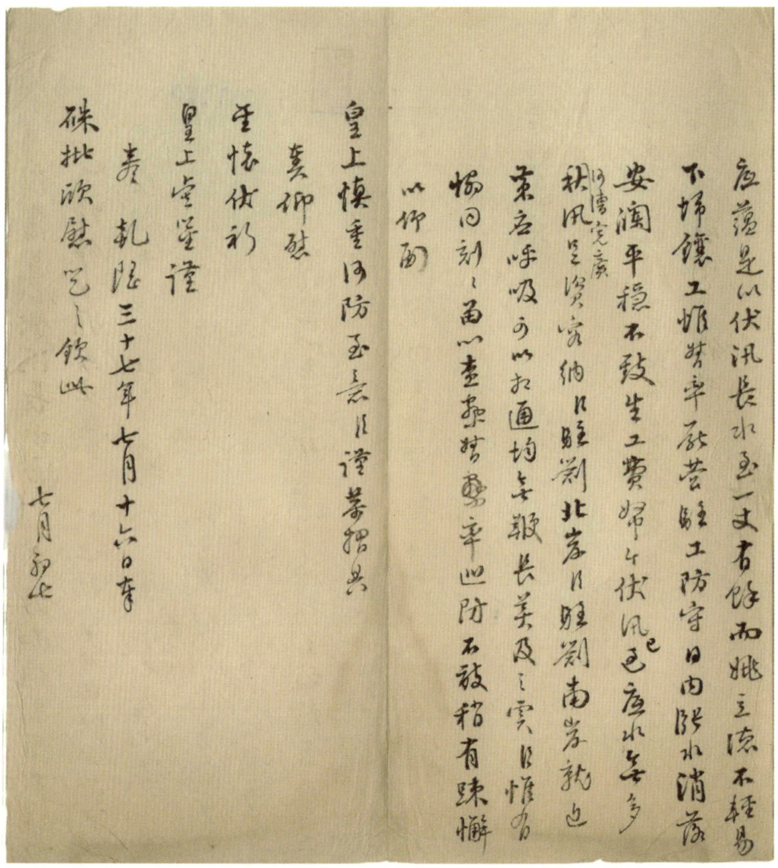
底蕩是以伏汛長水至一丈有餘而姚工流不輕易
下埽鑲工雖皆平穩若雖工防守日內隔水消落
安瀾平穩不致生工費埽々伏汛已過水無多
秋汛河勢寬廣足資容納且雖劃北岸且雖劃南岸就近
兼之呼吸可以相通均無難長策及之實且惟有
協同劃々畫以查勘督率巡防不敢稍有疎懈
以仰副
皇上慎重河防至意且謹恭摺具
奏伏祈
聖懷伏祈
皇上睿鑒謹
奏 乾隆三十七年七月十六日奉
硃批欣慰覽之欽此
七月初九

三三九

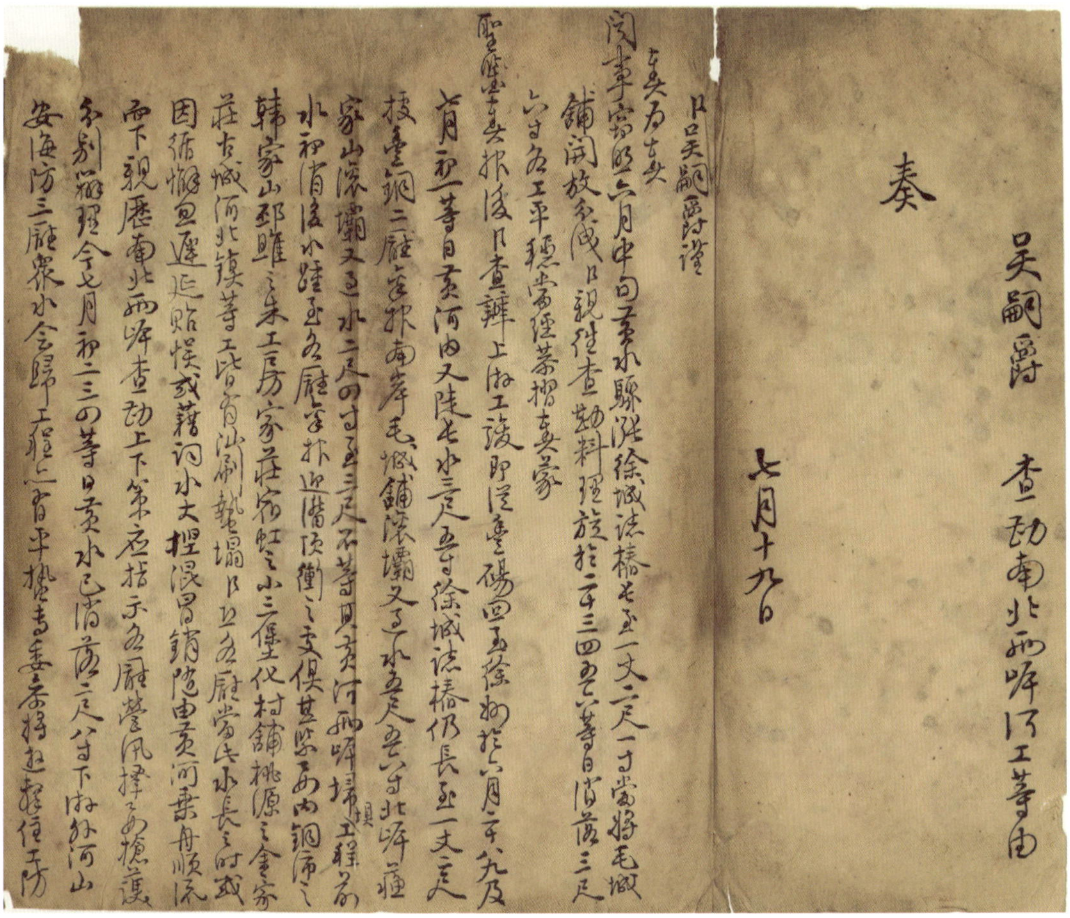

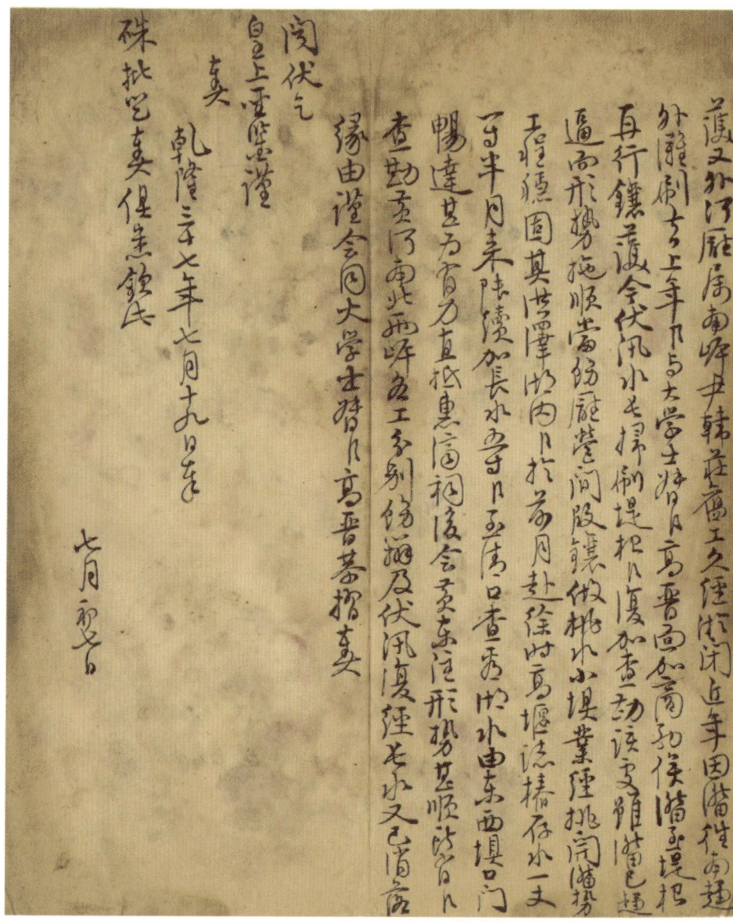

護又於河灘居南岸尹韓莊舊工久經淤閉，近年因溜往南趨
外灘刷。去上年臣與大學士臣高晉面加商酌，仍將溜至堤根
再行鑲護。今伏汛水長，掃刷堤根，臣復加查勘，該處雖溜已趨
過南，形勢稍順，當飭灘灣間段鑲做挑水小埧，業經挑完，溜勢
去堤穩固。其洪澤湖內，臣於前月赴徐州高堰志樁存水一丈
一尺有半，月來陸續加長水寸，臣至清口查看，湖水由東西埧口門
暢達，甚為有力，直抵惠濟祠後，會黃東注，形勢甚順。所有臣
查勘黃河南北兩岸各工，分別飭辦及伏汛復經長水，又已消落
緣由，謹會同大學士臣高晉恭摺奏
聞。伏乞
皇上睿鑒。謹
奏。
乾隆三十七年七月十九日
硃批：覽奏俱悉。欽此。

七月初[illegible]日

三四〇

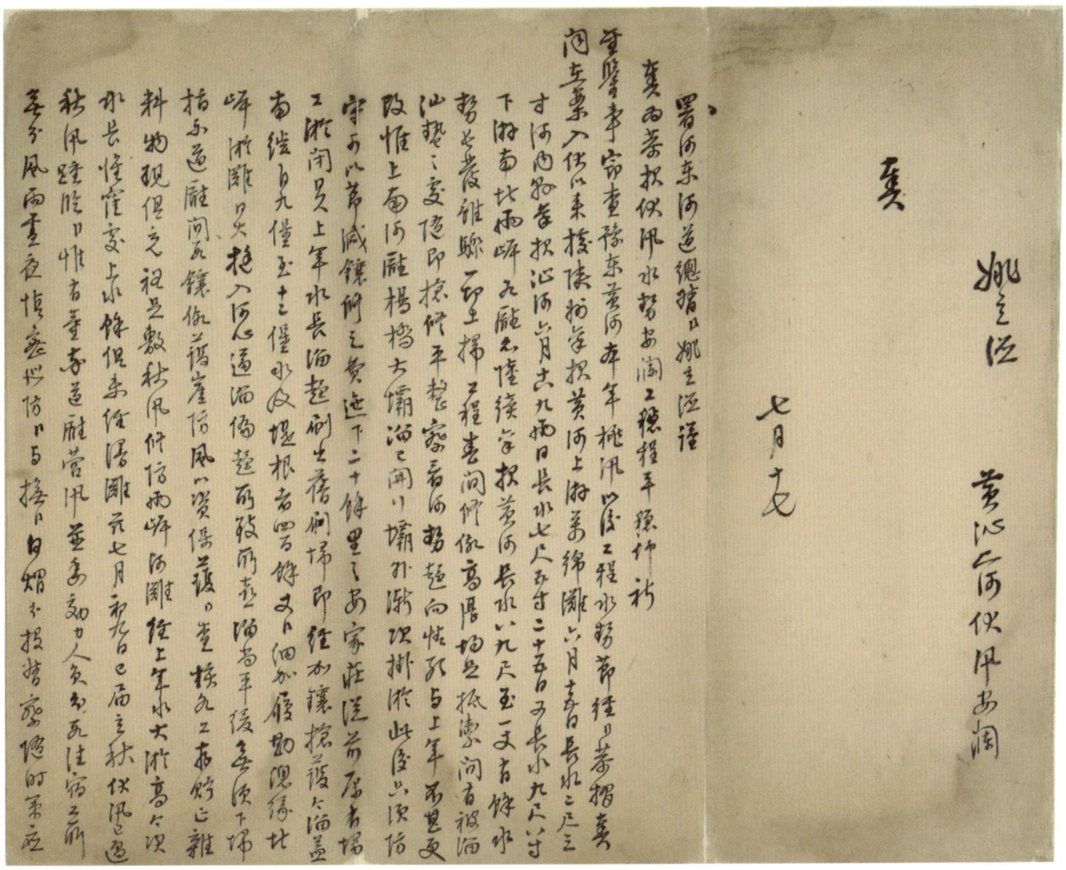

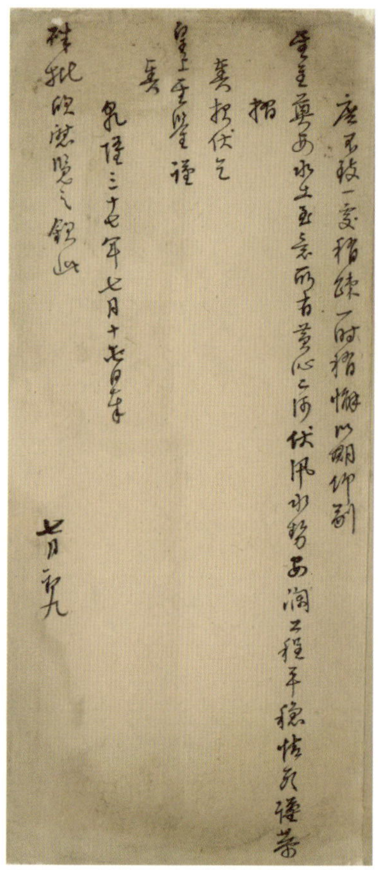

庶足收一處積練一時增修以期仰副
聖主奠安水土至意所有黃沁二河伏汛水勢安瀾工程平穩情形謹恭
摺
奏報伏乞
皇上睿鑒謹
奏
乾隆三十七年七月十七日
硃批欣慰覽之欽此
七月初九

三四一

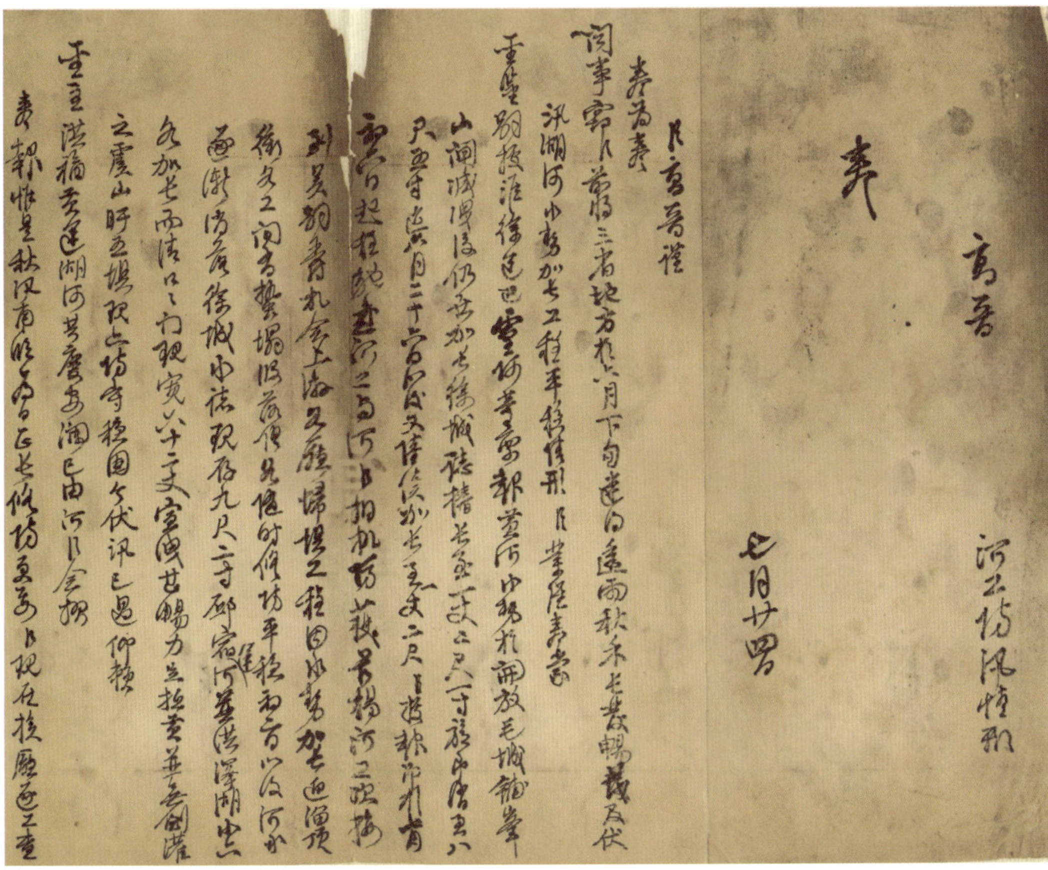

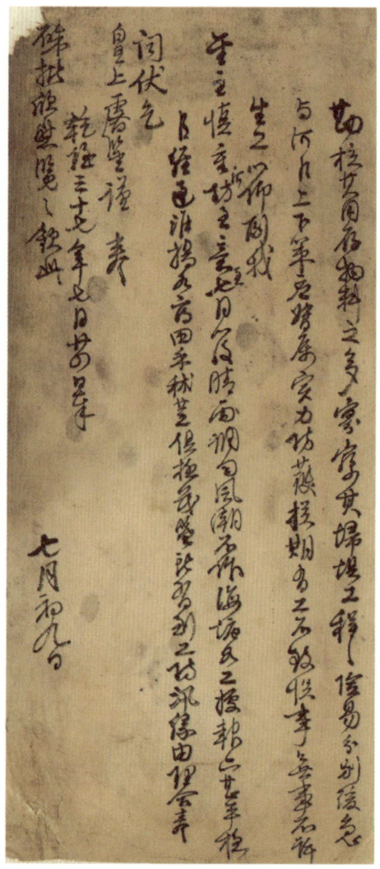

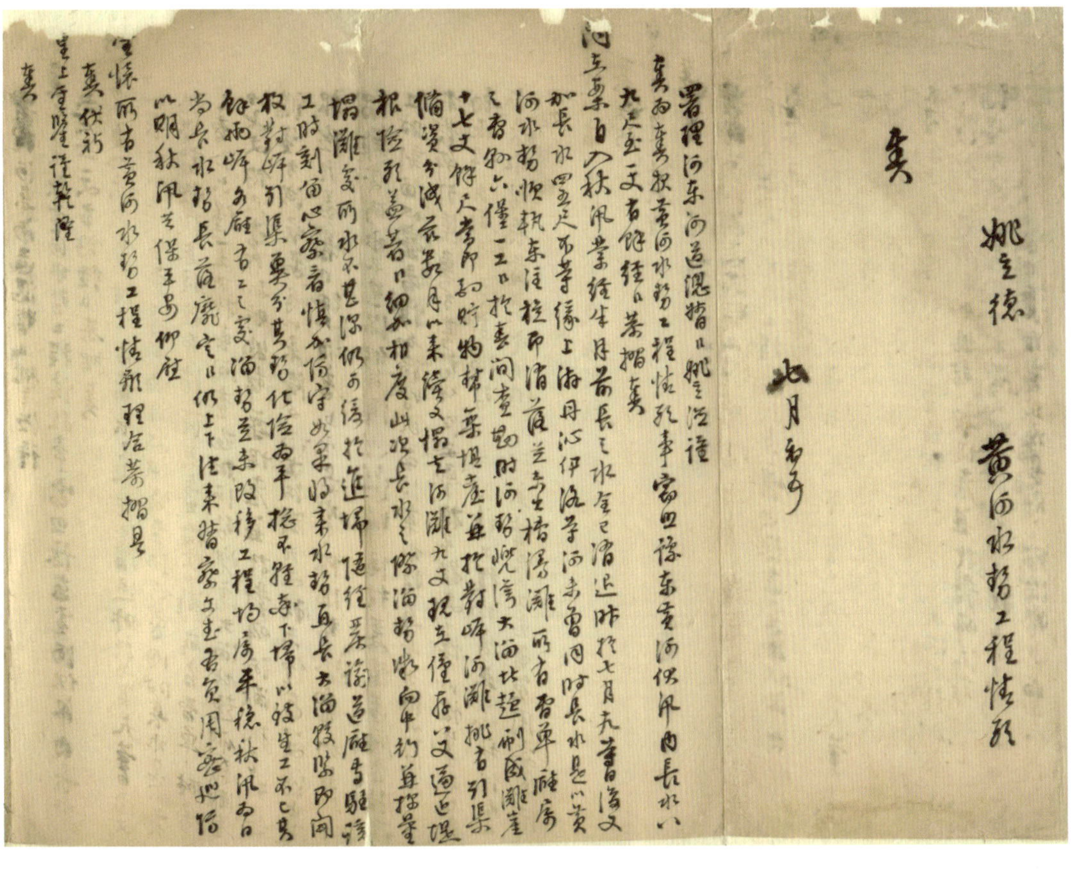

奏

姚立德　黄河水勢工程情形

七月

署理河東河道總督臣姚立德謹
奏爲奏報黄河水勢工程情形事。竊照豫東黄河伏汛内長水八
九尺至一丈有餘，經臣節次奏報在
案。自入秋汛業經半月，前長之水全已消退，昨於七月初九日復又
加長水四五尺不等，緣上游丹沁伊洛等河未曾同時長水，是以黄
河水勢順軌東注，旋即消落，並無生險淤灘。所有曹單睢虞
之曹外六堡一工，向於春間查勘時，河勢既灣，大溜北趨，刷成灘崖
十七丈餘，又當即將埽築堤，並於對岸河灘挑有引渠
備資分減。茲數月以來，陸續塌去河灘九丈，現在僅存八丈，逼近堤
根。臣前日細加相度，此次長水之際，溜勢微向東南，並搭壘
埽灘處所水不甚深，似可緩於進埽，隨經嚴飭道廳專駐該
工，時刻留心察看情形，倘如果日來水勢直長，大溜陡向
攻射，將引渠又其勢必俟兩年，終不能察下埽，以致生工不已。其
餘兩岸各廳有工之處，溜勢並無改移，工程均屬平穩。秋汛爲日
尚長，水勢長落靡定，臣仍上下往來，督察文武員弁周密巡防，
以期秋汛普保平安，仰慰
聖懷。所有黄河水勢工程情形，理合恭摺具
奏，伏祈
皇上睿鑒。謹
奏。

乾隆三十七年六月初五日奏

硃批知道了欽此

七月二十六

三四三

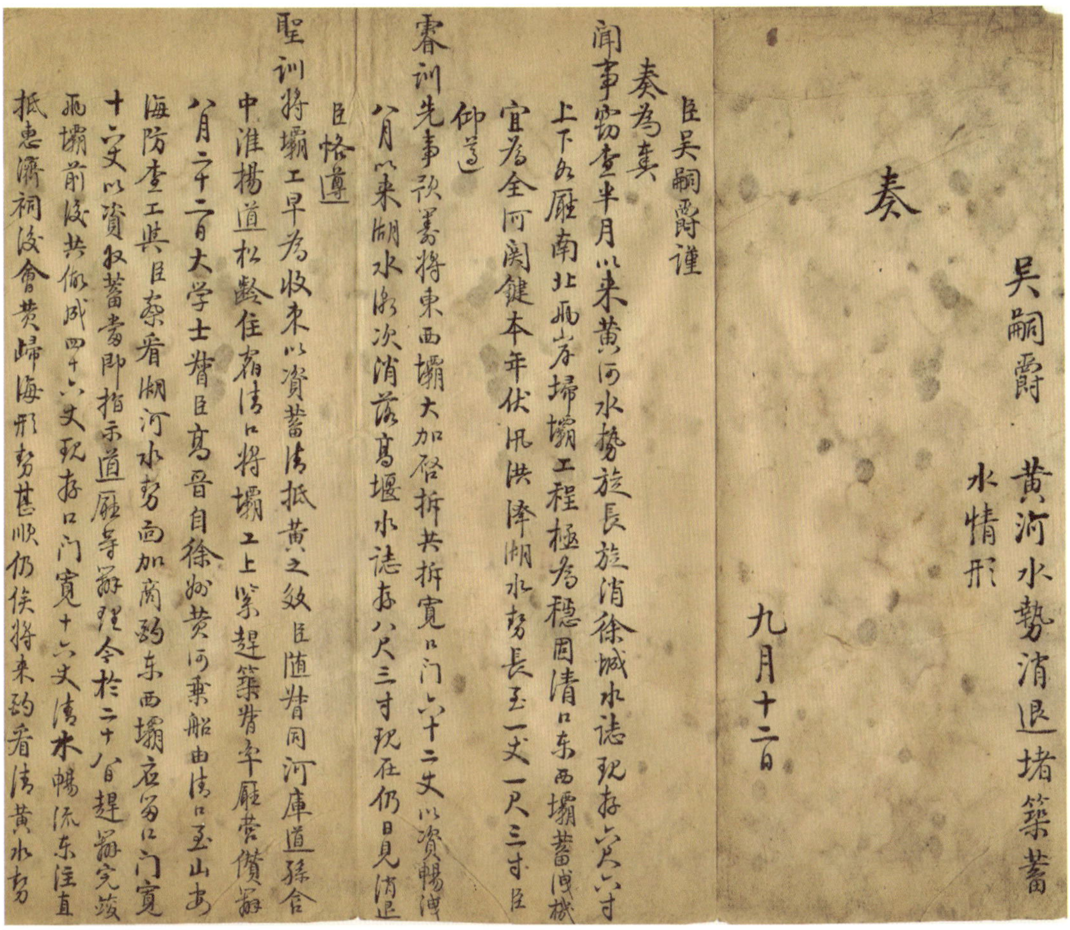

奏

吳嗣爵　黄河水勢消退堵築蓄水情形

九月十二日

臣吳嗣爵謹
奏為奏
聞事。竊查半月以來黄河水勢旋長旋消，徐城水誌現存六尺六寸，上下各廳南北兩岸埽壩工程極為穩固。清口東西壩蓄洩機宜為全河關鍵。本年伏汛洪澤湖水勢長至一丈一尺三寸，臣
仰遵
睿訓，先事預籌，將東西壩大加啓拆，共拆寬口門六十二丈，以資暢洩。八月以來湖水漸次消落，高堰水誌存八尺三寸，現在仍日見消退。
臣恪遵
聖訓，將壩工早為收束，以資蓄清抵黄之效。臣隨督同河庫道孫含中、淮揚道松齡住宿清口，將壩工上緊趕築，督率廳營價辦。八月二十二日大學士督臣高晉自徐州黄河乘船由清口至山安海防查工，與臣察看湖河水勢，面加商酌，東西壩應留口門寬十丈，以資收蓄，當即指示道廳等辦理。今於二十八日趕辦完竣。兩壩前後共做成四十六丈，現存口門寬十六丈，清水暢流，東注直抵惠濟祠，後會黄歸海，形勢甚順。仍俟將來酌看清黄水勢

情形如尚須收束隨時相機辦理另行奏
聞至淮揚運河上下水勢一律深通其黄河以北之邳宿運河全以東省爲
來源今年微山湖水較小淮河東河臣姚立德會已將湖口壩堵
閉所有江南之駱馬湖尾閭并蘆口壩臣於八月初間即堵築
蓄水現在駱馬湖水已加長三尺餘寸足資來春新運再各廳
預備明年料物今歲秋成甚屬豐稔臣與淮揚淮徐二道查照奏
程核計舊存料物採辦新料督飭各廳實力購採嚴密稽查務
使照數於歲內全運到工如式堆貯不使稍有短少弊混以仰副
聖主慎重工料至意回空漕船已渡黄南下者共九百三十餘隻臣分
飭將弁沿途實力儹催巡行無滯謹會同大學士督臣高晉恭
摺具
奏伏乞
皇上睿鑒謹
奏
乾隆三十七年九月十二日奉
硃批覽奏俱悉欽此

八月二十八日

三四四

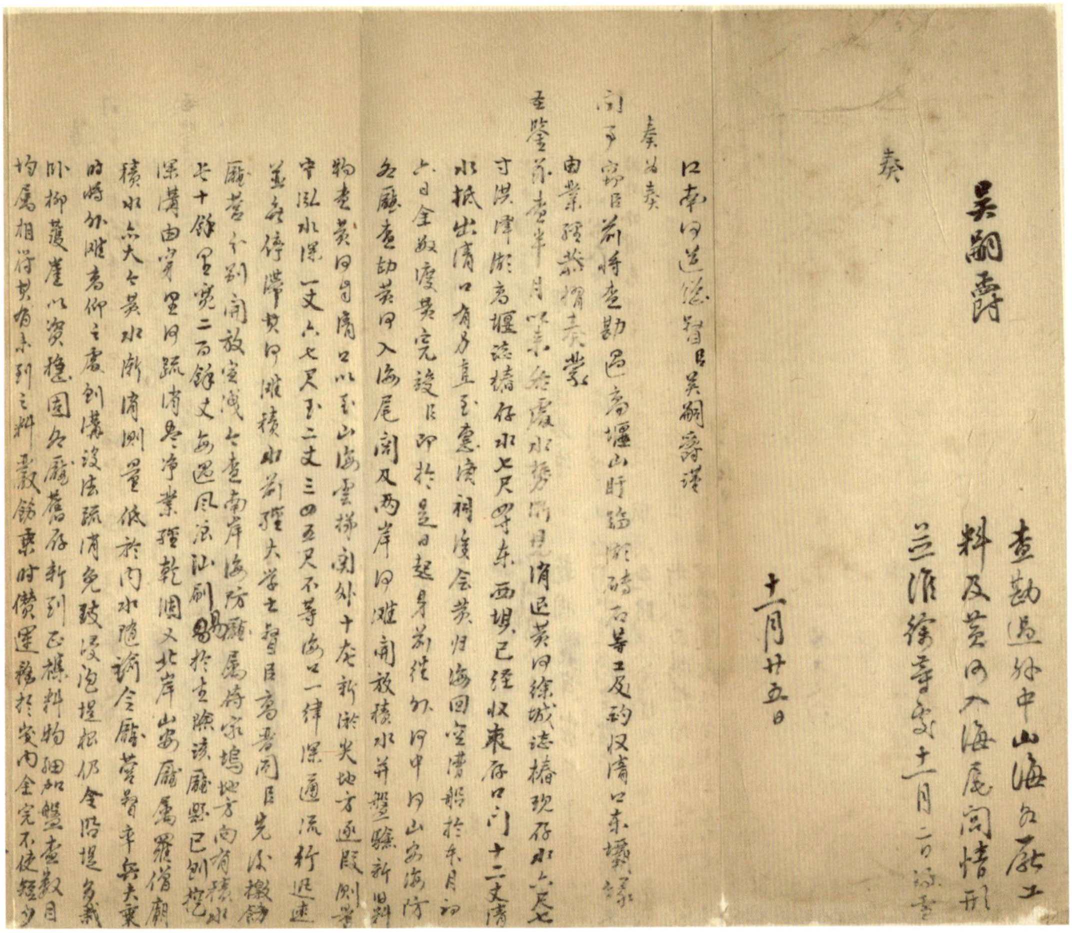
吴嗣爵

奏

查勘海口外中山海口各廠工料及黄河入海尾閭情形並淮徐等處十一月二日[illegible]

十一月廿五日

江南河道總督臣吴嗣爵謹

奏為奏

聞事。竊臣前將查勘高堰山盱臨湖磚石等工及[illegible]汊清口東壩緣

由業經恭摺奏蒙

聖鑒。半月以來，各處水勢漸見消退，黄河徐城誌椿現存水六尺七寸，洪澤湖高堰誌椿存水七尺四寸，東西壩已經收束，存口門十二丈，清水抵出清口，有力直至惠濟祠，[illegible]全幫歸次回空漕船於本月初六日全數渡黄完竣。臣即於是日起身前往外河中河山安海防各廳查勘黄河入海尾閭及兩岸河灘開放積水并盤驗新舊料物。查黄河自清口以至山海雲梯關外十套新淤尖地方，逐段測量中泓水深一丈六七尺至二丈三四五尺不等，海口一律深通，流行迅速，並無停滯。其河灘積水前經大學士督臣高晉同臣先經檄飭廳營分別開放宣洩。今查南岸海防廳屬轄宋家嶋地方向有積水七十餘里，寬二百餘丈，每遇風浪汕刷，易於[illegible]，該廳縣已挑挖深溝，由穿黄河疏消，悉已淨[illegible]。又北岸山安廳屬羅僧廟積水亦大，今其水勢[illegible]，測量依於內水隨消，令廳營督率兵夫乘此時將外灘高仰之處，開溝設法疏消，免致浸泡堤根，仍令沿堤多栽卧柳蘆葦以資捍衛。各廳舊存新到正襍料物，細加盤查，數目均屬相符，其有未到之料，[illegible]飭[illegible]時催運，務於冬內全完，不使短少

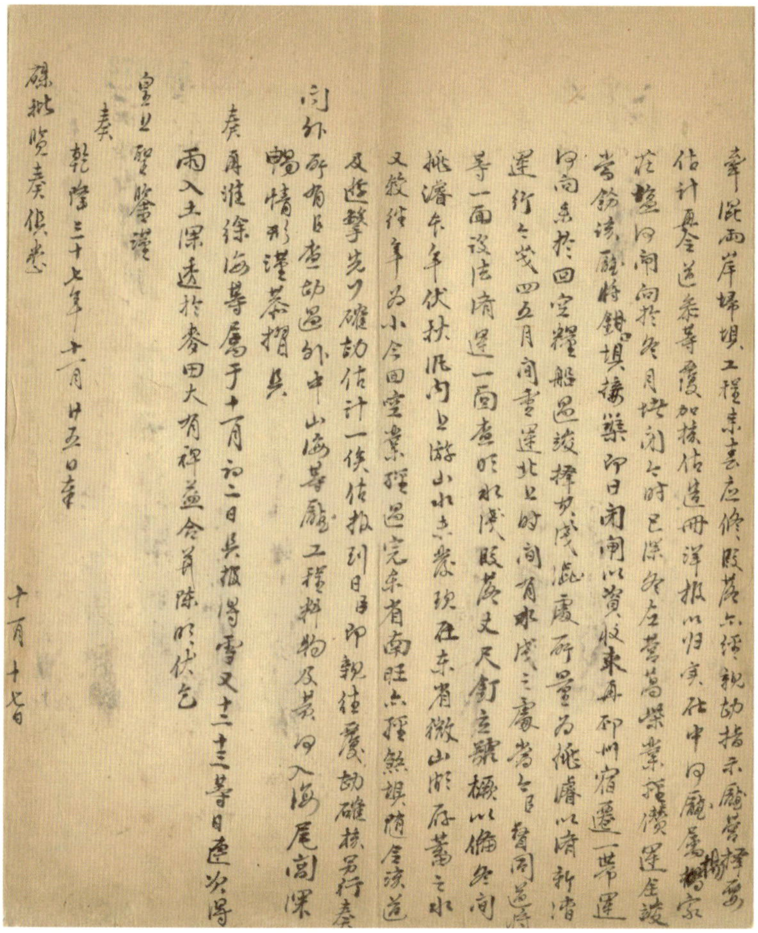

黄河兩岸埽壩工程未甚應修，歲搶亦須親勘指示，廳營揀要
估計，再令道員等覆加核估造冊，詳報以歸實，在中河廳屬楊家
莊境內閘向於冬月堵閉之時，已深冬令，若葛概業能攢運全竣，
當飭該廳將錢[illegible]填接築，即日閉閘以資收束。再邳州宿遷一帶運
河向來於回空糧船過竣挑挖淺處，所量為挑濬以濟新漕
運行。又若四五月間運北上時，間有水淺之處，當令督同道府
等一面設法濟運，一面查明水淺段落丈尺，釘立號橛，以備冬間
挑濬。本年伏秋汛內上游山水未發，現在東省微山湖存蓄之水
又較往年為小，今回空業經過完，東省南旺亦經無誤，隨令該道
及遊擊先行確勘估計，一俟估報到日，即親往覆勘確核，另行奏
聞。外所有臣查勘過外中山海等廳工程料物，及黃河入海尾閭深
暢情形，謹恭摺具
奏。再淮徐海等屬于十月初二日具報得雪，又十二十三等日連次得
雨入土深透，於麥田大有裨益，合并陳明。伏乞
皇上聖鑒。謹
奏。
乾隆三十七年十一月廿五日奉
硃批：覽奏俱悉。

十月十七日

三四五

奏

太子太傅內大臣大學士仍留兩江總督統理河務革職留任臣高晉謹

奏為奏

聞事竊臣前將勘過上游豐碭廳屬毛城鋪并宿州濉河

等工及徐城水誌漸消安瀾兆慶地方秋禾處處暢

茂豐收可卜情形繕摺具

奏後臣即自徐州坐船由黃河南下將銅沛邳睢宿虹

桃源并下游之外河山安海防各廳兩岸工程挨次

逐一確勘查其伏秋長水溜勢情形核其搶修埽壩

用料有無浮多分別工程險易明春何處應行估修

何處應行停辦及越堤堅固形勢較順來年應行放

淤以節錢粮之處均經一面行知道叅廳營悉心辦

理一面咨會河臣一體飭遵又吳城一帶臨湖磚工

因本年洪澤湖水勢浩瀚經歷伏秋風浪汕塌者較

多堰盱二廳磚石工亦間有塌損十餘段各廳歲搶

修錢粮所費不貲難以彙入臣現與河臣委員確估

俟冬令水落另行

題請一律補修完整以資捍衛臣查本年桃伏秋三汛

湖河水勢叠次長發大而且久各工在在險要叨荷

聖明睿照預期

訓示提撕臣與河臣得以先事綢繆督率道將廳營加謹

防護仰賴

聖主洪福

河神默祐或竭力搶修或相機放淤俱已化險為平茲

届霜降水勢日漸消落通工咸慶安瀾臣現在會同

河臣將秋汛安瀾情形恭摺

奏報並將各廳本年用過庫貯錢粮分晰核定凡河工

緊要機宜俱經公同詳細商搉臣即由揚屬各廳順

勘工程回省辦事河臣吳嗣爵現在奏請

陛見如蒙

俞允臣仍應親到清江駐劄督辦至上江之鳳陽泗州下

（朱批：已有旨將尔等議叙）

（朱批：不今負来也）

江之淮安海州各屬一隅偏災不過一州一縣中十
分之一二現在委員會勘照例辦理民情安堵此外
三省地方早稻秫秫業已豐收晚禾豆穀亦在次第
登場據各州縣陸續稟報收成八九十分不等洵稱
豐稔統俟報齊容臣分別彙摺
奏報所有河工秋汛安瀾地方收成豐稔并臣防汛回
省辦事緣由理合一併繕摺奏
聞伏乞
皇上睿鑒謹
奏

覽奏俱悉

乾隆三十八年九月　初一　日

奏

河南巡撫臣何煟跪

奏為恭報豫東兩省黃河凌汛平安仰祈

聖鑒事竊照冬至後黃河凌汛届臨兩岸工程凡迎

溜埽灣之處均須加緊防護庶不致水凌刷

椿埽廂埽堤身臣於霜降後即飭令各該管廳

汛察挑過凌椿板並捆紮柳把以資擋護伏查

十月至十一月四次得雪雖天氣嚴寒凝冱甚

厚而隨時防護各工均極穩固現在氣候融和

積凌之水並未上灘凌汛極其平安所有領帑

本年料物經河臣姚立德與臣核定數目遴委

要員分頭採買今歲收成豐稔購辦甚易臣實

力嚴查照依漕規核實推採聽候親行點驗折

驗以備修防之用至山東運河輪屆大挑之年
河臣姚立德事事與臣札商籌辦臣復屢委幹
練妥員密為查察辦理均極妥協現在實力查
催務期一律深通以利輓運所有黃河凌汛平
安情形臣謹恭摺奏
聞伏祈
皇上聖鑒謹
奏
知道了
乾隆三十八年十一月 二十五 日

三四七

奏

署理河東河道總督臣姚立德謹

奏爲

奏報凌汛工程平穩事竊照豫東黃河地居上游每遇冬令嚴寒河水即凝結成氷劃削堤埽次年春修多費錢糧甚關緊要臣於立冬後即諄囑該管各道督率廳營汛員設法預爲防護嗣據道廳稟報今歲冬至前後天氣沍寒河中漸已淌凌其河勢掃灣處所業經密掛柳椿柳捆氷凌順流而下並未壅聚亦未劃削堤埽一切工程均屬平穩至預備來年歲搶稭料委員現已陸續運工交收歲內即可依限全完臣查各廳存工舊料久經盤有定數其新到之料另堆

工所新舊本屬判然現在復飭廳員加謹收貯總俟明春盤驗後方准動用以杜牽混之弊此外兵裁額柳夫積土牛并令乘時辦理嚴密稽查不敢稍任曠悞所有防護黃河凌汛工程平穩緣由謹繕摺奏

聞伏祈

皇上聖鑒謹

奏

知道了

乾隆三十八年十一月　二十八　日

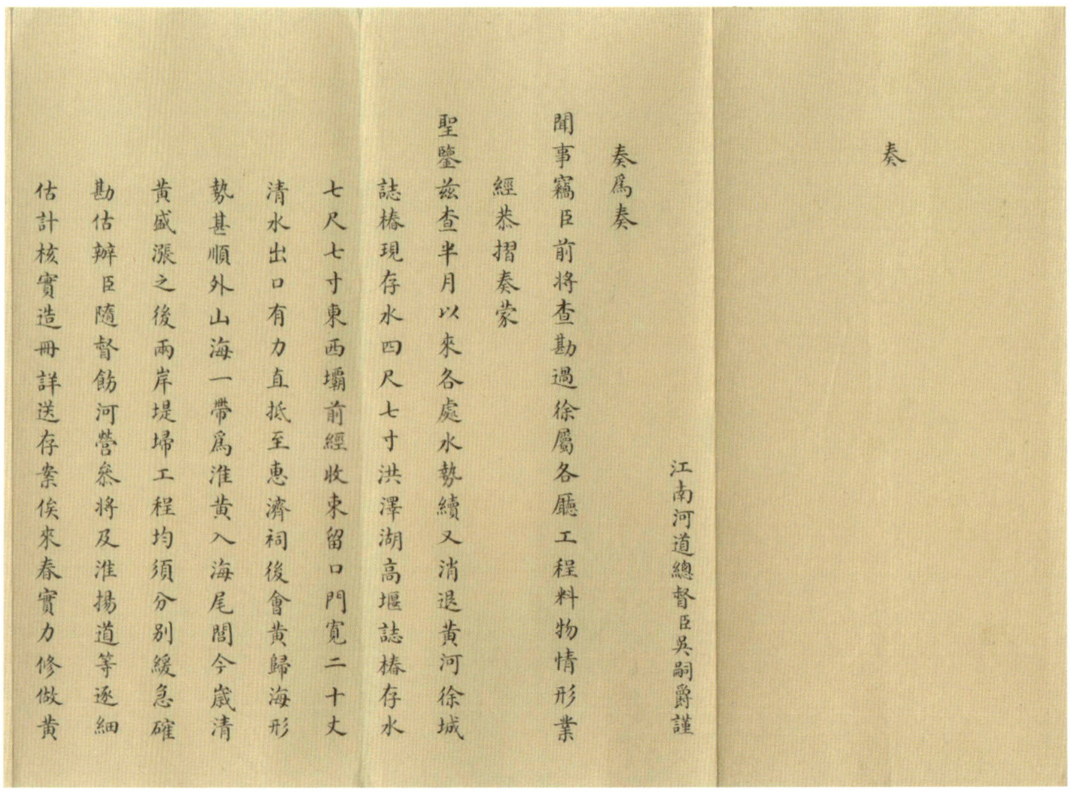

奏

江南河道總督臣吳嗣爵謹

奏爲奏

聞事竊臣前將查勘過徐屬各廳工程料物情形業

經恭摺奏蒙

聖鑒兹查半月以來各處水勢續又消退黄河徐城誌樁現存水四尺七寸洪澤湖高堰誌樁存水七尺七寸東西壩前經收束留口門寬二十丈清水出口有力直抵至惠濟祠後會黄歸海形勢甚順外山海一帶爲淮黄入海尾閭今歲清黄盛漲之後兩岸堤埽工程均須分别緩急確勘估辦臣隨督飭河營叅將及淮揚道等逐細估計核實造冊詳送存案俟來春實力修做黄

河自清口以至雲梯關外十套新淤尖地方按
段測量中泓水深一丈八九尺及二丈六七尺
不等較上年此時河底沖刷寬深海口暢達並
無停滯其各處河灘積水前經大學士督臣高
晉會同臣嚴飭廳營設法宣洩今逐處履勘如
山安廳之羅僧廟并佃湖上下之十九堡馬港
引河等處外灘積水俱已疏消盡淨一律乾涸
免致浸泡堤根各廳應存各料及領辦預備正
雜料物已全數到齊細加盤驗數目均屬相符
並無短少摻混所有臣查過外山海等廳工程
料物及黃河海口深通并河灘積水設法消涸
情形謹繕摺奏
聞伏乞
皇上聖鑒謹
奏

覽奏俱悉

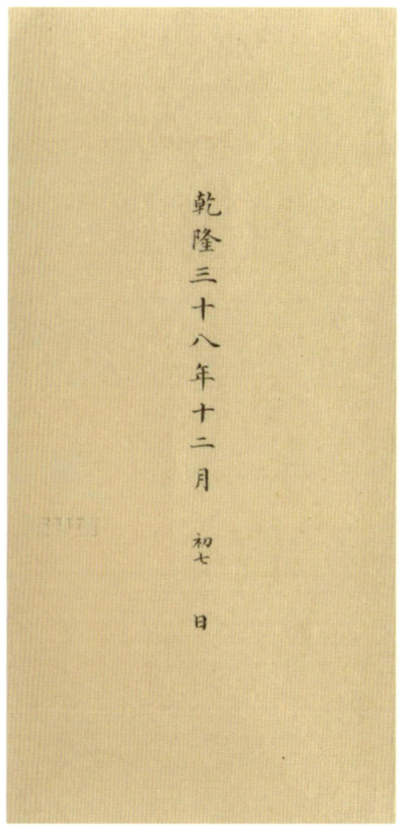
乾隆三十八年十二月　初七　日

三四九

奏

署理河東河道總督臣姚立德謹

奏爲奏

聞事竊查豫東黄河本年伏秋汛水屢次盛漲俱由

窪灘漫至堤根北岸自武陟滎澤原武陽武封

邱祥符等汛南岸自蘭陽儀封考城商邱等汛

水勢存積一望汪洋臣於白露後因河水漸消

即飭該管各道嚴督廳印汛員設法疏消并委

員估定寬厚土壩將溝槽内逐處儹築預備來

年攔禦漫灘之水俾其盈科而進漸次停淤以

除隱患當將辦理緣由恭摺

奏明

聖鑒今數月以來屢據道廳禀報南北兩岸堤根積

水俱經相度灘面之高下道里之遠近督令兵
夫民夫挑挖溝渠引歸大河宣洩逐漸露出地
面小民隨涸隨耕普律佈種二麥其堤根一帶
水浸處所為時未久並未刷傷堤根等情臣復
委員查勘現今兩岸堤根以外種麥之地苗已
出土迥非伏秋水佔情形至溝槽內所佔土壩
並據各道陸續冊報一俟明歲春融立即調撥
兵夫民夫分段趕築定限桃汛以前完工報驗
臣查河不兩行最忌旁流分洩此等土壩攔禦
漫灘之水免致溝槽衝刷愈深引動大溜受險
生工實為河工緊要機宜臣惟凛遵
聖訓認真督辦分別勸懲以收實效所有豫東黃河
南北兩岸堤根積水已消灘地種麥緣由謹繕
摺奏
聞伏祈
皇上聖鑒謹
奏

知道了

乾隆三十八年十二月十八日

三五〇

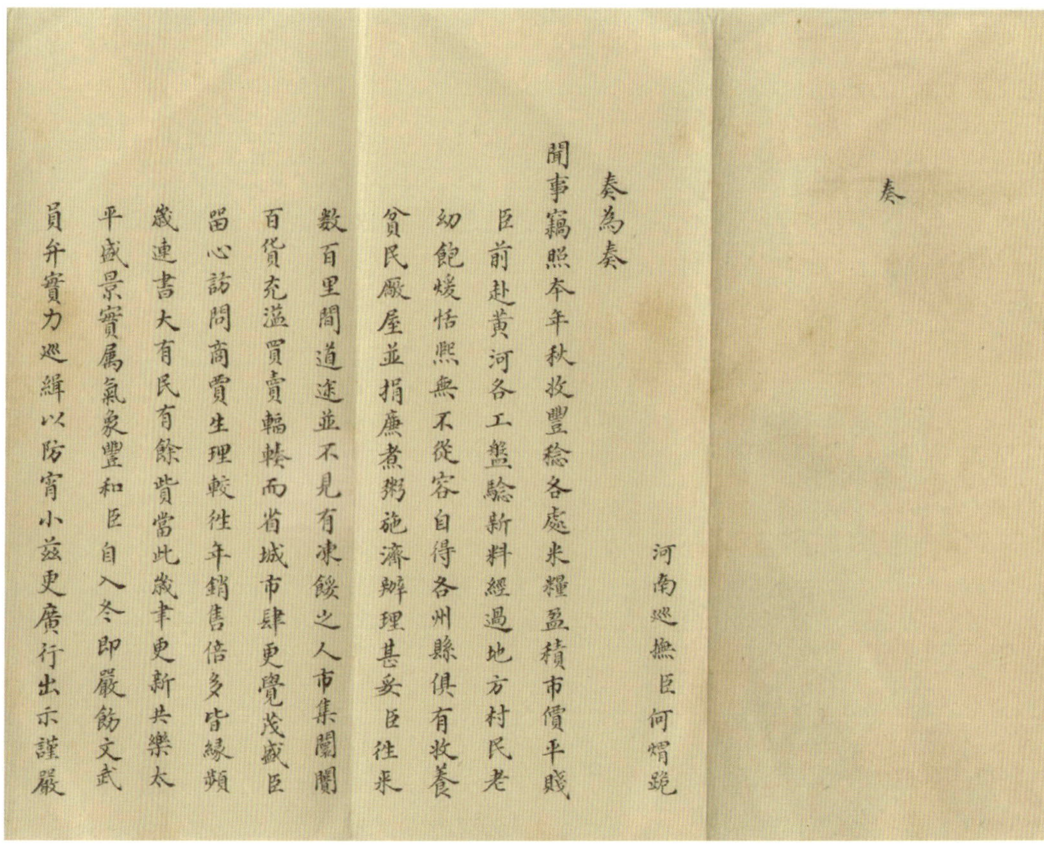

奏

河南巡撫臣何煟跪

奏為奏

聞事竊照本年秋收豐稔各處米糧盈積市價平賤

臣前赴黃河各工盤驗新料經過地方村民老

幼飽煖恬熙無不從容自得各州縣俱有收養

貧民廠屋並捐廉煮粥施濟辦理甚妥臣往來

數百里閒道途並不見有凍餒之人市集闤闠

百貨充溢買賣輻輳而省城市肆更覺茂盛臣

留心訪問商賈生理較往年銷售倍多皆緣頻

歲連書大有民有餘貲當此歲聿更新共樂太

平盛景實屬氣象豐和臣自入冬即嚴飭文武

員弁實力巡緝以防宵小茲吏廣行出示謹嚴

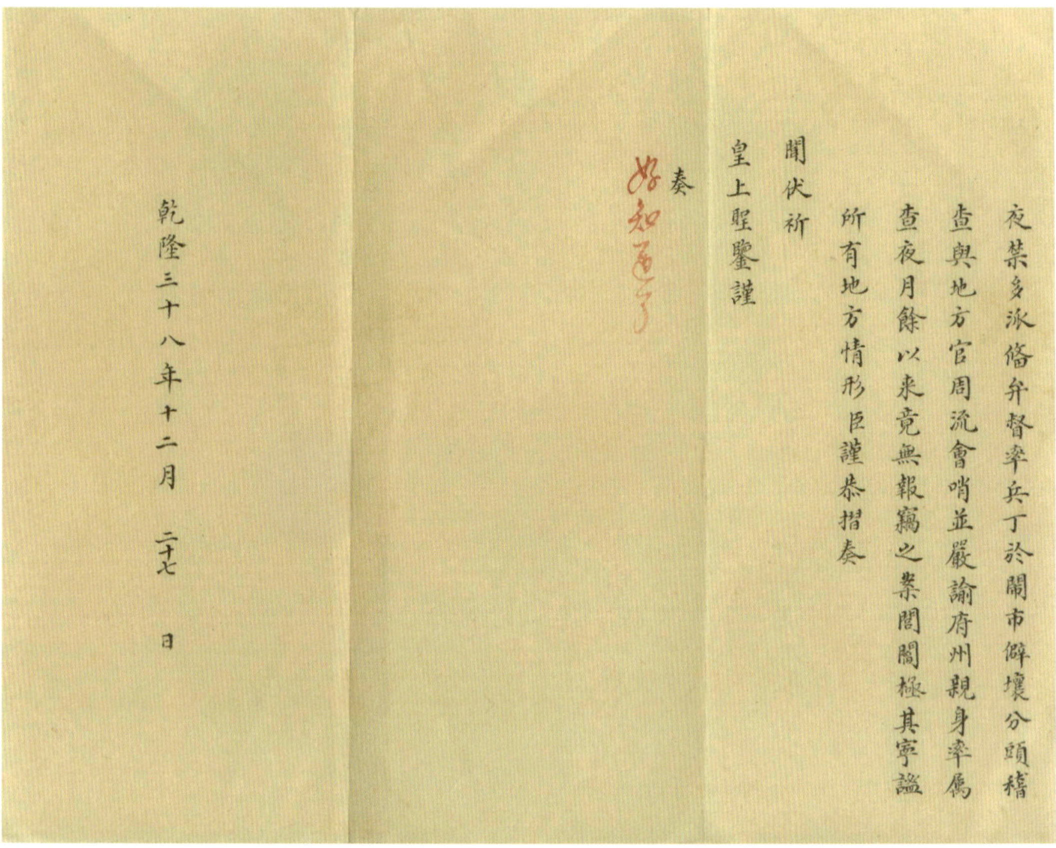

夜禁多派備弁督率兵丁於闤市僻壤分頭稽
查與地方官周流會哨並嚴諭府州親身率屬
查夜月餘以來竟無報竊之案閭閻極其寧謐
所有地方情形臣謹恭摺奏
聞伏祈
皇上聖鑒謹
奏
好知道了
乾隆三十八年十二月 二十七 日

後記

我是從數學史學習中逐步瞭解治黄史的。漢代《許商算術》的作者許商，好天文術數之事的王景、李尋善，他們既是數學家，又以治理黄河而聞名。我國現存最早的河工著作《河防通議》，將中國古典數學天元術運用到治黄工程中，創造了中國古代工程數學的一個高峰。除了數學史之外，内蒙古師範大學科學技術史研究還以少數民族科技史和地方科技史見長。李迪先生曾指出地方科技史研究的重要内容是人與自然環境變遷、科技遺迹與自然環境以及環境與生産的關係，此類研究具有明顯的現實意義和重要價值。想要通過大科學史研究，弄清變遷的原因和未來的發展趨勢，産出對于地方各方面的開發有更大、更直接價值的成果，這類研究大多離不開文獻。之後，李迪先生更是直接指出科技史研究不僅是對過去的科技工作和科技成果的回顧與總結，而且要着眼于現代，讓古人的發明創造爲今人服務，繼續在現代發揮其應有的作用。我將先生大科學史的治學理念視爲座右銘，在科研工作中更加注重讓科研成果服務于國家戰略與區域發展需求。

二〇一九年九月，習近平總書記在黄河流域生態保護和高質量發展座談會上指出，黄河流域在我國經濟社會發展和生態安全方面具有十分重要的地位。黄河流域生態保護和高質量發展是重大國家戰略。同年十月，黨的十九届四中全會提出『加强邊疆治理，推進興邊富民』，首次把邊疆治理寫入黨的文件。内蒙古師範大學組織科研力量，積極申報研究闡釋黨的十九届四中全會精神的國家社科基金重大項目，其中『中國特色社會主義民族區域自治制度自信研究』項目獲批。我承擔其中的『鑄牢中華民族共同體意識下的民族自治地方文化自信研究』子課題，而黄河是首選文化要素。二〇二四年，該項目順利結項，我也對黄河文化所藴含的時代價值有了更深的體會。

有鑒于此，我帶領文化遺産智能應用服務中華民族共同體建設『英才興蒙』團隊，以黄河爲主題，開展了文獻、文物、傳統工藝等多模態資源庫建設和跨模態應用示範工作。這次與内蒙古人民出版社合作出版的《黄河國家治理文獻集成》，旨在梳理和總結文獻中所藴含的歷史經驗和文化信息，爲當代及未來的黄河治理和地方文旅産業發展提供參考與借鑒。

感謝内蒙古民族文化産業研究院、巴彦淖爾市圖書館等单位的傾力相助，感謝内蒙古自治區黨委宣傳部、内蒙古出版集團、内蒙古人民出版社對本項目的支持與幫助。

在此，也向致力于黄河治理和大河安瀾的歷代先賢與當代典範表達崇高的敬意：你們的不懈努力與無私奉獻，爲黄河的安寧與人民的福祉築起了堅實的防綫；你們的智慧與勇氣，將永遠銘刻在中華民族的歷史豐碑上，激勵後人不斷前行。

董杰

二〇二五年一月